一流学科建设研究生教学用书

材料现代研究方法

Modern Research Methods of Materials

展晓元　丁建旭　主编

化学工业出版社

·北京·

内 容 简 介

《材料现代研究方法》根据材料研究的思路,从点(成分)到面(形貌)将材料的分析和表征方法分为化学成分研究、分子结构研究、物相结构研究和微观形貌研究4篇。每篇起始,对每一类表征方法的共性进行分析和介绍,每一章的表征方法着重介绍该方法的基本理论和典型实例,以及应用方向,有利于学生在日常和科研工作中有针对性地学习和实际运用。

本书为高等院校材料科学与工程专业研究生教材,也适用于从事材料科学研究、应用和生产的专业技术人员参考。

图书在版编目(CIP)数据

材料现代研究方法 / 展晓元,丁建旭主编. —北京:化学工业出版社,2023.9
ISBN 978-7-122-44024-2

Ⅰ.①材⋯ Ⅱ.①展⋯ ②丁⋯ Ⅲ.①材料科学-研究方法-高等学校-教材 Ⅳ.①TB3

中国国家版本馆 CIP 数据核字(2023)第 153154 号

责任编辑:王　婧　　　　　　　　　文字编辑:王丽娜
责任校对:宋　玮　　　　　　　　　装帧设计:张　辉

出版发行:化学工业出版社(北京市东城区青年湖南街13号　邮政编码100011)
印　　装:河北鑫兆源印刷有限公司
787mm×1092mm　1/16　印张13　字数328千字　2024年1月北京第1版第1次印刷

购书咨询:010-64518888　　　　　　　售后服务:010-64518899
网　　址:http://www.cip.com.cn
凡购买本书,如有缺损质量问题,本社销售中心负责调换。

定　价:49.00元　　　　　　　　　　　　　　　　　　　版权所有　违者必究

前言

能源、信息和材料是当代文明的三大支柱，而材料又是另外两者的基础。当今世界已进入21世纪知识经济时代，现代高技术的出现更有赖于新材料的发展，加速发展高技术、新材料及其产业化、商品化是在国际高技术激烈竞争中夺取制高点的重要途径。传统产业的技术进步和产业结构调整离不开新材料技术的推动，各工业领域所采用的材料结构和比例也将发生很大的变化，新型材料的研究开发将促进新兴材料产业的形成，以及推动新型机械、电子等产品的设计、制造和传统产品的更新换代。

当前高技术新材料的发展趋势是：多种材料（扬长避短）的复合化，结构材料和功能材料的整体化，材料多功能的集成化，功能材料和器件的一体化，材料制备加工的智能化、敏捷化，材料的制备和功能仿生化，材料产品的多元化、个性化，材料科技的微型化、纳米化，材料设计的优选化、创新化，材料研究开发的环境意识化、生态化，材料科学技术的多学科渗透化、大科学化。随着人们对材料本质认识的深化，发展新材料已逐步摆脱固有的认知，而要依赖材料的设计，各类材料的严格区分逐渐在减小、消失，各类材料相互取代、补充，相互竞争，借助先进的研究和表征手段更有利于新材料的发展。

"材料现代研究方法"是一门理论性和实践性兼具的专业课程。成分、结构、加工和性能是材料科学与工程的四个基本要素，成分和结构从根本上决定了材料的性能，对材料的成分和结构进行精确表征是材料研究的基本要求，也是实现性能控制的前提。为了深入理解材料的本质、提高材料研究水平，必须掌握先进的材料分析方法。本课程注重培养研究生的科学研究思维，以"分析表征技术原理—测试方法—实际应用"的课程教学设计思想，选择通用性强的材料表征技术，详细地讲解表征方法的基本原理、样品制备方法、实验数据分析等，同时结合科研实际对样品的分析检测，使学生体验样品测试表征的全过程；通过对教学案例的分析，强化实践能力，进一步巩固理论知识，使学生掌握和利用该表征技术解决材料科学研究过程的实际问题，做到理论与实践相结合。

本书主要特色及创新性如下：

① 突出基础技能特色。对于材料学科的研究生，实验技能是必备的科研素质，在实验过程中，对实验样品的分析和测试、对测试结果的分析总结、对下一步科研工作的规划更是实验技能的基础，加强材料现代研究方法的教学，就是加强研究生基础能力的培养，符合国家强基计划的指导思想。

② 突出工程实践特色。材料科学是基础科学，不同行业企业的产品质量控制都需要材料检测技术的支持，新产品的开发也都需要研究方法的保驾护航。本书选取典型产品的分析测试技术设计成教学案例，引导学生在学习分析测试理论知识的同时，结合具体产品和工程应用课题主动研究、探索和分析，学会理论联系实际，强化工程实践能力的培养，更好地满足现代企业的用人要求。

③ 突出授课内容的前沿性。材料科学技术的进步推动了人类社会各行各业的技术进步，材料科学的研究成果是目前国家科技竞争能力一个重要体现，是解决"卡脖子"问题的突破点。材

料现代研究方法是材料科学发展的"引路人、保驾护航者",更是科技进步的"鉴定者",本书把社会科技发展的需求和世界前沿课题的表征方法包装设计成教学案例,不断更新和丰富教学内容,帮助学生认识和了解本专业领域的最新科研发展方向,提高学生的科研素养和创新能力。

本书由山东科技大学多位教师合作编写。具体分工如下:第1章、第6章由孙海清编写;第3章、第13章由丁建旭编写;第4章由刘瑞编写;第8章、第11章由展晓元编写;第2章、第9章由朱慧灵编写;第5章、第7章由张伟伟编写;第10章、第12章由宋晓杰编写。全书由展晓元统稿,丁建旭主审。

本书在编写过程中得到山东科技大学材料学院的支持,研究生朱晓洁、王仁栋也参与了部分工作。书的最后列出了主要参考文献,由于条件限制,可能未将所有参考文献一一列出,在此对所有参考文献的作者表示衷心的感谢!

本书的疏漏和不足在所难免,恳请读者批评指正。

编者
2023 年 1 月

目 录

第1篇 化学成分研究

第1章 原子光谱分析　　5

1.1 原子发射光谱分析 …………………………………………………… 5
1.2 原子吸收光谱分析 …………………………………………………… 11

第2章 X射线光谱分析　　16

2.1 能谱仪 ………………………………………………………………… 16
2.2 波谱仪 ………………………………………………………………… 18
2.3 波谱仪和能谱仪的分析模式及应用 ………………………………… 21
2.4 波谱仪与能谱仪的比较 ……………………………………………… 22

第3章 X射线光电子能谱分析　　24

3.1 X射线光电子能谱分析的基本原理 ………………………………… 24
3.2 X射线光电子能谱实验技术 ………………………………………… 27
3.3 X射线光电子能谱的应用 …………………………………………… 33

第4章 俄歇电子能谱　　37

4.1 基本原理 ……………………………………………………………… 37
4.2 实验方法 ……………………………………………………………… 40
4.3 应用实例 ……………………………………………………………… 43
4.4 AES方法的特点和局限性 …………………………………………… 47

第 2 篇　分子结构研究

第 5 章　紫外-可见吸收光谱　52

5.1　电子跃迁类型及吸收带 …………………………………………………… 53
5.2　朗伯-比尔定律 …………………………………………………………… 56
5.3　紫外-可见吸收光谱在材料研究中的应用 …………………………………… 57

第 6 章　分子发光光谱　62

6.1　荧光和磷光的产生 …………………………………………………………… 62
6.2　激发光谱和发射光谱 ………………………………………………………… 64
6.3　影响荧光强度的因素 ………………………………………………………… 65
6.4　分子荧光光谱应用 …………………………………………………………… 66

第 7 章　振动光谱　69

7.1　红外光谱 …………………………………………………………………… 69
7.2　激光拉曼光谱 ……………………………………………………………… 90

第 8 章　核磁共振谱　100

8.1　核磁共振谱法基本原理 ……………………………………………………… 100
8.2　^{1}H 核磁共振氢谱 …………………………………………………………… 104
8.3　^{13}C 核磁共振谱 …………………………………………………………… 109
8.4　核磁共振谱的解析 …………………………………………………………… 110
8.5　核磁共振技术在材料研究中的应用 ………………………………………… 112

第 3 篇　物相结构研究

第 9 章　X 射线衍射　122

9.1　X 射线衍射仪工作方式 ……………………………………………………… 122
9.2　X 射线衍射物相分析方法 …………………………………………………… 123
9.3　MDI Jade 6 在材料物相分析中的应用 ……………………………………… 127

第 10 章　电子衍射　　148

10.1　衍射斑的形成理论 ································· 149
10.2　各种结构的衍射花样 ······························· 153
10.3　衍射花样分析 ······································· 154

第 4 篇　微观形貌研究

第 11 章　扫描电子显微镜　　167

11.1　电子束与固体物质的相互作用 ················· 167
11.2　各种信号的分辨率和作用区域 ················· 168
11.3　扫描电子显微分析 ································· 169

第 12 章　透射电子显微镜　　175

12.1　衬度定义 ··· 176
12.2　透射电镜的样品制备 ······························· 180
12.3　透射电镜高分辨显微图像 ······················· 183
12.4　透射电镜其他应用技术 ··························· 186

第 13 章　扫描探针　　188

13.1　扫描隧道显微镜 ···································· 188
13.2　原子力显微镜 ······································· 194
13.3　其他扫描探针显微技术 ··························· 197

参考文献　　200

第1篇
化学成分研究

在材料科学与工程领域，经常需要对各种样品的化学成分进行分析。大部分化学成分的分析手段都是基于样品所含元素核外电子的能级分布，利用不同的入射电磁波或粒子激发核外电子，使之发生跃迁，在此过程中收集原子产生的特征信息从而确定样品的化学成分。

(1) 原子中电子的分布和跃迁规则

在原子系统中，电子的能量和运动状态可以通过 n、l、m、m_s 四个量子数来表示。n 为主量子数，具有相同 n 值的电子处于同一电子壳层，每个电子的能量主要（并非完全）取决于主量子数；l 为轨道角动量量子数，它决定电子云的几何形状，不同的 l 值将同一电子壳层分成几个亚壳层；m 是轨道磁量子数，它决定电子云在空间伸展的方向；m_s 是自旋磁量子数，决定了自旋方向。对于特定的原子，每个能级上的电子能量是固定的。

原子内的电子遵从泡利不相容原理，分布在一系列不连续能级的壳层上，各壳层的能量由里到外逐渐增加 $E_K < E_L < E_M < \cdots$。电子按照能量最低原理首先填充最靠近原子核的低能级壳层 K，然后按 L、M、N⋯由低到高依次填充各壳层。当入射的电磁波或粒子所具有的动能足以将原子内层的电子击出其所属的电子壳层，迁移到能量较高的外部壳层，或者将该电子击出原子系统而使原子电离，导致原子的总能量升高，此时原子处于激发状态。这种激发态不稳定有自发向低能态转化的趋势，因此原子较外层电子将跃迁入内层填补空位，使总能量重新降低，趋于稳定。跃迁的始态和终态的能量差为 ΔE，能量 ΔE 为原子的特征能量，它由原子种类决定，并受原子所处环境的影响。因此可以根据一系列的 ΔE 确定样品中的原子种类和价键结构。

(2) 各种特征信号的产生机制

上述能量差 ΔE 体现为电子跃迁产生的各种信号（特征 X 射线、光电子、俄歇电子、特征能量损失电子）的能量，根据信号种类的不同，形成各种不同的测试手段，各种信号产生的机制如下。

① 特征 X 射线。当样品原子的内层电子被入射电子激发或电离时，原子就会处于能量较高的激发状态，此时外层电子将向内层跃迁以填补内层电子的空缺，从而使具有特征能量的 X 射线释放出来。对于原子序数一定的物质，各原子能级所具有的能量是固定的，因此特征 X 射线波长为定值。根据莫塞莱定律，如果用 X 射线探测到了样品微区中存在某一种特征波长，就可以判定这个微区中存在着相应的元素。

X 射线荧光光谱分析（XFS）和电子探针 X 射线显微分析（EPMA）都是以特征 X 射线作为信号的分析手段。X 射线荧光光谱分析的入射束是 X 射线，而电子探针 X 射线显微分析的入射束是电子束，二者的分析仪器都分为能谱仪（EDS）和波谱仪（WDS）两种。

② 俄歇电子。在入射电子激发样品的特征 X 射线过程中，如果在原子内层电子能级跃迁过程中释放出来的能量并不以 X 射线的形式发射出去，而是这部分能量传递给层内的另一个电子而发射出去（或使外层电子发射出去），这个被电离出来的电子称为俄歇电子。因为每一种原子都有自己的特征壳层能量，所以俄歇电子能量也各有特征值。俄歇电子的动能主要由元素的种类和跃迁轨道所决定，但元素在样品中所处的化学环境同样会造成电子结合能的微小差异，导致俄歇电子能量的变化，这种变化就称作元素的俄歇化学位移。因此根据俄歇电子的动能就可以确定元素类型，以及元素的化学环境。

利用俄歇电子进行成分分析的仪器有俄歇电子能谱仪（AES），利用俄歇电子能谱可以进行定性和半定量的化学成分分析。

③ 光电子。当电磁波与原子发生相互作用，入射光子的能量大于原子某一能级电子的结合能时，此光子的能量很容易被电子吸收，获得能量的电子便可脱离原子核束缚，并带有

一定的动能从内层逸出，成为自由电子，这种效应称为光电效应，在光子激发下而发射的电子称为光电子。在光电效应过程中，根据爱因斯坦光电发射定律，各原子的不同轨道电子的结合能是一定的，具有标识性；此外，同种原子处于不同化学环境也会引起电子结合能的变化。因此，可以检测光电子的动能，由光电发射定律计算相应能级的结合能，来进行元素的鉴别、原子价态的确定以及原子所处化学环境的分析。

利用光电子进行成分分析的仪器有X射线光电子能谱仪（XPS）和紫外光电子能谱仪（UPS），分别采用X射线和紫外光作为入射光源。光电子能谱仪现已发展成为具有表面元素分析、化学态和能带结构分析以及微区化学态成像分析等功能的强大的表面分析仪器。

④ 特征能量损失电子。当入射电子与样品原子的核外电子相互作用时，入射电子的部分能量传递给核外电子，使核外电子跃迁到费米能级以上的空能级，由于跃迁的终态与费米能级以上的空能级分布有关，而始态为核外电子的初始能级，因此跃迁吸收的能量由原子种类决定，并受周围化学环境的影响，入射电子损失的能量由样品中的原子种类和化学环境决定。因此检测透过样品的入射电子（透射电子）的能量，并按其损失能量的大小对透射电子进行分类，可以得到能量损失谱。

利用特征能量损失电子进行元素分析的仪器叫作电子能量损失谱仪（EELS），它作为透射电子显微镜的附件出现。与同为透射电子显微镜附件的能谱仪（EDS）相比，EELS的能量分辨率高得多（为0.3eV❶），特别适合轻元素的分析。

（3）各种成分分析手段的比较

按照出射信号的不同，成分分析手段可以分为两类：X光谱和电子能谱，出射信号分别是X射线和电子。X光谱包括XFS和EPMA两种技术，而电子能谱包括XPS、AES、EELS等分析手段。

① X光谱的特点和分析手段比较。X光谱的X光子可以从很深的样品内部（500nm～5μm）出射，因此它不仅是表面成分的反映，还包含样品内部的信息，反映的成分更加综合全面。但X光子产生的区域范围相对电子信号大得多，因此X光谱的空间分辨率通常不是太高。同时由于现有仪器对X光子能量分辨率较低（5～10eV），因此很难分析元素所处的化学环境。

在两种主要的X光谱技术中，XFS适用于原子序数≥5的元素，可以实现定性与定量的元素分析，但灵敏度不够高，只能分析含量超过万分之几的成分；而EPMA所用的电子束激发源可以聚焦，因此具有微区（1μm）、灵敏（10^{-14}g）、无损、快速、样品用量少（10^{-10}g）等优点。

X光谱的分析仪器分为能谱仪（EDS）和波谱仪（WDS）两种。二者相比，能谱仪具有如下优点：采谱速度快，能在几分钟的时间内对$Z \geq 4$的所有元素进行快速定性分析；灵敏度高，比波谱仪高一个数量级；结构紧凑，稳定性好，对样品表面发射点的位置没有严格的限制，适合于粗糙表面的分析工作。能谱仪的这些优点，使它在快速的定性或半定量分析方面具有特别的优势，并且适宜于在扫描电子显微镜中用作元素分析的附件。但是，能谱仪还有一些缺点，因而在许多方面仍然无法完全取代波谱仪：能谱仪探头的能量分辨率低（130eV），谱线的重叠现象严重，特别是在低能部分；探头窗口对低能X射线吸收严重，使轻元素的分析尚有相当大的困难；能谱仪探头直接对着样品，杂散信号干扰严重，定量分析精度差。而波谱仪借助晶体衍射来鉴别不同能量的X射线信号，因此能量分辨率较高，为5～10eV。

---

❶ 1eV≈1.6×10^{-19}J。

② 电子能谱的特点和分析手段比较。与 X 光子相比，电子受样品的阻碍作用更明显，只有样品表层很浅的出射电子才能逸出样品，成为能够被探测到的电子信号。例如 XPS 的采样深度为 0.5~2.5nm，AES 采样深度为 0.4~2nm。因此，电子能谱仅是表面成分的反映，适合表面元素分析和表面元素价态的研究。

X 射线光电子能谱（XPS）和俄歇电子能谱（AES）是电子能谱分析技术中两种最有代表性的，应用最为广泛、最为成熟和有效的方法。AES 一般用于原子序数较小（$Z<33$）的元素分析，而 XPS 适用于原子序数较大的元素分析。AES 的能量分辨率较 XPS 低，相对灵敏度和 XPS 接近，分析速度较 XPS 快。此外，AES 还可以用来进行微区分析，且由于电子束斑非常小，具有很高的空间分辨率，可进行线扫描分析和面分布分析。此外，某些元素的 XPS 化学位移很小，难以鉴别其化学环境的影响；而俄歇电子涉及三个原子轨道能级，其化学位移要比 XPS 大得多，更适合于表征化学环境的影响。因此俄歇电子能谱的化学位移在表面科学和材料学的研究中具有广阔的应用前景。

第1章 原子光谱分析

原子光谱是由气态原子中的电子在能量变化时所发射或吸收的一系列波长的光所组成的光谱。原子吸收光源中部分波长的光形成吸收光谱，原子发射光子时则形成发射光谱，两种光谱都不是连续的，且吸收光谱条纹可与发射光谱一一对应。每一种原子都具有自己的特征光谱，原子光谱分析法就是利用特征光谱研究物质结构和测定化学成分的方法，是最常用的元素成分分析法。

1.1 原子发射光谱分析

气态原子或离子在外界能源的作用下，核外电子吸收能量从基态跃迁到激发态，由于电子处于能量较高的激发态，原子不稳定，一般经过 10^{-8} s 的时间，电子就会从高能量状态返回低能量状态，下降的这部分能量以电磁辐射的形式释放出来，这一现象称为原子发射或发光。由于每一种元素都有其特有的电子构型，即特定的能级层次，所以各元素的原子只能发射出它特有的那些波长的光，经过分光系统得到各元素发射的互不相同的光谱，即各种元素的特征光谱，根据特征光谱进行元素的组成和含量的定性与定量分析，这就是原子发射光谱法。

原子发射光谱法具有以下特点：

① 多元素同时检测能力。可同时测定一个样品中的多种元素。每一个样品一经激发，不同元素都发射特征光谱，这样可同时测定多种元素。

② 灵敏度高。可进行痕量分析，一般激发源检出限可达 0.1~10μg/g（或 μg/mL），新激发源高频电感耦合等离子体（ICP）检出限可达 ng/g 级。

③ 选择性好。一般不需化学处理即可直接进行分析。由于每种元素都可产生各自的特征谱线，据此可以确定不同元素的存在，是进行元素定性分析的较好方法。

④ 准确度较高。采用一般激发源，相对误差为 5%~10%；采用 ICP，相对误差在 1% 以下。

⑤ 样品用量少，测定范围广。一般只需几毫克到几十毫克样品即可进行全分析，还可对特殊样品进行表面、微区和无损分析，目前可测定 70 余种元素。

但原子发射光谱也有一定的局限性，它一般只用于元素总量分析，而无法确定物质的空间结构和官能团，也无法进行元素的价态和形态分析，而且一些常见的非金属元素如氧、硫、氮等谱线在远紫外区，目前一般的光谱仪尚无法检测。

1.1.1 原子发射光谱的产生

由于核外电子能级是量子化的,当核外电子由激发态 E_k 返回到基态 E_0 时,所发射的电子的能量为跃迁前后的能级差,它决定了光子的波长,即

$$\Delta E = E_k - E_0 = hc/\lambda \tag{1-1}$$

式中,E_k 为激发态的电子能级;E_0 为基态的电子能级;ΔE 为能级差;h 为普朗克常数;c 为光速;λ 为光子的波长。

用足够的能量使原子受激发而发光时,只要根据某元素的特征频率或波长的谱线是否出现,即可确定样品中是否存在该种原子,这就是发射光谱的定性分析原理。分析样品中待测原子数目越多(浓度越高),被激发的该种原子的数目也就越多,相应发射的特征谱线的强度也就越强,把它和已知含量标样的谱线强度相比较,即可确定样品中该种元素的含量,这就是原子发射光谱的定量分析原理。

原子发射光谱线产生的条件是电子必须处于激发态,通常将原子从基态跃迁到发射该谱线的激发态所需要的能量称为该谱线的激发能或激发电位,常以电子伏特(eV)为单位表示。原子发生能级跃迁可产生许多谱线,在原子发射的所有谱线中,凡是由高能态跃迁回基态时所发射的谱线叫共振(发射)线。在共振线中从第一激发态跃迁到基态所发射的谱线叫主共振(发射)线。如果原子获得的能量足够大,可能使其外层电子脱离原子核的束缚而逸出,使原子成为带正电荷的离子,即电离。原子失去电子后变为离子,失去一个电子称为一级电离,失去两个电子称为二级电离,依此类推。各元素的离子也与中性原子一样,在得到足够大的外界能量时,外层电子同样可以被激发到更高的能级上去,并像中性原子的发光机理一样产生发射光谱,称为离子发射光谱。离子的外层电子受激发后所产生的谱线称为离子线。由于离子比原子少了一个或几个电子,它的电子构型有些不同,故同一元素的原子光谱与离子光谱有些不同。各元素的离子光谱也有自己的特征,在光谱分析中同样被采用。在一般的光谱分析激发源的激发下,同一光谱中往往既有原子光谱又有离子光谱。

1.1.2 谱线强度

电子在不同能级之间的跃迁只要符合光谱选律就可能发生,跃迁发生的可能性的大小称为跃迁概率(A)。因在热力学平衡条件下,共有 N_i 个原子处在第 i 激发态,其发射的谱线频率为 ν,故产生的谱线强度:

$$I = N_i A_i h\nu \tag{1-2}$$

式中,h 为普朗克常数;A_i 为处在第 i 激发态的原子的跃迁概率。

因为 N_i 遵守统计热力学中的麦克斯韦-玻尔兹曼分布定律,即:

$$N_i = N_0 \frac{g_i}{g_0} e^{-\frac{E_i}{KT}} \tag{1-3}$$

式中,N_i、N_0 分别为单位体积内处于第 i 激发态和基态的原子数;g_i、g_0 分别为第 i 激发态和基态的统计权重与相应能级的简并度有关的常数;E_i 为由基态激发到第 i 激发态所需要的能量;K 为玻尔兹曼常数;T 为光源温度。

将式(1-3)代入式(1-2),有:

$$I = N_0 \frac{g_i}{g_0} e^{-\frac{E_i}{KT}} A_i h\nu \tag{1-4}$$

对上式进行化简,可将谱线强度写为:

$$I = K^0 N \, e^{-\frac{E_i}{KT}} \tag{1-5}$$

式中，K^0 为式（1-4）中各常数项合并而来的谱线常数；N 为等离子体中该元素处于各种状态的原子总数。

由式（1-3）可见，当 N_0 和 T 一定时，被激发的原子所处的激发态 E_i 越低，处于这种状态的原子数 N_i 就越多，相应的跃迁概率 A_i 就越大，谱线强度则越强。元素的主共振线的激发能最小，是原子中最易激发的谱线，因此，主共振线通常是最强的谱线。

温度既影响原子的激发过程，又影响原子的电离过程。由式（1-5）可见，在温度较低时，随着温度的升高，原子被激发的数目增多，因此谱线强度增强。但是，超过某一温度后，随着电离的增加，原子线强度逐渐减弱，离子线强度增强。温度再升高时，由于高一级的离子线将会出现，该级离子线强度开始下降。因此，每一条谱线都有一个最合适的温度，在这个温度下谱线强度最大。所以，提高谱线强度，不能单纯地靠提高激发源的温度来实现。

由式（1-5）可知，谱线强度与产生该谱线的原子（或离子）的数目 N 成正比，而且实验证明，在一定条件下，N 与样品的元素含量（浓度 c）成正比，在激发能和激发温度一定时，式中的其他各项均为常数项，合并及化简后，可得出谱线强度 I 与样品中元素浓度 c 的关系为

$$I = ac \tag{1-6}$$

式中，a 为与谱线性质、实验条件有关的常数。

式（1-6）表明，在一定的分析条件下，谱线强度与该元素在样品中的浓度成正比。若浓度较大，物质在高温下被激发时，中心区域激发态原子多，边缘处基态及低能级的原子较多。某元素的原子从中心发射某一波长的辐射光必须通过边缘射出，其辐射可能被处在边缘的同一元素的基态或较低能级的原子吸收，因此检测器接收到的谱线强度就会减弱。这种原子在高温区发射某一波长的辐射被处在边缘的低温状态的同种原子所吸收的现象称为自吸。

考虑到自吸现象，式（1-6）应修正为：

$$I = ac^b \tag{1-7}$$

或

$$\lg I = b \lg c + \lg a \tag{1-8}$$

式中，b 为由自吸现象决定的常数。在浓度较低时，自吸现象可忽略，b 值接近1。

1.1.3 分析方法和应用

1.1.3.1 光谱定性分析

由于各种元素均可发射各自的特征谱线，因此原子发射光谱法是一种比较理想、简便、快速的定性分析方法，目前采用该方法可鉴别70余种元素。

（1）元素的灵敏线、最后线和分析线

每种元素发射的特征谱线有许多，在进行定性分析时，只要检出几条合适的谱线就可以了。这些用来进行定性或定量分析的特征谱线被称为分析线，常用的分析线是元素的灵敏线或最后线。每种元素的原子光谱线中，凡是具有一定强度、能标记某元素存在的特征谱线称为该元素的灵敏线。灵敏线通常都是一些容易激发（激发电位较低）的谱线，其中最后线是每一种元素的原子光谱中特别灵敏的谱线。如果把含有某种元素的溶液不断稀释，原子光谱线的数目就会不断减少，当元素含量减少到最低限度时，仍能够出现的谱线称为最后线或最灵敏线。应该指出的是，由于工作条件的不同和存在自吸，最后线不一定是最强的谱线。在

定性分析微量元素时，待测元素的谱线容易被基体的谱线和邻近较强的谱线所干扰或重叠，所以在光谱的定性分析中，确定一种元素是否存在，一般要根据该元素的两条以上谱线来判定，以避免由于其他谱线的干扰而判断错误。

（2）定性分析方法

光谱的定性分析就是根据光谱图中是否有某元素的特征谱线（一般是最后线）出现来判定样品中是否含有某种元素。常用的定性分析方法有以下两种。

① 纯样光谱比较法。将待测元素的纯物质与样品在相同条件下同时并列摄谱于同一感光板上，然后在映谱仪上进行光谱比较，如果样品光谱中出现与纯物质光谱波长相同的谱线（一般看最后线），则表明样品中有与纯物质相同的元素存在。

② 铁光谱比较法。测定复杂组分尤其是要进行全定性分析时，需要用铁光谱比较法。铁的谱线较多，而且分布在较广的波长范围内（210～660nm 内有几千条谱线），相距很近，每条谱线的波长都已精确测定，载于谱线表内。铁光谱比较法实际上是与标准光谱图进行比较，因此又称为标准光谱图比较法。标准光谱图是在相同条件下，以铁的光谱线作为波长的标尺，在铁光谱上方准确地给出 68 种元素的逐条谱线（图 1-1）。在进行分析工作时，将试样与纯铁在完全相同条件下并列并且紧挨着摄谱，将摄得的谱片与标准光谱图进行比较。比较时首先须将谱片上的铁谱与标准光谱图上的铁谱对准，然后检查试样中的元素谱线。若试样中的元素谱线与标准图谱中标明的某一元素谱线出现的波长位置相同，即为该元素的谱线。铁光谱比较法可同时进行多元素定性鉴定。在很多情况下，还可根据最后线的强弱进一步判断样品中的主要成分和微量成分。

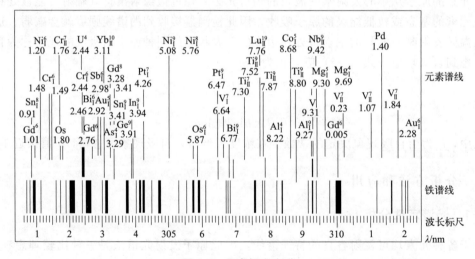

图 1-1　元素标准光谱

1.1.3.2　光谱定量分析

（1）定量分析的基本原理

原子发射光谱的定量分析是根据样品光谱中待测元素的谱线强度来确定元素浓度。式（1-8）给出了谱线强度和元素浓度之间的关系，该式表明，在一定浓度范围内，$\lg I$ 与 $\lg c$ 之间呈线性关系。但当样品浓度较高时，由于自吸现象严重（$b<1$），标准曲线发生弯曲，如图 1-2 所示。a 和 b 与样品中待测元素的含量和实验条件（如蒸发、激发条件、样品组成、

取样量等）有关，若直接按式（1-8）进行定量分析，要求 a、b 为常数，即要求实验条件恒定不变，并无自吸现象，在实际工作中有一定难度。因此，原子发射光谱可采用内标法来消除实验条件对测定结果的影响。

（2）内标法

内标法属相对强度法，是在待测元素的谱线中选一条谱线作为分析线，然后在基体元素（样品中除了待测元素之外的其他共存元素）或加入固定量的其他元素的谱线中选一条非自吸谱线作为内标线（所选内标线的元素为内标元素），两条谱线构成定量分析线对。设分析线和内标线的谱线强度分别为 I 和 I_i，则：

$$I = ac^b \tag{1-9}$$
$$I_i = a_i c_i^{b_i} \tag{1-10}$$

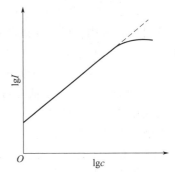

图 1-2　原子发射光谱的谱线强度与元素浓度的关系

因内标元素的浓度 c_i 恒定，无自吸现象时，$b_i=1$，所以 $c_i^{b_i}$ 为常数。由于实验条件相同，$a=a_i$，令分析线和内标线的绝对强度之比（即相对强度）为 R，则

$$R = \frac{I}{I_i} = \frac{ac^b}{a_i c_i^{b_i}} = \frac{a}{a_i c_i^{b_i}} c^b = Kc^b \tag{1-11}$$

等式两边取对数，得

$$\lg R = \lg \frac{I}{I_i} = b \lg c + \lg K \tag{1-12}$$

这就是内标法定量分析的基本关系式。采用内标法时，尽管操作条件的变化影响 a 和 a_i，但二者受影响的程度基本相同，所以它们的相对强度基本上保持不变，这样就减小了实验条件对于谱线强度的影响，从而提高了定量分析的准确度。

为了提高内标法定量分析的准确度，内标元素和分析线对的选择应满足下列条件。

① 内标元素的选择。内标元素与被测元素具有相近的物理化学性质，如熔点、沸点相近，在激发光源中具有相近的蒸发性；内标元素和被测元素具有相近的激发能；若内标元素是外加的，试样中不得含有内标元素。

② 分析线对的选择。分析线对应具有相近或相同的激发能；分析线对的波长、强度和宽度应尽量相近，谱线黑度应落在乳剂校准曲线直线部分；分析线对附近不应有干扰谱线存在；分析线对无自吸收或自吸很小，即 $b=1$；在分析线对的波长范围内，乳剂的反衬度 γ 值保持不变。

发射光谱定量分析，不论用绝对强度法还是相对强度法，都需要用一系列标准试样绘制校准曲线。按绘制校准曲线方法不同，可分为校准曲线法和标准加入法。若有标准试样，可采用前者；若无标准试样，一般采用后者。

（3）校准曲线绘制

① 校准曲线法。在选定的分析条件下，用 3 个或 3 个以上含有不同浓度被测元素的标样在相同条件下激发，以分析线强度 I（或 $\lg I$），或者分析线对强度比 R（或 $\lg R$）对浓度 c（或 $\lg c$）建立校准曲线。在同样的分析条件下，测量未知试样光谱的 I（或 $\lg I$）或者 R（或 $\lg R$），由校准曲线求得未知试样中被测元素浓度 c。

采用摄谱法进行定量分析时，通常用感光板记录的谱线黑度 S 来表征谱线强度 I，S 与 I 的关系为：

$$\Delta S = S - S_0 = \gamma \lg(I/I_0) = \gamma \lg R \tag{1-13}$$

将式（1-12）代入式（1-13），得

$$\Delta S = \gamma b \lg c + \gamma \lg K \tag{1-14}$$

式中，ΔS 为分析线对的黑度差；γ 为感光板的衬度。

这时可直接用分析线对黑度差 ΔS 与 $\lg c$ 建立校准曲线，进行定量分析。校准曲线法是光谱定量分析的基本方法，在很大程度上消除了测定条件的影响，因此在实际工作中应用较多，特别适用于成批样品的分析。

② 标准加入法。测定低含量元素时，找不到合适的基体来配制标准样品，此时采用标准加入法比较好。设样品中待测元素浓度为 c_x，在几个样品中加入含不同浓度待测元素的标准溶液，在同一激发条件下激发，然后测量加入不同量待测元素的样品分析线对的强度比 R。待测元素浓度低时自吸系数 $b=1$，R 与 c 呈线性关系，见图 1-3，将直线外推，与横坐标相交，横坐标截距的绝对值即为样品中待测元素的含量。

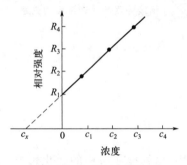

图 1-3　标准加入法浓度与相对强度关系

1.1.3.3　干扰及其抑制

（1）光谱背景及其消除方法

当试样被光源激发时，常会同时发出一些波长范围较宽的连续辐射，形成背景叠加在线光谱上。产生背景的原因主要有如下几种。

① 分子的辐射：在光源中未解离的分子所发射的带光谱所造成的背景。如在电弧光源中，因空气中的 N_2 和碳电极挥发的 C 能生成稳定的化合物 CN 分子，它在 350～420nm 有吸收，干扰了许多元素的灵敏线，为了避免 CN 带的影响，可不用碳电极。

② 谱线的扩散：有些金属元素（锌、铝、镁、锑、铋、锡、铅等）的一些谱线是很强烈的扩散线，可在其周围的一定宽度内对其他谱线形成强烈的背景。

③ 炽热的电极头和试样熔珠产生的热辐射，在可见光区和红外光区形成很宽的连续背景。可利用中间光阑（遮光板）挡住连续背景。

④ 离子的复合：放电间隙中，离子和电子复合成中性原子时，也会产生连续辐射，其谱线范围很宽，可在整个光谱区域内形成背景。火花光源因形成离子较多，由离子复合产生的背景也较强，尤其在紫外光区。理论上讲，背景会影响分析的准确度，应设法予以扣除。但在摄谱法中，因扣除背景的过程中，会引入更大的附加误差，故一般不采用扣除背景的方法，而是针对产生背景的原因，尽量减弱、抑制背景，或选用不受干扰的谱进行测定。

（2）光谱添加剂

为了改进光谱分析而加入标准试样和分析试样中的物质称为光谱添加剂。根据加入的目的不同可分为缓冲剂、载体、挥发剂等。

① 缓冲剂。试样中所有共存元素干扰效应的总和，叫作基体效应。同时加入分析试样和标准试样中，使它们有共同的基体，以减小基体效应，改进光谱分析准确度的物质称为缓冲剂。由于电极头的温度和电弧温度受试样组成的影响，当没有缓冲剂存在时，电极和电弧的温度主要由试样基体控制；有缓冲剂存在时，则由缓冲剂控制，使分析试样和标准试样能在相同的条件下蒸发。缓冲剂除了控制蒸发激发条件、消除基体效应外，还可把弧温控制在待测元素的最佳温度，使其有最大的谱线强度。

由于所用缓冲剂一般具有比基体元素低而比待测元素高的沸点,这样可使待测元素蒸发而基体不蒸发,使分馏效应更为明显,以改进待测元素的检测限。

光谱缓冲剂纯度要高,且谱线简单。按光谱缓冲剂所起作用的不同,可分为光谱稳定剂、稀释剂、助熔剂、增感剂和抑制剂等。在测定易挥发和中等挥发元素时,选用碱金属元素的盐作缓冲剂,如 NaCl、NaF、LiF 等;测定难挥发元素或易生成难挥发物的元素时,宜选用兼有挥发剂性能的缓冲剂,如卤化物等。

② 挥发剂。为了提高待测元素的挥发性而加入的物质叫挥发剂。它可以抑制基体的挥发,降低背景,改进检测限。典型的挥发剂是卤化物和硫化物。而碳是典型的去挥发剂。

③ 载体。载体本身是一种较易挥发的物质,可携带微量组分进入激发区,并和基体分离。此外,当大量载体元素进入弧焰后,能延长待测元素在弧焰中的停留时间,控制电弧参数,以便待测元素的测量。光谱载体的作用是改变试样中待测元素熔点、沸点,从而改变各元素的蒸发情况,起到增强待测元素谱线强度或抑制干扰元素谱线强度等作用,提高分析灵敏度。光谱载体纯度要高,常用载体有 Ga_2O_3、AgCl 和 HgO 等。

光谱缓冲剂和光谱载体两个术语是相对而言的,没有严格界限,有的物质兼具两方面作用。对 ICP 光源来说,由于试样组成影响很小,一般不用光谱载体或光谱缓冲剂。

1.2 原子吸收光谱分析

原子吸收光谱法又称为原子吸收分光光度法,它是基于从光源辐射出的具有待测元素特征谱线的光通过样品蒸气时被待测元素的基态原子所吸收,从而根据辐射特征谱线光被减弱的程度来测定样品中待测元素含量的方法。

原子吸收光谱法有以下特点:

① 灵敏度高,检出限低。火焰原子吸收光谱法的检出限可达 10^{-9} g;无火焰原子吸收光谱法的检出限可达 $10^{-14} \sim 10^{-10}$ g。

② 准确度高。火焰原子吸收光谱法的相对误差小于 1%,其准确度接近经典化学方法。石墨炉原子吸收法的准确度一般为 3%~5%。

③ 选择性好。用原子吸收光谱法测定元素含量时,通常共存元素对待测元素干扰小,若实验条件合适一般可以在不分离共存元素的情况下直接测定。

④ 操作简便,分析速度快。准备工作做好后,一般几分钟即可完成一种元素的测定。

⑤ 应用广泛。原子吸收光谱法被广泛应用在各领域中,它可以直接测定 70 多种金属元素,也可以间接测定一些非金属元素和有机化合物。

原子吸收光谱法的不足之处是:由于分析不同元素必须使用不同元素灯,因此多元素同时测定尚有困难;有些元素的灵敏度还比较低(如钍、铪、银、钽等);复杂样品需要进行复杂的化学预处理,否则干扰将比较严重。

1.2.1 原子吸收光谱线

电子吸收一定能量从基态跃迁到能量最低的激发态时所产生的吸收谱线称为共振吸收线,简称共振线。电子从第一激发态跃迁回基态时,会发射出同样频率的光辐射,其对应的谱线称为共振发射线,也简称共振线。

不同元素的原子结构不同，其共振线也各有其特征。由于原子从基态到最低激发态的跃迁最容易发生，因此对大多数元素来说，共振线也是元素的最灵敏线。原子吸收光谱分析法就是利用处于基态的待测原子的蒸气对从光源发射的共振发射线的吸收来进行分析的，因此元素的共振线又称分析线。

从理论上讲，原子吸收光谱应该是线状光谱。但实际上任何原子发射或吸收的谱线都不是绝对单色的几何线，而是具有一定宽度的谱线。若在各种频率 ν 下测定吸收系数 K_ν，以 K_ν 为纵坐标，ν 为横坐标，可得如图 1-4 所示的曲线，称为吸收曲线。曲线极大值对应的频率 ν_0 称为中心频率，中心频率所对应的吸收系数称为峰值吸收系数。在峰值吸收系数一半（$K_0/2$）处，吸收曲线呈现的宽度称为吸收曲线的半宽度，以频率差 $\Delta\nu$ 表示。吸收曲线的半宽度 $\Delta\nu$ 的数量级为 $10^{-3} \sim 10^{-2}$ nm（折合成波长）。

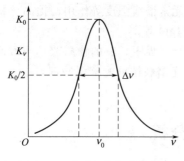

图 1-4　原子吸收光谱曲线

影响谱线宽度的因素有原子本身的内在因素及外界条件因素两个方面，具体如下所述。

（1）自然宽度

在没有外界条件影响的情况下，谱线仍有一定的宽度，这种宽度称为自然宽度，用 $\Delta\nu_N$（或 $\Delta\lambda_N$）表示。自然宽度与激发态原子的平均寿命有关，平均寿命愈长，谱线宽度愈窄。不同元素的不同谱线的自然宽度不同，多数情况下约为 10^{-5} nm 数量级。$\Delta\nu_N$ 很小，相对于其他的变宽因素，这个宽度可以忽略。

（2）热变宽

原子在空间作无规则热运动所引起的谱线变宽称为热变宽。根据多普勒效应，一个运动的原子发出光，如果运动方向远离观测者，则在观测者看来，其光的频率较静止原子发出的光的频率低；反之，如果原子向观测者运动，则其光的频率较静止原子发出的光的频率高。在原子吸收光谱分析中，气体中的原子处于无规则热运动中，在沿观测者（仪器检测器）的观测方向上就具有不同的运动速度分量，使观测者接收到很多频率稍有不同的光，于是谱线变宽。热变宽也称为多普勒（Doppler）变宽，用 $\Delta\nu_D$（或 $\Delta\lambda_D$）表示。$\Delta\nu_D$ 或 $\Delta\lambda_D$ 随温度的升高或原子量的减小而变大。对于大多数元素来说，多普勒变宽约为 10^{-3} nm 数量级。

（3）压力变宽

吸光原子与共存的其他粒子碰撞能引起能级的微小变化，使吸收光频率改变而导致的谱线变宽称为压力变宽。这种变宽与吸收区气体的压力有关，压力变大时，碰撞的概率增大，谱线变宽也变大。根据与吸光原子碰撞的粒子不同，压力变宽分为两种类型。吸光原子与其他粒子碰撞引起的变宽称为洛伦兹（Lorentz）变宽；同类原子碰撞产生的变宽称为共振变宽。只有在被测元素的浓度较高时，同类原子的碰撞才表露出来，因此，在原子吸收光谱分析中，共振变宽一般可以忽略，压力变宽主要是洛伦兹变宽。压力变宽与热变宽具有相同的数量级，可达 10^{-3} nm。

除上述因素外，影响谱线变宽的还有电场变宽、磁场变宽、自吸变宽等。但在通常的原子吸收分析实验条件下，吸收线的轮廓主要受 Doppler 变宽与 Lorentz 变宽的影响。在 2000～3000K 的温度范围内，原子吸收线的宽度为 $10^{-3} \sim 10^{-2}$ nm。在分析测定中，谱线变宽往往会导致测定的灵敏度下降。

1.2.2 原子吸收值与待测元素浓度的定量关系

① 积分吸收：原子蒸气层中的基态原子吸收共振线的全部能量称为积分吸收，它相当于图 1-4 所示吸收线轮廓下面所包围的整个面积。根据理论推导，谱线的积分吸收与基态原子数的关系为：

$$\int_{-\infty}^{+\infty} K_\nu \mathrm{d}\nu = \frac{\pi e^2}{mc} N_0 f \tag{1-15}$$

式中，e 为电子电荷；m 为电子质量；c 为光速；N_0 为单位体积原子蒸气中吸收辐射的基态原子数，即基态原子密度；f 为振子强度，代表每个原子对特定频率光的吸收概率。

根据式 (1-15)，积分吸收与单位体积基态原子数呈简单的线性关系，这是原子吸收光谱分析的一个重要理论基础。若能测得积分吸收，即可计算出待测元素的原子浓度。但由于原子吸收线的半宽度很小，要测定半宽度如此小的吸收线的积分吸收，需要分辨率非常高的单色器，在目前的技术情况下尚无法实现。

② 峰值吸收：吸收线轮廓中心波长处的吸收系数 K_0 称为峰值吸收系数，简称为峰值吸收。在温度不太高的稳定火焰条件下，峰值吸收系数 K_0 与火焰中被测元素的原子浓度 N_0 存在如式 (1-16) 所示的关系。

$$K_0 = \frac{2\sqrt{\pi \ln 2}}{\Delta \nu_\mathrm{D}} \times \frac{e^2}{mc} \times N_0 f \tag{1-16}$$

实现峰值吸收测量的条件是光源发射线的半高宽度应明显地小于吸收线的半高宽度，且通过原子蒸气的发射线的中心频率恰好与吸收线的中心频率 ν_0 相重合，因此必须采用锐线光源。所谓锐线光源，就是能发射出谱线宽度很窄的发射线的光源。它所产生的供原子吸收的辐射必须具备两个条件：一是能发射待测元素的共振线，即发射线的中心频率与吸收线的中心频率 (ν_0) 一致；二是发射线的半高宽 ($\Delta\nu_\mathrm{e}$) 远小于原子吸收线的半高宽 ($\Delta\nu_\mathrm{a}$)，如图 1-5 所示。

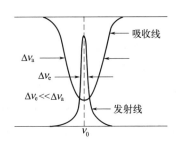

图 1-5 锐线光源的必备条件

空心阴极灯利用待测元素在低温低压下发射待测元素的共振线达到原子吸收测定的要求，使原子吸收测定得以实现。使用锐线光源时，吸光度与基态原子数之间的关系为：

$$A = kLN_0 \tag{1-17}$$

式中，A 为吸光度；k 为常数，理论值；L 为光程；N_0 为基态原子数。

③ 吸收定律实际分析中一般要求测定样品中待测元素的浓度，而非原子数。只要保证样品的原子化效率恒定，在一定的浓度范围和一定的吸光介质厚度 L 下，原子数与待测元素的浓度成正比，则有

$$A = kLN_0 = k'LN = Kc \tag{1-18}$$

式中，k' 为常数，测试状态下仪器的常数；K 为与待测元素和分析条件有关的常数；c 为待测元素的浓度。该式是原子吸收光谱定量分析的依据。

1.2.3 原子吸收光谱的定量方法

原子吸收光谱分析的定量方法有标准曲线法和标准加入法。

(1) 标准曲线法

配制不同浓度的系列标准溶液，由低浓度到高浓度依次分析，将获得的吸光度 A 对浓度作标准曲线。在相同条件下，测定待测样品的吸光度 A_x，在标准曲线上查出对应的浓度值；或由标准样品的数据获得线性方程，将待测样品的吸光度 A_x 代入方程计算浓度。在实际分析中，有时会出现标准曲线弯曲的现象，如在待测元素浓度较高时，曲线向浓度坐标弯曲。这是因为待测元素的含量较高时，由于热变宽和压力变宽的影响，光吸收相应减少，结果标准曲线向浓度坐标弯曲。另外，火焰中的各种干扰效应，如光谱干扰、化学干扰、物理干扰等也可导致曲线弯曲。因此，使用标准曲线法时要注意以下几点：

① 所配制的标准溶液的浓度应在吸光度与浓度呈直线关系的范围内；
② 标准溶液与样品溶液都应进行相同的预处理；
③ 应该扣除空白值；
④ 在整个分析过程中操作条件应保持不变。

标准曲线法简便、快速，但仅适用于组成简单的样品。

(2) 标准加入法

当样品中被测元素成分很少，基体成分复杂，难以配制与样品组成相似的标准溶液时，可采用标准加入法，其基本原理和方法与原子发射光谱的标准加入法类似。

1.2.4 原子吸收光谱的干扰及消除

原子吸收光谱法中的干扰效应，按其性质和产生的原因可分为光谱类干扰和非光谱类干扰。非光谱类干扰又可分为物理干扰、化学干扰和电离干扰。

(1) 光谱干扰

光谱干扰是指待测元素的共振线与干扰物质谱线分离不完全及背景吸收所造成的影响，包括谱线重叠、光谱通带内存在非吸收线、原子化器内的直流发射、分子吸收、光散射等。这类干扰主要来自光源、试样中的共存元素和原子化装置。谱线重叠干扰可通过调小狭缝或另选分析线来抑制或消除；光谱通带内存在的非吸收线干扰可通过减小狭缝宽度与灯电流，或另选谱线来减小；空心阴极灯的直流发射干扰可采用纯度较高的单元素灯来减免。

(2) 物理干扰

物理干扰主要指的是样品在处理、雾化、蒸发和原子化的过程中，由任何物理因素的变化而引起原子吸收信号下降的效应。其物理因素包括溶液的离子强度、密度、表面张力，溶剂的种类，气体流速等。这些因素会影响试液的喷入速度、雾化效率、雾滴大小等，因而会引起吸收强度的变化。物理干扰是非选择性干扰，对试样各元素的影响基本是相似的。

消除方法：配制与被测样品组成相同或相近的标准溶液；不知道试样组成或无法匹配试样时，可采用标准加入法；若样品溶液浓度过高，还可采用稀释法。

(3) 化学干扰

化学干扰是指待测元素与共存组分之间发生化学作用所引起的干扰效应，它主要影响待测元素的原子化效率，是原子吸收光谱法中的主要干扰源。液相或气相中被测元素的原子与干扰物质组分之间形成热力学更稳定的化合物，从而影响被测元素化合物的解离及其原子化，使参与吸收的基态原子减少。

消除方法：化学分离、使用高温火焰、加入释放剂和保护剂、使用基体改进剂等，还可用标准加入法来控制化学干扰。如果这些方法都不能理想地控制化学干扰，可考虑采用沉淀法、离子交换法、溶剂萃取法等化学分离方法除去干扰元素。

(4) 电离干扰

电离干扰指的是在高温条件下，原子发生电离，使基态原子数减少，生成的离子不产生吸收，因此使吸光度下降。电离干扰与原子化温度和被测元素的电离电位及浓度有关。元素的电离随温度的升高而增加，随元素的电离电位及浓度的升高而减少。

消除方法：加入一定量的比待测元素更易电离的其他元素（即消电离剂），以达到抑制电离的目的。在相同条件下，消电离剂首先被电离，产生大量电子，抑制了被测元素的电离。

第 2 章　X 射线光谱分析

当用 X 射线、高速电子或其他高能粒子轰击样品时，若试样中各元素的原子受到激发，将处于高能量状态，当它们向低能量状态转变时，将产生特征 X 射线（又称标识 X 射线），产生的特征 X 射线按波长或能量展开，所得谱图即为波谱或能谱。从谱图中可辨认元素的特征谱线，并测得它们的强度，据此进行材料的成分分析，这就是 X 射线光谱分析。

用于探测样品受激产生的特征 X 射线的波长和强度的设备，称为 X 射线谱仪。常用 X 射线谱仪有两种：波谱仪（wave dispersive spectrometer，WDS）和能谱仪（energy dispersive spectrometer，EDS）。波谱仪将特征 X 射线光子按照波长大小进行分类和统计，不同能量的 X 射线信号的鉴别是由晶体衍射进行的，最后显示的是以 X 射线光子波长为横坐标、脉冲数为纵坐标的 X 射线荧光波谱图；能谱仪是将特征 X 射线光子按照能量大小进行分类和统计，最后显示的是以 X 射线光子能量为横坐标、能量脉冲数为纵坐标的能谱图。就 X 射线的本质而言，波谱和能谱是一样的，不同的仅仅是横坐标按波长标注还是按能量标注。但如果从它们的分析方法来说，差别就比较大，前者是用光学的方法，通过晶体的衍射来分光展谱，后者却是用电子学的方法展谱。由于 X 射线光子能量是元素种类的特征信息，而其产率则与元素含量相关，根据 X 射线谱图即可实现材料化学成分的定性与定量分析。

2.1　能谱仪

目前最常用的能谱仪是应用 Si（Li）半导体探测器和多道脉冲高度分析器将入射 X 射线光子按能量大小展成谱的能量色散谱仪——Si（Li）X 射线能谱仪，其关键部件是 Si（Li）半导体探测器，即锂漂移硅固态探测器。

2.1.1　Si（Li）半导体探测器

Si（Li）半导体探测器实质上是一只半导体二极管，只是在 p 型硅与 n 型硅之间有一层 3～5mm 厚的中性层。当探测器受 X 射线照射时，X 射线光子使中性层原子的内壳层电子电离成 X 光电子，而受激原子发射标识 X 射线或俄歇电子，这三者又进一步在中性层中产生大量的电子-空穴对。可见中性层的作用是使入射的 X 射线光子能量在层内全部被吸收，不散失到层外，并产生电子-空穴对。在 Si（Li）探测器中产生一对电子-空穴对所需能量为 3.8eV，若一个 Mn K_α 光子被吸收，由于它的能量为 5895eV，就会在中性层内产生 1551 对电子-空穴对，这些电子-空穴对在外加电场作用下形成一个电脉冲，脉冲高度正比于光子能量。故半导体探测器的作用与正比计数器相仿，都是把所接收的 X 光子变成电脉冲信号，脉冲高度与被吸收光的能量成正比。由于半导体探测器有厚的中性层，故对 X 射线光子的计数效率接近于 100%，且不随波长改变而有所变化，这是它的优点。

锂漂移硅探测器是用渗了微量锂的高纯硅制成的，加"漂移"二字是说明用漂移法渗锂。在高纯硅中渗锂的作用是抵消其中存在的微量杂质的导电作用，使中性层未吸收光子时在外加电场作用下不漏电。由于锂在室温下也容易扩散，所以 Si（Li）探测器不但要在液氮温度下使用，以降低电子噪声，而且要在液氮温度下保存，以免 Li 发生扩散，这显然是很不方便的。半导体探测器性能指标中最重要的是分辨率，由于标识谱线有一定的固有宽度，同时在探测器中产生的电离现象是一种统计性事件，故探测出来的能谱谱线有一定宽度，加上与之联用的场效应晶体管产生的噪声对谱线半高宽有影响，能谱谱线就变得更宽。由于谱线有一定宽度，目前 Si（Li）探测器只能分辨能量差 ΔE 为 150eV 以上的两条谱线，即只可将原子序数在 11（Na）以上的相邻两元素的 K_α 谱线分开，所以只能做 Na 以上元素的能谱分析，还不能用于做超轻元素（$Z<11$）的能谱分析。

2.1.2 能量色散谱仪的结构和工作原理

能量色散谱仪主要由 Si（Li）半导体探测器、多道脉冲高度分析器、脉冲放大器及整形器和记录显示系统组成，如图 2-1 所示。X 射线发生器发射的连续辐射投射到样品上，使样品发射所含元素的荧光标识 X 射线和所含物相的衍射线束，这些谱线和衍射线被 Si（Li）半导体探测器吸收。进入探测器中被吸收的每一个 X 射线光子都使硅电离成许多电子-空穴对，构成一个电流脉冲，经放大器转换成电压脉冲，脉冲高度与被吸收的光子能量成正比。

被放大了的电压脉冲输送至多道脉冲高度分析器。多道脉冲高度分析器是许多个（例如 1024 个，高的多达 4096 个）单道脉冲高度分析器的组合，一个单道分析器叫作一个通道。各通道的窗宽都一样，都是满刻度值 V_m 的 1/1024，但各通道的基线不同，依次为 0、V_m/1024、$2V_m/1024\cdots$。从放大器来的电压脉冲按其脉冲高度分别进入相应的通道而被储存起来。每进入一个时钟脉冲，存储单元记录一个光子数。因此通道地址和 X 光子能量成正比，而通道的计数则为 X 光子数。记录一段时间后，每一通道内的脉冲数就可迅速记录下来，最后得到以通道（X 光子能量）为横坐标、通道计数（强度）为纵坐标的 X 射线能量色散谱，如图 2-2 所示。

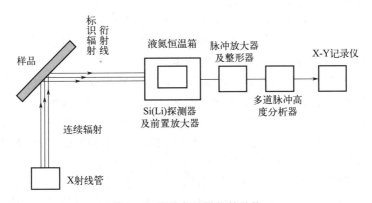

图 2-1 能量色散谱仪的结构

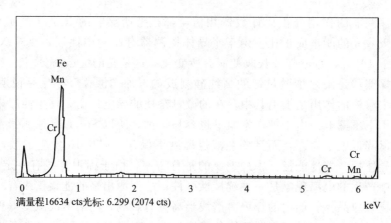

图 2-2　X 射线能量色散谱

能谱中的各条谱线及衍射花样的各条衍射线是同时记录的，并且由试样发射到探测器的射线束是未经任何滤光和单色化处理的，因而保持原强度。这两方面的原因使得用能量色散谱仪来记录能谱和衍射花样所需时间很短，一般只要十数分钟。如果把它与旋转阳极管那样的强光源联用，记录时间就可能只要几十秒。

根据上面的分析，能量色散谱仪有下述优点：

① 效率高，可以做衍射动态研究；

② 各谱线和各衍射线都是同时记录的，在只测定各衍射线的相对强度时，稳定度不高的 X 射线源和测量系统也可以用；

③ 谱线和衍射花样同时记录，因此可同时获得试样的化学元素成分和相成分，提高相分析的可靠性。

2.2　波谱仪

2.2.1　波谱仪的结构和工作原理

在电子探针中，X 射线是从样品表面以下微米数量级的作用体积中激发出来的，如果这个体积中的样品是由多种元素组成，则可激发出各个相应元素的特征 X 射线。若在样品上方水平放置一块具有适当晶面间距 d 的晶体，入射 X 射线的波长、入射角和晶面间距三者符合布拉格方程时，这个特征波长的 X 射线就会发生强烈衍射，波谱仪利用晶体衍射把不同波长的 X 射线分开，故称这种晶体为分光晶体。

被激发的特征 X 射线照射到连续转动的分光晶体上实现分光（色散），即不同波长的 X 射线将在各自满足布拉格方程的 2θ 方向上被检测器接收，如图 2-3 所示。

虽然分光晶体可以将不同波长的 X 射线分光展开，但就收集单一波长 X 射线信号的效率来看是非常低的。如果把分光晶体作适当弹性弯曲，并使射线源、弯曲晶体表面和检测器窗口位于同一个圆周上，这样就可以达到把衍射束聚焦的目的，此时整个分光晶体只收集一种波长的 X 射线，使这种单色 X 射线的衍射强度大大提高，这个圆周就称为聚焦圆或罗兰（Rowland）圆。在电子探针中常用的弯晶谱仪有约翰（Johann）型和约翰逊（Johansson）型两种聚焦方式，如图 2-4 所示。

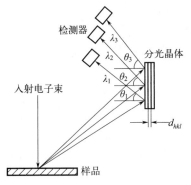
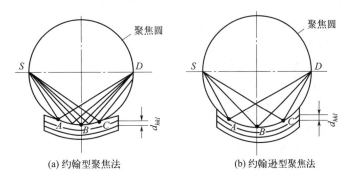

图 2-3 分光晶体对 X 射线的衍射　　　　图 2-4 弯曲晶体谱仪的聚焦方式

约翰型聚焦法 [图 2-4（a）]，系将平板晶体弯曲但不加磨制，使其中心部分曲率半径恰好等于聚焦圆半径。聚焦圆上从 S 点发出一束发散的 X 射线，经过弯曲晶体的衍射，聚焦于聚焦圆上的另一点 D，由于弯曲晶体表面只有中心部分位于聚焦圆上，因此不可能得到完美的聚焦，弯曲晶体两端与圆不重合会使聚焦线变宽，出现一定的散焦。所以，约翰型波谱仪只是一种近似的聚焦方式。

改进的聚焦方式叫作约翰逊型聚焦法 [图 2-4（b）]，这种方法是先将晶体磨制再加以弯曲，使之成为曲率半径等于聚焦圆半径的弯晶，这样的布置可以使 A、B、C 三点的衍射束正好聚焦在 D 点，所以这种方法叫全聚焦法。

在实际检测 X 射线时，点光源发射的 X 射线在垂直于聚焦圆平面的方向上仍有发散性，分光晶体表面不可能处处精确符合布拉格方程，加之有些分光晶体虽然可以进行弯曲，但不能磨制，因此不大可能达到理想的聚焦条件。如果检测器上的接收狭缝有足够的宽度，即使采用不大精确的约翰型聚焦法，也能满足聚焦要求。

电子束轰击样品后，被轰击的微区就是 X 射线源。要使 X 射线分光、聚焦，并被检测器接收，波谱仪的布置须满足一定的条件，两种常见的谱仪布置形式示于图 2-5。图 2-5（a）为回旋式波谱仪的工作原理，聚焦圆圆心 O 不能移动，分光晶体和检测器在聚焦圆的圆周上以 1∶2 的角速度运动，以保证满足布拉格方程。这种结构比直进式结构简单，但由于出射方向改变很大，即 X 射线在样品内行进的路线不同，往往会因吸收条件变化造成分析上的误差。图 2-5（b）为直进式波谱仪的工作原理图，这种谱仪的优点是 X 射线照射分光晶体的方向是固定的，即出射角 φ 保持不变，这样可以使 X 射线在穿过样品表面过程中所走的路线相同，也就是吸收条件相等。由图中的几何关系分析可知，分光晶体沿直线运动时，晶体本身应产生相应的转动，使不同波长的 X 射线以不同的角度入射，在满足布拉格方程的情况下，位于聚焦圆周上协调滑动的检测器都能接收到经过聚焦的波长不同的衍射线。分光晶体直线运动时，检测器能在几个位置上接收到衍射束，表明在试样被激发的体积内存在着相应的几种元素，衍射束的强度大小和元素含量成正比。

2.2.2　波谱图

X 射线探测器是检测 X 射线强度的仪器，波谱仪使用的 X 射线探测器有充气正比计数管和闪烁计数管等。探测器每接收一个 X 光子便输出一个电脉冲信号，脉冲信号输入计数仪，提供在仪表上显示计数率读数。波谱仪记录的波谱图是一种衍射图谱，由一些强度随 2θ 变化的峰曲线与背景曲线组成，每一个峰都是由分光晶体衍射出来的特征 X 射线；至于样品相干的或非相干的散射波,也会被分光晶体所反射,成为波谱的背景。连续谱波长的散射是造成波谱背景的主要因素。直接使用来自 X 射线管的辐射激发样品,其中强烈的连续辐射被样品散射,引起很高的波谱背景,这对波谱的分析是不利的;用特征辐射照射样品,可克服连续谱激发的缺点。

图 2-6 为从一个测量点获得的钨丝夹杂的波谱图,横坐标代表波长,纵坐标代表强度,谱线上有许多强度峰,每个峰在坐标上的位置代表相应元素特征 X 射线的波长,峰的高度代表这种元素的含量。

直接影响波谱分析的因素有两个:分辨率和灵敏度,表现在波谱图上就是衍射峰的宽度和高度。

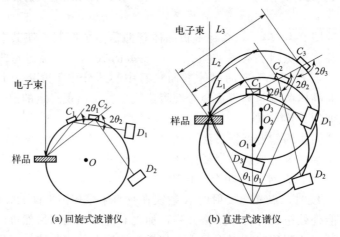

(a) 回旋式波谱仪　　　　(b) 直进式波谱仪

图 2-5　两种波谱仪结构

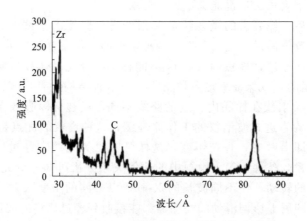

图 2-6　钨丝夹杂的波谱

① 分辨率:波谱仪的能量分辨率高达 5~10eV;

② 灵敏度:波谱仪的灵敏度取决于信噪比,即峰高度与背景高度的比值,实际上就是峰能否辨认的问题。高的波谱背景降低信噪比,使仪器的测试灵敏度下降。轻元素的荧光产率较低,信号较弱,是影响其测试灵敏度的因素之一。波长分散谱仪的灵敏度比较高,可能测量的最低浓度对于固体样品达 0.0001%(质量分数),对于液体样品达 0.1g/mL。

2.3 波谱仪和能谱仪的分析模式及应用

利用 X 射线光谱法进行微区成分分析通常有如下三种分析模式。

(1) 以点、微区的方式测定样品的成分和平均含量

被分析的选区尺寸可以小到 1μm,用电镜直接观察样品表面,用电镜的电子束扫描控制功能,选定待分析点、微区或较大的区域,采集 X 射线波谱或能谱,可对谱图进行定性、定量分析。定点微区成分分析是电子探针、扫描电镜成分分析的特色工作,它在合金沉淀相和夹杂物的鉴定方面有着广泛的应用。此外,在合金相图研究中,对于确定各种成分的合金在不同温度下的相界位置,X 射线波谱或能谱提供了迅速而又方便的测试手段,并能探知某些新的合金相或化合物。图 2-7 为碳钢表面氧化层成分微区分析结果。

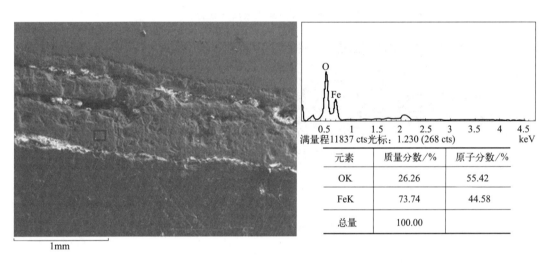

图 2-7　碳钢表面氧化层成分微区分析

(2) 测定样品在某一线长度上的元素分布分析模式

对于 X 射线波谱和能谱,分别选定衍射晶体的衍射角或能量窗口,当电子束在试样上沿一条直线缓慢扫描时,记录被选定元素的 X 射线强度(它与元素的浓度成正比)分布,就可以获得该元素的线分布曲线。入射电子束在样品表面沿选定的直线轨迹扫描,可以方便地取得有关元素分布不均匀性的资料,比如测定元素在材料内部相区或界面上的富集或贫化。图 2-8 为碳钢表面氧化层成分线分析结果。

(3) 测定元素在样品指定区域内的面分布分析模式

与线分析模式相同,分别选定衍射晶体的衍射角或能量窗口,当电子束在试样表面的某区域作光栅扫描时,记录选定元素的特征 X 射线的计数率,计数率与显示器上亮点的密度成正比,则亮点的分布与该元素的面分布相对应。图 2-9 给出了一张镍基高温合金夹杂物面扫描元素分布图。

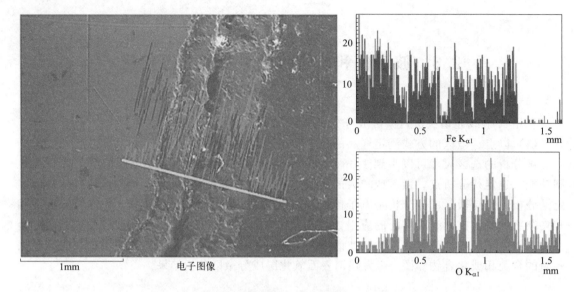

图 2-8 碳钢表面氧化层成分线分析

图 2-9 镍基高温合金夹杂物面扫描元素分布

2.4 波谱仪与能谱仪的比较

波谱仪与能谱仪的异同可从以下几方面进行比较：

① 分析元素范围：波谱仪分析元素的范围为 $_4$B～$_{92}$U；能谱仪分析元素的范围为 $_{11}$Na～$_{92}$U，某些特殊的能谱仪（例如无窗系统或超薄窗系统）可以分析 $_6$C 以上的元素，但对各种条件有严格限制。

② 分辨率：谱仪的分辨率是指分开或识别相邻两个谱峰的能力，它可用波长色散谱或能量色散谱的谱峰半高宽（谱峰最大高度一半处的宽度）的 $\Delta\lambda$、ΔE 来衡量，也可用 $\Delta\lambda/\lambda$、$\Delta E/E$ 来衡量。半高宽越小，表示谱仪的分辨率越高；半高宽越大，表示谱仪的分辨率越低。目前能谱仪的分辨率为 145～155eV；波谱仪的分辨率在常用 X 射线波长范围内要比能谱仪高一个数量级以上，在 5eV 左右，从而减少了谱峰重叠的可能性。

③ 探测极限：谱仪能测出的元素最小百分浓度称为探测极限，它与被分析元素种类、样品的成分、所用谱仪以及实验条件有关。波谱仪的探测极限为 0.01%～0.1%，能谱仪的探测极限为 0.1%～0.5%。

④ X 光子几何收集效率：谱仪的 X 光子几何收集效率是指谱仪接收 X 光子数与光源出射的 X 光子数目的百分比，它与谱仪探测器接收 X 光子的立体角有关。波谱仪的分光晶体

处于聚焦圆上,聚焦圆的半径一般是150~250nm,照射到分光晶体上的X射线的立体角很小,X光子几何收集效率很低,小于0.2%,并且随分光晶体位置而变化。由于波谱仪的X光子几何收集效率很低,由辐射源射出的X射线需要精确聚焦才能使探测器接收的X射线有足够的强度,因此要求试样表面平整光滑。能谱仪的探测器放在离试样很近的地方(约为几厘米),探测器对辐射源所张的立体角较大,能谱仪有较高的X光子几何收集效率,约2%。由于能谱仪的X光子几何收集效率高,X射线不需要聚焦,因此对试样表面的要求不像波谱仪那样严格。

⑤ 量子效率:量子效率是指探测器X光子计数与进入谱仪探测器的X光子数的百分比。能谱仪的量子效率很高,接近100%;波谱仪的量子效率低,通常小于30%。由于波谱仪的X光子几何收集效率和量子效率都比较低,X射线利用率低,不适于在低束流、X射线弱情况下使用,这是波谱仪的主要缺点。

⑥ 瞬时的X射线谱接收范围:瞬时的X射线谱接收范围是指谱仪在瞬间所能探测到的X射线谱的范围。波谱仪在瞬间只能探测波长满足布拉格方程的X射线,能谱仪在瞬间能探测各种能量的X射线,因此波谱仪是对试样元素逐个进行分析,而能谱仪是同时进行分析。

⑦ 最小电子束斑:波谱仪的X射线利用率很低,不适于低束流使用,分析时的最小电子束斑直径约为200nm;能谱仪有较高的X光子几何收集效率和量子效率,在低束流下仍有足够的计数,分析时最小电子束斑直径为5nm。但对于块状试样,电子束射入样品之后会发生散射,也会使产生特征X射线的区域远大于束斑直径,大体上为微米数量级,在这种情况下继续减小束斑直径对提高分辨率已无多大意义。要提高分析的空间分辨率,唯有采用尽可能低的入射电子能量E_0,减小X射线的激发体积。综上所述,分析厚样品时,电子束斑直径大小不是影响空间分辨率的主要因素,波谱仪和能谱仪均能适用;但对于薄膜样品,空间分辨率主要取决于电子束斑直径大小,因此使用能谱仪较好。

⑧ 分析速度:能谱仪分析速度快,几分钟内能把全部能谱显示出来;而波谱仪一般需要十几分钟。

⑨ 谱的失真:波谱仪很少存在谱的失真问题。能谱仪在测量过程中,存在使能谱失真的因素主要有:一是X射线探测过程中的失真,如硅的X射线逃逸峰、谱峰加宽、谱峰畸变、镀窗吸收效应等;二是信号处理过程中的失真,如脉冲堆积等;三是由探测器样品室的周围环境引起的失真,如杂散辐射、电子束散射等。谱的失真使能谱仪的定量可重复性很差,波谱仪的可重复性是能谱仪的8倍。

综上所述,波谱仪分析的元素范围广、探测极限小、分辨率高,适用于精确的定量分析;其缺点是要求试样表面平整光滑,分析速度较慢,需要用较大的束流,从而容易引起样品和镜筒的污染。能谱仪虽然在分析元素范围、探测极限、分辨率等方面不如波谱仪,但其分析速度快,可用较小的束流和微细的电子束,对试样表面要求不如波谱仪那样严格,因此特别适合与扫描电镜配合使用。目前扫描电镜或电子探针仪可同时配用能谱仪和波谱仪,构成扫描电镜-波谱仪-能谱仪系统,使两种谱仪互相补充、发挥长处,是非常有效的材料研究工具。

第 3 章 X 射线光电子能谱分析

早在 19 世纪末赫兹就观察到了光电效应，20 世纪初爱因斯坦建立了有关光电效应的理论公式，但由于受当时技术设备条件的限制，没有把光电效应用到实际分析中去。直到 1954 年，瑞典 Uppsala 大学 K. Seigbahn 教授领导的研究小组研制出世界上第一台光电子能谱仪，他们精确地测定了元素周期表中各元素的内层电子结合能，但当时没有引起重视。到了 20 世纪 60 年代，他们在硫代硫酸钠（$Na_2S_2O_3$）的常规研究中，意外地观察到硫代硫酸钠的 X 射线光电子能谱（XPS）谱图上出现两个完全分离的 S 2p 峰，且这两个峰的强度相等，而在硫酸钠的 XPS 谱图中只有一个 S 2p 峰。这表明 $Na_2S_2O_3$ 的两个硫原子（+6 价，-2 价）周围的化学环境不同，从而造成了两者内层电子结合能的不同。正是由于这个发现，自 20 世纪 60 年代起，XPS 开始得到人们的重视，并迅速在不同的材料研究领域得到应用。随着微电子技术的发展，X 射线光电子能谱仪已发展成为具有表面元素分析、化学态和能带结构分析以及微区化学态成像分析等功能的强大的表面分析仪器。

3.1 X 射线光电子能谱分析的基本原理

X 射线光电子能谱所用到的基本原理是爱因斯坦的光电效应定律。材料暴露在波长足够短的电磁波下，可以观察到电子的发射。这是由于材料内部电子是被束缚在不同的量子化的能级上，当用一定波长的光量子照射样品时，原子中的价电子或芯电子吸收一个光子后，从初态做偶极跃迁到高激发态而离开原子。最初，这个现象因为存在可观测的光电流而被称为光电效应，现在，比较常用的术语是光电离作用或者光致发射。若样品用单色固定频率的光子照射，这个过程的能量可用爱因斯坦的光电效应关系式来规定。

光子的质量为 0，所以光束对试样表面的破坏或干扰最小；光子是中性的，对样品附近的电场或磁场没有限制，能极大地减小样品带电问题，很适合用于表面研究；光不仅能在真空中传播，也能在大气和其他介质中传播，光本身不受真空条件的限制。X 射线光电子能谱就是使用 X 光束作为探测束的材料分析测试技术。

3.1.1 光电效应

光与物质相互作用产生电子的现象称为光电效应。当一束能量为 $h\nu$ 的单色光与原子发生相互作用，而入射光量子的能量大于原子某一能级电子的结合能时，此光量子的能量很容易被电子吸收，获得能量的电子便可脱离原子核束缚，并获得一定的动能从内层逸出，成为自由电子，留下一个离子。光电效应过程可以用简易图 3-1 来表示。

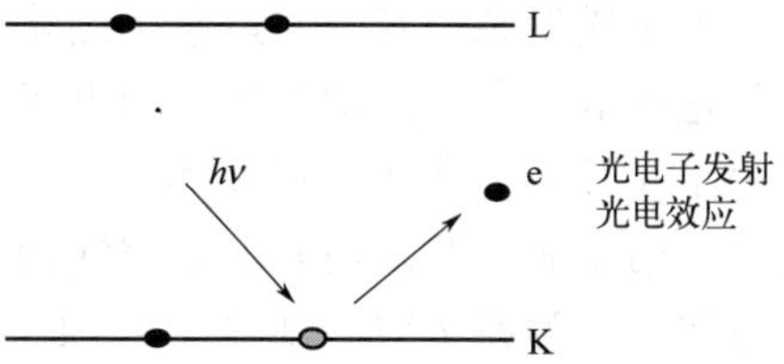

3.1.2 光电离过程

对光电离过程的简单描述如下：
① 光子和原子碰撞产生相互作用；
② 原子轨道上的电子被激发出来；
③ 激发出的电子克服样品的功函数进入真空，变成自由电子；
④ 每个原子有很多原子轨道，每个轨道上的结合能是不同的；
⑤ 结合能只与电子所处的轨道能级有关，是量子化的；
⑥ 内层轨道的结合能高于外层轨道的结合能。

从能量守恒的角度，光电离过程的能量关系要满足爱因斯坦方程：

$$h\nu = E'_k + E_b + \phi_s + R_e \tag{3-1}$$

图 3-1 光电效应

式中，$h\nu$ 为 X 射线入射样品的光子能量；E'_k 为从样品射出的光电子的能量（动能）；ϕ_s 为样品的功函数，也称样品的逸出功；E_b 为特定原子轨道上的结合能，数值上非常接近该电子的电离能；R_e 为光电子的反冲能，R_e=电子质量/离子质量=0.0003，通常可以忽略。

故：

$$h\nu = E'_k + E_b + \phi_s \tag{3-2}$$

所谓功函数就是把一个电子从费米能级移到自由电子能级所需要的能量，谱仪的功函数主要由谱仪材料和状态决定，对同一台谱仪其功函数基本是一个常数，与样品无关，其值为 3~4eV。

结合能是指在某元素的原子结构中，某一轨道的电子和原子核结合的能量。结合能与元素种类以及电子所处的原子轨道有关，能量是量子化的，结合能反映了原子结构中轨道电子的信息。式（3-2）可以用图 3-2 来示意。

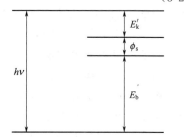

图 3-2 光电效应过程中的能量关系

又因为：

$$E'_k + \phi_s = E_k + \phi_{sp} \tag{3-3}$$

式中，E_k 为谱仪测量到的电子的能量（动能）；ϕ_{sp} 为谱仪的功函数。

对于气态分子，结合能就等于某个轨道的电离能；而对于固态中的元素，结合能还需要进行仪器功函数的修正。

由式（3-2）、式（3-3）可以得到下面的式（3-4）：

$$E_b = h\nu - E_k - \phi_{sp} \tag{3-4}$$

可见，只要由 X 射线光电子能谱仪探测到出射电子的动能 E_k，就可以由（3-4）式计算出轨道电子与原子核结合的能量 E_b，由此而得知物质的种类及其所处的轨道能量状态。

3.1.3 弛豫效应

库普曼斯（Koopmans）定理是按照突然近似假定而提出的，即原子电离后除某一轨道的电子被激发外，其余轨道电子的运动状态不发生变化而处于一种"冻结状态"，但实际体系中这种状态是不存在的。电子从内壳层出射，结果使原来体系中的平衡势场被破坏，形成的离子处于激发态，其余轨道电子结构将作出重新调整，原子轨道半径会发生1%～10%的变化，这种电子结构的重新调整叫电子弛豫。弛豫的结果使离子回到基态，同时释放出弛豫能。由于在时间上弛豫过程大体与光电发射同时进行，所以弛豫加速了光电子的发射，提高了光电子的动能，结果使光电子谱线向低结合能一侧移动。

弛豫可分为原子内项和原子外项。原子内项是指单独原子内部的重新调整所产生的影响，对自由原子只存在这一项；原子外项是指与被电离原子相关的其他原子电子结构的重新调整所产生的影响，对于分子和固体，这一项占有相当的比例。在XPS分析中，弛豫是一个普遍现象。例如，自由原子与由它所组成的纯元素固体相比，结合能要高出5～15eV；当惰性气体注入贵金属晶格后其结合能比自由原子低2～4eV；当气体分子吸附到固体表面后，结合能较自由分子时低1～3eV。

3.1.4 化学位移

同种原子处于不同化学环境而引起的电子结合能的变化，导致在谱线上的位移称为化学位移。所谓某原子所处的化学环境不同，大体上有两方面含义：一是指与它结合的元素种类和数量不同；二是指原子具有不同的价态。硫代硫酸钠（$Na_2S_2O_3$）中两个S原子价态不相同（+6价，-2价），与它们结合的元素的种类和数量也不同，这造成了它们的2p电子结合能不同，从而产生了化学位移。再比如纯金属铝原子在化学上为零价（Al^0），其2p轨道电子的结合能为75.3eV；当它与氧化合成Al_2O_3后铝为正三价（Al^{3+}），这时2p轨道电子的结合能为78eV，增加了2.7eV。除少数元素（如Cu、Ag）内层电子结合能位移较小，在谱图上不太明显外，一般元素的化学位移在XPS谱图上均有可分辨的谱峰。正因为X射线光电子能谱可以测出内层电子结合能位移，所以它在化学分析中获得了广泛应用。

（1）化学位移的解释：分子电位——电荷势模型

由于轨道电子的结合能是由原子核和分子电荷分布在原子中所形成的静电电位所决定的，所以最直接影响轨道电子结合能的是分子中的电荷分布。电荷势模型假定分子中的原子可用一个空心的非重叠静电球壳包围一个中心核来近似，原子的价电子形成最外层电荷壳层，它对内层轨道上的电子起屏蔽作用，因此价壳层电荷密度的改变必将对内层轨道电子结合能产生一定的影响。电荷密度改变的主要原因是发射光电子的原子在与其他原子化合成键时发生了价电子转移，而与其成键的原子价电子结构的变化也是造成结合能位移的一个因素。这样，结合能位移可表示成

$$\Delta E_B^A = \Delta E_V^A + \Delta E_M^A \tag{3-5}$$

式中，ΔE_V^A为分子M中A原子本身价电子的变化对结合能位移的贡献；ΔE_M^A则为分子M中其他原子的价电子对A原子内层电子结合能位移的贡献。用q^A表示化学位移，则结合能位移也可表示为

$$\Delta E_B^A = K_A q^A + V_A + l \tag{3-6}$$

式中，q^A为A原子上的价壳层电荷；V_A为分子M中除原子A以外其他原子的价电子在A原子处所形成的电荷势，这里把V_A叫作原子间有效作用势；K_A、l为常数。

上述计算结合能位移的方法看起来不是很严格，但方法简单，且同实验结果比较一致。实验结果表明，ΔE_B^A和q^A之间有较好的线性关系，理论计算与实验结果相当一致。

（2）化学位移与元素电负性的关系

产生化学位移的原因有原子价态的变化、原子与不同电负性元素结合等，且其中结合原子的电负性对化学位移影响尤大。例如，用卤族元素X取代CH_4中的H，卤族元素X的电

负性大于 H 的电负性,造成 C 原子周围的负电荷密度较未取代前有所降低,这时 C 1s 电子同原子核结合得更紧,因此 C 1s 的结合能会提高,可以推测,C 1s 的结合能必然随 X 取代数目的增加而增大,同时它还与电负性差 $\sum(X_i - X_H)$ 成正比,这里 X_i 是取代卤素原子的电负性,X_H 为氢原子的电负性。因此取代基的电负性越大,取代数越多,它吸引电子后,使 C 原子变得更正,内层 C 1s 电子的结合能越大。

下面以三氟醋酸乙酯（$CF_3COOC_2H_5$）为例来观察 C 1s 电子结合能的变化。如图 3-3 所示,该分子中的四个 C 原子处于四种不同的化学环境中,即 F_3—C—、—C—O、O—CH_2—、—CH_3。元素的电负性大小次序为 F>O>C>H,所以 F_3—C—中的 C 1s 结合能变化最大,由原来的 284.0 eV 正位移到 291.2 eV;—CH_3 中的 C 1s 结合能变化最小。经研究表明,分子中某原子的内层电子结合能的化学位移与和它结合的原子电负性之和有一定的线性关系。

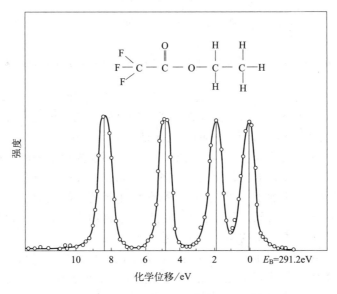

图 3-3 三氟醋酸乙酯中 C 1s 轨道电子结合能

(3) 化学位移与原子氧化态的关系

当某元素的原子处于不同的氧化态时,它的结合能也将发生变化。从一个原子中移去一个原子所需要的能量将随着原子中正电荷的增加,或负电荷的减少而增加。

理论上,同一元素随氧化态的增高,内层电子的结合能增加,化学位移增大,从原子中移去一个电子所需的能量将随原子中正电荷增加或负电荷的减少而增加。但通过实测表明也有特例,如：Co^{2+} 的电子结合能位移大于 Co^{3+}。图 3-4 给出了金属及其氧化物的结合能位移 ΔE_B 同原子序数 Z 之间的关系。

3.2 X 射线光电子能谱实验技术

在普通的 XPS 谱仪中,一般采用 Mg Kα 和 Al Kα X 射线作为激发源,其光子的能量足

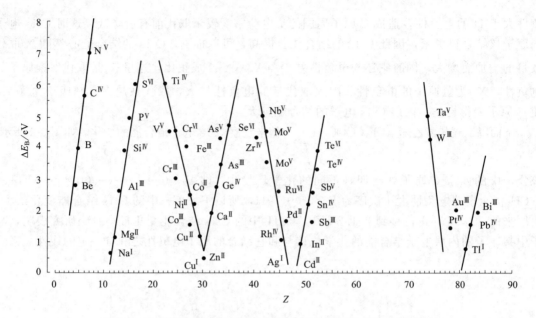

图 3-4　金属及其氧化物的结合能位移 ΔE_B 同原子序数 Z 的关系

够促使除氢、氦以外的所有元素发生光电离作用，产生特征光电子。由此可见，XPS 技术是一种可以对所有元素进行分析的方法，这对于未知物的定性分析是非常有效的。

经 X 射线辐照后，从样品表面出射的光电子的强度与样品中该原子的浓度呈线性关系，可以利用它进行元素的半定量分析。鉴于光电子的强度不仅与原子的浓度有关，还与光电子的平均自由程、样品的表面光洁度、元素所处的化学状态、X 射线源强度以及仪器的状态有关，因此，XPS 技术一般不能给出所分析元素的绝对含量，仅能提供各元素的相对含量。由于元素的灵敏度因子不仅与元素种类有关，还与元素在物质中的存在状态、仪器的状态有一定的关系，因此不经校准测得的相对含量也会存在很大的误差。

另外，XPS 是一种表面灵敏的分析方法，具有很高的表面检测灵敏度，可以达到 3～10 个原子单层，但对于体相检测灵敏度仅为 0.1% 左右。XPS 表面采样深度为 2.0～5.0nm，它提供的仅是表面上的元素含量，与体相成分会有很大的差别。而它的采样深度与材料性质、光电子的能量有关，也与样品表面和分析器的角度有关。

虽然出射光电子的结合能主要由元素的种类和激发轨道所决定，但由于原子外层电子的屏蔽效应，芯能级轨道上的电子的结合能在不同的化学环境中也是不一样的，有一些微小的差异。这种结合能上的微小差异就是元素的化学位移，它取决于元素在样品中所处的化学环境。一般元素获得额外电子时，化学价态为负，该元素的结合能降低；反之，当该元素失去电子时，化学价为正，该元素的结合能增加。利用这种化学位移可以分析元素在该物种中的化学价态和存在形式，元素的化学价态分析是 XPS 分析最重要的应用之一。

X 射线光电子能谱分析的特点：①是一种无损分析方法（样品不被 X 射线分解）；②是一种超微量分析技术（分析时所需样品量少）；③是一种痕量分析方法（绝对灵敏度高）。但 X 射线光电子能谱分析相对灵敏度不高，只能检测出样品中含量在 0.1% 以上的组分，且 X 射线光电子能谱仪价格偏贵。

在 XPS 谱中，由于激发源的能量很高，故可以激发出各种物理过程的电子；在激发态的退激发过程中，又可以发生各种复杂的退激发过程，释放出能量不同的各种电子。在普通的 XPS 谱中，存在的伴峰主要有：自旋-轨道分裂、多重分裂（静电分裂）、携上峰和携下峰以及等离子激元损失峰（特征能量损失峰）、价带电子峰以及俄歇电子峰等。

3.2.1 X射线光电子能谱图的一般特点

图3-5为金属铝样品表面测得的一张XPS谱图，其中图3-5（a）是宽能量范围扫描的全图，图3-5（b）则是图3-5（a）中高能端的放大。从这张图中可以归纳出XPS谱图的一般特点。

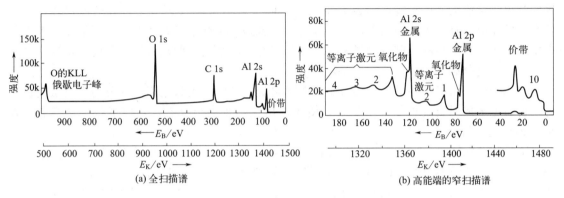

图3-5 金属铝的XPS谱

① 谱图的横坐标是光量子动能或轨道电子结合能（eV），这表明每条谱线的位置和相应元素原子内层电子的结合能有一一对应的关系。谱图的纵坐标表示单位时间内检测到的光电子数。在相同激发源及谱仪接收条件下，考虑到各元素光电效应截面（电离截面）的差异后，表面所含某种元素越多，光电子信号越强。在理想情况下，每个谱峰所属面积的大小应是表面所含元素丰度的度量，是进行定量分析的依据。

② 谱图中有明显而尖锐的谱峰，它们是未经非弹性散射的光电子所产生的，而那些来自样品深层的光电子，由于在逃逸的路径上有能量的损失，其动能已不再具有特征性，成为谱图的背底或伴峰。由于能量损失是随机的，因此背底是连续的。在高结合能端的背底电子较多（出射电子能量低），反映在谱图上就是随结合能提高，背底电子强度呈上升趋势。

③ 谱图中除了Al、C、O的光电子谱峰外，还显示出O的KLL俄歇谱峰、铝的价带谱峰和等离子激元等伴峰。

④ 在谱图中有时会看见明显的"噪声"，即谱线不是理想的平滑曲线，而是锯齿般的曲线。通过增加扫描次数、延长扫描时间和利用计算机多次累加信号可以提高信噪比，使谱线平滑。

3.2.2 光电子线及伴峰

（1）光电子线

谱图中强度大、峰宽小、对称性好的谱峰一般为光电子峰。每种元素都有自己最具表征作用的光电子线，它是元素定性分析的主要依据。一般来说，同一壳层上的光电子，总轨道角动量量子数（j）越大，谱线的强度越强。常见的强光电子线有1s、$2p_{3/2}$、$3d_{5/2}$、$4f_{7/2}$等。除了主光电子线外，还有来自其他壳层的光电子线，如O 2s、Al 2s、Si 2s等，这些光电子线与主光电子线相比，强度有的稍弱，有的很弱，有的极弱，在元素定性分析中它们起着辅助的作用。纯金属的强光电子线常会出现不对称的现象，这是由光电子与传导电子的耦合作用引起的。光电子线的高结合能端比低结合能端峰加宽 1～4eV，绝缘体比良导体光电子谱峰宽约 0.5eV。

（2）X 射线卫星峰

如果用来照射样品的 X 射线未经过单色化处理，那么在常规使用的 Al $K_{\alpha 1,2}$ 和 Mg $K_{\alpha 1,2}$ 射线里可能混杂有 $K_{\alpha 3,4,5,6}$ 和 K_β 射线，这些射线统称为 $K_{\alpha 1,2}$ 射线的卫星线。样品原子在受到 X 射线照射时，除了特征 X 射线（$K_{\alpha 1,2}$）所激发的光电子外，其卫星线也激发光电子，由这些光电子形成的光电子峰，称为 X 射线卫星峰。由于这些 X 射线卫星峰的能量较高，它们激发的光电子具有较高的动能，表现在谱图上就是在主光电子线的低结合能端或高动能端产生强度较小的卫星峰。阳极材料不同，卫星峰与主峰之间的距离不同，强度亦不同。

（3）多重分裂

当原子或自由离子的价壳层拥有未成对的自旋电子时，光致电离所形成的内壳层空位便将与价轨道未成对自旋电子发生耦合，使体系出现不止一个终态，对应于每一个终态，在 XPS 谱图上都将会有一条谱线，这便是多重分裂。

下面以 Mn^{2+} 的 3s 轨道电离为例说明 XPS 谱图中的多重分裂现象。基态锰离子（Mn^{2+}）的电子组态为 $3s^2 3p^6 3d^5$，Mn^{2+} 的 3s 轨道受激后，形成两种终态，如图 3-6 所示。两者的不同在于（a）态中电离后剩下的 1 个 3s 电子与 5 个 3d 电子是自旋平行的，而在（b）态中电离后剩下的一个 3s 电子与 5 个 3d 电子是自旋反平行的。因为只有自旋反平行的电子才存在交换作用，显然（a）终态的能量低于（b）终态，导致 XPS 谱图上 Mn 的 3s 谱线出现分裂，如图 3-7 所示。在实用的 XPS 谱图分析中，除了具体电离时的终态数、分裂谱线的相对强度和谱线的分裂程度外，还关心影响分裂程度的因素。从总的分析来看，①3d 轨道未配对电子数越多，分裂谱线能量差距越大，在 XPS 谱图上两条多重分裂谱线分开的程度越明显；②配位体的电负性越大，化合物中过渡元素的价电子越倾向于配位体，化合物的离子特性越明显，两终态的能量差值越大。

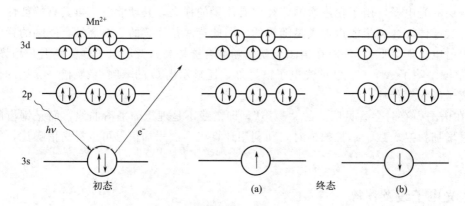

图 3-6 锰离子的 3s 轨道电子电离时的两种终态

当轨道电离出现多重分裂时，如何确定电子结合能，至今尚无统一的理论和实验方法。一般地，对于 s 轨道，电离只有两条主要分裂谱线，取两个终态谱线所对应的能量的加权平均代表轨道电子结合能；对于 p 轨道，电离时终态数过多，谱线过于复杂，可取最强谱线所对应的结合能代表整个轨道电子的结合能。

在 XPS 谱图上，通常能够明显出现的是自旋-轨道耦合能级分裂谱线，如 $p_{3/2}$、$p_{1/2}$、$d_{3/2}$、$d_{5/2}$、$f_{7/2}$ 等，但不是所有的分裂都能被观察到。

（4）电子的震激与震离

样品受 X 射线辐射时产生多重电离的概率很低，但却存在多电子激发过程。吸收一个光子，出现多个电子激发过程的概率可达 20%，最可能发生的是两电子过程。

光电发射过程中，当一个核心电子被 X 射线光电离除去时，由于屏蔽电子的损失，原子中心电位发生突然变化，将引起价壳层电子的跃迁，这时有两种可能的结果：①价壳层的电子跃迁到最高能级的束缚态，则表现为不连续的光电子伴线，其动能比主谱线低，所低的数值是基态和具核心空位的离子激发态的能量差，这个过程称为电子的震激；②如果电子跃迁到非束缚态成了自由电子，则光电子能谱显示出从低动能区平滑上升到一阈值的连续谱，其能量差与具核心空位离子基态的电离电位相等，这个过程称为震离。以 Ne 原子为例，这两个过程的差别和相应的谱峰特点如图 3-8 所示，震激、震离过程的特点是它们均属单极子激发和电离，电子激发过程只有主量子数变化，跃迁发生只能是 ns→ns′、np→np′，电子的角量子数和自旋量子数均不改变。通常震激谱比较弱，只有高分辨的 XPS 谱仪才能测出。

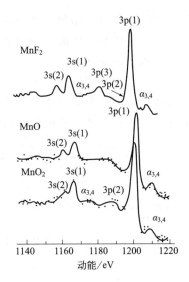

图 3-7　Mn 化合物的 XPS 谱

由于电子的震激和震离是在光电发射过程中出现的，本质上也是一种弛豫过程，所以对震激谱的研究可获得原子或分子内弛豫信息，同时震激谱的结构还受到化学环境的影响，它的表现对分子结构的研究很有价值。图 3-9 为不同锰化合物的震激谱线位置及强度，它们结构的差别同与锰相结合的配位体上的电荷密度分布密切相关。

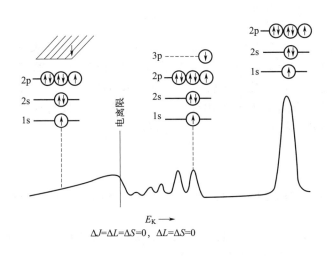

图 3-8　Ne 1s 电子发射时震激和震离过程

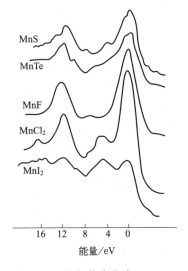

图 3-9　不同锰化合物中 Mn $2p_{3/2}$ 谱线附近的震激谱

（5）特征能量损失峰

部分光电子在离开样品受激区域并逃离固体表面的过程中，不可避免地要经历各种非弹性散射而损失能量,结果是 XPS 谱图上主峰低动能一侧出现不连续的伴峰,称为特征能量损失峰。特征能量损失峰与固体表面特性密切相关。

当光电子能量在 100～150eV 范围内时,它所经历的非弹性散射的主要方式是激发固体中的自由电子集体振荡,产生等离子激元。固体样品是由带正电的原子核和价电子云所组成的中性体系,因此它类似于等离子体,在光电子传输到固体表面所行经的路径附近将出现带正电区域,而在远离路径的区域将带负电,由于正负电荷区域的静电作用,负电区域的价电子向正电区域运动。当运动超过平衡位置后,负电区与正电区交替作用,从而引起价电子的集体振荡(等离子激元)。这种振荡的角频率为 ω_p,能量是量子化的,$E_p = \hbar\omega_p$,一般金属 $E_p = 10eV$。可见等离子激元造成光电子能量的损失相当大。图 3-5 中显示了 Al 2s 和 Al 2p 的特征能量损失峰(等离子激元)。

(6) 俄歇电子峰

XPS 谱图中,俄歇电子峰的出现(如图 3-5 中 O 的 KLL 峰)增加了谱图的复杂程度。由于俄歇电子的能量同激发源能量大小无关,而光电子的动能将随激发源能量增加而增加,因此,利用双阳极激发源很容易将其分开。事实上,XPS 谱图中的俄歇电子峰给分析带来了有价值的信息,是 XPS 谱图中光电子信息的补充,主要体现在两方面:

① 元素的定性分析用 X 射线和用电子束激发原子内层电子时的电离截面,对应于不同的结合能,两者的变化规律不同。对结合能高的内层电子,X 射线电离截面大,这不仅能得到较强的 X 光电子谱线,也为形成一定强度的俄歇电子创造了条件。做元素定性分析时,俄歇电子峰往往比光电子谱峰有更高的灵敏度。如 Na 在 265eV 的俄歇电子峰 Na KLL 强度为 Na 2s 光电子谱峰的 10 倍,显然这时用俄歇电子峰做元素分析更方便。

② 化学态鉴别时某些元素在 XPS 谱图上的光电子谱线并没有显示出可观测的位移,用内层电子结合能位移来确定化学态很困难,而这时 XPS 谱上的俄歇谱电子峰却出现明显的位移,且俄歇电子峰的位移方向与光电子谱线方向一致。

俄歇电子位移量之所以较光电子位移量大,是因为俄歇电子跃迁后的双重电离状态的离子能从周围易极化介质的电子获得较高的屏蔽能量。

(7) 价电子线和谱带

价电子线指费米能级以下 10～20eV 区间内强度较低的谱线,这些谱线是由分子轨道和固体能带发射的光电子产生的。在一些情况下,XPS 内能级电子谱并不能充分反映给定化合物之间的特性差异以及表面化过程中特性的变化,也就是说,难以从 XPS 的化学位移表现出来,然而价带谱往往对这种变化十分敏感,具有像内能级电子谱那样的指纹特征。因此,可应用价带谱线来鉴别化学态和不同材料。

3.2.3 谱线识别

① 首先要识别存在于任一谱图中的 C 1s、O 1s、C(KLL) 和 O(KLL) 谱线,有时它们还较强。

② 识别谱图中存在的其他较强的谱线。识别与样品所含元素有关的次强谱线,同时注意有些谱线会受到其他谱线的干扰,尤其是 C 和 O 谱线的干扰。

③ 识别其他和未知元素有关的最强,但在样品中又较弱的谱线,此时要注意可能谱线的干扰。

④ 对自旋分裂的双重谱线,应检查其强度比以及分裂间距是否符合标准。一般来说,对 p 线双重分裂必应为 1:2,对 d 线应为 2:3,对 f 线应为 3:4。也有例外,尤其是 4p

线，可能小于1:2。

⑤ 对谱线背底的说明。在谱图中，明确存在的峰均由来自样品中出射的未经非弹性散射能量损失的光电子组成，而经能量损失的那些电子就在峰的结合能较高的一侧增加背底。由于能量损失是随机和多重散射的，所以背底是连续的。谱中的噪声主要不是仪器造成的，而是计数中收集的单个电子在时间上的随机性造成的。所以叠加于峰上的背底、噪声是样品、激发源和仪器传输特性的体现。

3.2.4 样品中元素分布的测定

（1）深度分布

深度分布有四种测定方法。前两种方法利用谱图本身的特点，只能提供有限的深度信息；第三种方法，刻蚀样品表面以得到深度剖面，可提供较详细的信息，但也产生一些问题；第四种方法，在不同的电子逃逸角度下录谱测量。

① 从有无能量损失峰来鉴别体相原子或表面原子。对表面原子，峰（基线以上）两侧应对称，且无能量损失峰。对均匀样品，来自所有同一元素的峰应有类似的非弹性损失结构。

② 根据峰的减弱情况鉴别体相原子或表面原子。对表面物种而言，低动能的峰相对的要比纯材料中高动能的峰要强，因为在大于100eV时，对体相物种而言，动能较低的峰的减弱要大于动能较大的峰的减弱。用此法分析的元素为 Na、Mg（1s 和 2s）；Zn、Ga、Ge 和 As（$2p_{3/2}$ 和 3d）；Sn、Cd、In、Sb、Te、I、Cs 和 Ba（$3p_{3/2}$ 和 4d 或 $3d_{5/2}$ 和 4d）。观察这些谱线的强度比并与纯体相元素的值比较，有可能推断所观察的谱线来自表层、次表面或均匀分布的材料。

③ Ar 离子溅射进行深度剖析。也可用于有机样品，但须经校正。重要的是要知道离子溅射的速率，一些文献中的数据可供参考。但须注意，在离子溅射时，样品的化学态常会发生改变（如还原效应）。但是有关元素深度分布的信息还是可以获得的。

④ 改变样品表面和分析器入射缝之间的角度。在90°（相对于样品表面）时，来自体相原子的光电子信号要大大强于来自表面的光电子信号；而在小角度时，来自表面层的光电子信号相对体相而言，会大大增强。在改变样品取向（或转动角度）时，注意谱峰强度的变化，就可以推定不同元素的深度分布。

（2）表面分布

如果要测试样品表面一定范围内（取决于分析器前入射狭缝的最小尺寸）表面不均匀分布的情况，可采用切换分析器前不同入射狭缝尺寸的方式来进行。随着小束斑 XPS 谱仪的出现，分析区域的尺寸最小仅 5μm。

3.3　X射线光电子能谱的应用

X 射线光电子能谱原则上可以鉴定元素周期表上除氢、氦以外的所有元素，通过对样品进行全扫描，在一次测定中就可以检测出表面（约5nm）全部或大部分元素。另外，X 射线光电子能谱还可以对同一种元素的不同价态的成分进行定量分析。在对固体表面的研究方面，X 射线光电子能谱可用于对无机表面组成的测定、有机表面组成的测定、固体表面能带的测定及多相催化的研究；它还可以直接研究化合物的化学键和电荷分布，为直接研究固体表面相中的结构问题开辟了有效途径。

3.3.1 半导体薄膜的研究

X射线光电子能谱表面分析技术常常被用于半导体，如半导体薄膜表面氧化分析、掺杂元素的化学状态分析等。如SnO_2薄膜是一种电导型气敏材料，常选用Pd作为掺杂元素来提高SnO_2薄膜器件的选择性和灵敏度，采用X射线光电子能谱可以对Pd、Sn元素的化学状态进行系统的表征，以此来分析影响薄膜性能的因素。

制备Pd-SnO_2薄膜需要在空气气氛下进行热处理工序，图3-10为处理温度自室温至600℃的Sn $3d_{5/2}$的XPS谱图。室温下自然干燥的薄膜中，Sn元素有两种化学状态，结合能为489.80eV和487.75eV，分别标志为P_1和P_2两个特征峰，各自对应于聚合物状态—$(Sn-O)_n$—和Sn的氧化物状态。随着处理温度的升高，P_1峰逐渐减弱，P_2峰不断增强，当处理温度高于250℃时，只有P_2峰，表明薄膜已形成稳定的SnO_2结构。从图3-10不难看出：不论是纯SnO_2还是Pd-SnO_2薄膜，不同温度处理后，特征峰P_2所对应的结合能略有差别，低温处理后的试样特征峰P_2的结合能值略高，但经450℃和600℃处理后的试样没有差别，这可能同氧化是否完全以及氧化锡结晶效应有关。图3-11系统地反映了不同温度处理后薄膜中Pd元素化学状态的变化。室温下自然干燥的薄膜中Pd $3d_{5/2}$轨道的结合能E_B为338.50 eV（特征峰P_1），对应于$[PdCl_4]^{2-}$结构。薄膜经120℃热处理后，配合物$[PdCl_4]^{2-}$分解为$PdCl_2$（特征峰P_2，$E_B=337.25eV$），部分$PdCl_2$氧化为PdO（特征峰P_3，$E_B=336.00eV$）和PdO_2（特征峰P_4，$E_B=338.00$ eV）。薄膜经250℃热处理后，P_2峰消失，Pd元素主要以两种氧化态的形式存在，即PdO和PdO_2。随着处理温度的进一步升高，峰P_3不断减弱，峰P_4不断增强。当处理温度高于450℃时，Pd元素主要以PdO_2形式存在。

以上XPS分析结果清楚地表明：热处理温度不仅影响Pd-SnO_2气敏薄膜中Pd、Sn元素的化合物结构，同时也影响其电子结构，这些必然会影响薄膜的气敏特性。

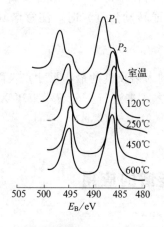
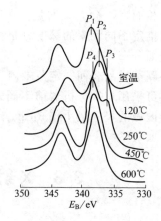

图3-10 不同热处理温度时Sn $3d_{5/2}$的XPS谱　　图3-11 不同热处理温度时Pd $3d_{5/2}$的XPS谱

3.3.2 有机聚合物的表征

嵌段聚醚氨酯高分子是一类重要的生物医用材料，它的表面性质如何往往决定它的应用。聚醚氨酯的合成，通常采用分子量为 400～2000 的聚醚作为软段，二异氰酸酯加上扩链剂（二元胺或二元醇）构成聚醚氨酯的硬段。硬段和软段的组成以及相对含量的不同将使聚醚氨酯具有不同的性质，而且材料本体有微相分离的趋势，形成 10～20nm 的微畴。因此，掌握聚醚氨酯的表面结构对于了解材料的生物相容性是非常重要的。

图 3-12（a）是以聚丙二醇（PPG）、二苯基甲烷二异氰酸酯（MDI）和扩链剂丁二醇为原料制备的聚醚氨酯 C 1s 谱，只含氨基甲酸酯基（NH—CO—O）；而图 3-12（b）中的聚醚氨酯，除扩链剂为乙二胺外，其他均相同，含有氨基甲酸酯基（NH—CO—O）和脲基（NH—CO—NH）。总体上看，这两种聚醚氨酯的 C 1s 谱差别不大，主要是高结合能端的小峰（>C=O）在（b）中更宽，而且能拟合成两个小峰。高分辨率的 XPS 对这一聚醚氨酯的表面偏析作了研究，主要取决于对硬段中氮的定量分析。当 PPG 基聚醚氨酯的软段与硬段摩尔比为 3.5 时，取最大的取样深度，氮的原子浓度约为 2%。当取样深度减小时，氮的原子浓度也随之减小。目前大多数的 XPS 谱仪在光电子出射角很小时，信噪比大大降低，而氮的控制极限约为 0.3%（原子浓度）。因此，从低出射角数据可以得出聚醚氨酯表面层完全由软段组成的结论。但是静态二次离子质谱（SIMS）对硬段检测的灵敏度大于 XPS，结果表明情况并非完全如此。

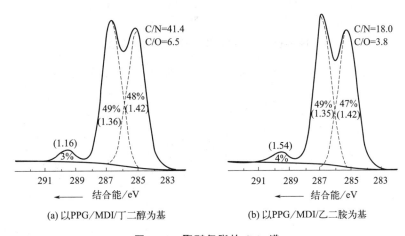

(a) 以 PPG/MDI/丁二醇为基　　　　(b) 以 PPG/MDI/乙二胺为基

图 3-12　聚醚氨脂的 C 1s 谱

3.3.3　价带结构表征

XPS 不仅可以提供原子芯能级的化学结构，同样还可以提供价电子的化学结构。对于固体其价带结构与电子状态有关，因此，可以提供有关材料电子态的信息。对于固体，其价轨道简并，形成了价带和导带，因此不能用分裂的能级表示，而是以固体能带理论来描述。

XPS 价带谱反映了固体价带结构的信息，由于 XPS 价带谱与固体的能带结构有关，因此可以提供固体材料的电子结构信息。由于 XPS 价带谱不能直接反映能带结构，还必须经过复杂的理论处理和计算，因此，在 XPS 价带谱的研究中，一般采用 XPS 价带谱结构的比较进行研究，而理论分析相应较少。对于简单体系，可以通过适当的理论分析达到了解其电子结构的目的。

在图 3-13 中以三种碳纳米材料的 XPS 价带谱为例，反映其价带结构不同时给出的信息差异。图 3-13 中，C_{60}、碳纳米管和石墨分子的价带谱都有三个基本峰，这三个峰均是共轭

π键产生的。在C_{60}分子中,由于π键的共轭度较小,其三个分裂峰的强度较强;在碳纳米管中π键的共轭度较大,特征结构不明显;而在石墨中由于π键的共轭度适中,因此其特征结构也适中,石墨分子三个基本峰的强度优于碳纳米管而弱于C_{60}分子。此外,在C_{60}分子的价带谱上还存在其他三个分裂峰,这些是由C_{60}分子中的σ键所形成的。由此可见,XPS图谱可以表征价带结构。

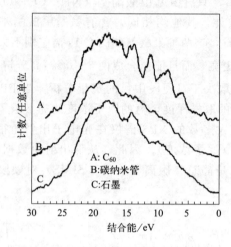

图 3-13 三种碳纳米材料的 XPS 价带谱

第 4 章 俄歇电子能谱

俄歇电子能谱（AES）能提供材料表面几个原子层的成分及分布信息，其理论基础是法国物理学家 Pierre Auger 于 1925 年观测到的俄歇电子发射现象。实际上这一发现已被 Lise Meitner 和 Pierre Auger 于 19 世纪 20 年代各自独立发现，其中首先由 Meitner 于 1923 年在期刊 *Zeitschrift für Physik* 对该发现进行了报道，但依然用俄歇的名字来命名它。1968 年后俄歇电子能谱逐渐发展成为一种分析技术，此后不断在仪器改进、实验方法和理论计算以及应用等方面有所进展和突破，如今已成为应用于材料表面分析的一种有效方法。

4.1 基本原理

4.1.1 俄歇电子发射

原子在 X 射线、载能电子、离子或中性粒子的照射下，内层电子（借用 X 射线的方法称为 K、L、M…层）可能获得足够能量而电离，并留下空穴，此时原子处于不稳定的激发态，当较外层的电子跃入内层空穴时，原子多余的能量可通过两种方式释放，发射 X 射线或发射第三个电子，即俄歇电子。前一种退激发方式称为辐射跃迁，后一种称为俄歇跃迁。图 4-1 说明了俄歇电子的发射过程，其中图 4-1（a）表示入射电子使 K 层电子电离而发射光电子；图 4-1（b）表示留下的 K 层空穴由次层 L_1 的电子（2s 电子）填入，释放的能量给予另一个 2s 电子，作为俄歇电子发射出去。显然，俄歇电子的发射涉及三个电子的能级，在图 4-1（b）中为 K、L_1、L_1，也可以像图 4-1（c）那样为 L_1、M_1、M_1，或者像图 4-1（d）那样分别为 $L_{2,3}$、V、V（V 表示价带）。因此，常常以三个壳层的符号并列来命名俄歇跃迁和俄歇电子，即 KL_1L_1、$L_1M_1M_1$、$L_{2,3}VV$。事实上，当 K 层有空穴时也会发射 $KL_1L_{2,3}$ 及 $KL_{2,3}L_{2,3}$ 俄歇电子，这些都属于 KLL 系列的跃迁。

全面地描述跃迁还应包括发射俄歇电子后的原子终态，因为不同的终态对应不同的俄歇电子能量。KLL 型跃迁的初态是 K 层有一个空穴，而终态可用电子组态及光谱项来表达，共有六种：

$$KL_1L_1 \cdots\cdots 2s^0 2p^6 \quad (^1S)$$
$$KL_1L_{2,3} \cdots\cdots 2s^1 2p^5 \quad (^1P, {}^3P)$$
$$KL_{2,3}L_{2,3} \cdots\cdots 2s^2 2p^4 \quad (^1D, {}^0P, {}^1S)$$

同样的电子组态，还可以有不同的光谱项，如括号内所示。按照 L-S 耦合方法，S、P、D 分别表示总轨道角动量量子数为 0、1、2；左上角的 1 或 3 表示总自旋的取向不同所造成

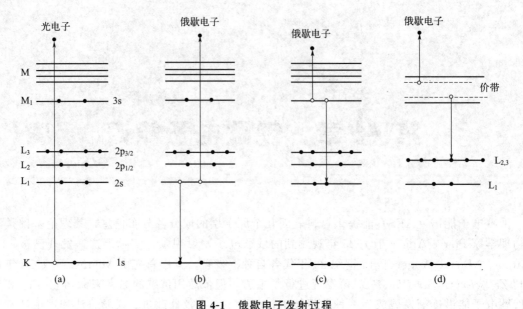

图 4-1 俄歇电子发射过程

(a) 入射电子使 K 层电子电离；(b) K 层有空穴时 KL_1L_1 俄歇电子的产生；
(c) L_1 次层有空穴时 $L_1M_1M_1$ 俄歇电子的产生；(d) $L_{2,3}$ 次层有空穴时 $L_{2,3}VV$ 俄歇电子的产生

的单态或三重态。实验上确实证明了这些终态的存在。图 4-2 给出 Mg 的 KLL 系列俄歇电子能谱，其中可看到五个峰，而跃迁到终态 $2s^22p^4$（^3P）的概率为零。

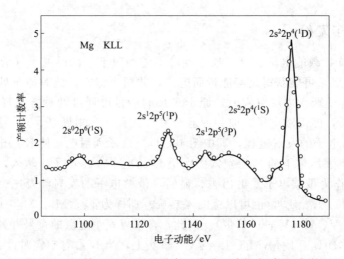

图 4-2 Mg 的 KLL 系列俄歇电子能谱（计数率-电子动能）

俄歇电子的激发方式虽然有多种，但在常规的 AES 中主要采用 1~30keV 的一次电子，因为电子便于产生高束流（50nA~5μA），容易聚焦和偏转。而离子只对某些元素（如 Al）产生较大量的俄歇电子，能量范围一般为 0~100eV。

4.1.2 俄歇电子能量

（1）俄歇电子的动能

俄歇电子的动能与入射粒子的类型和能量无关，只是发射原子的特征，原则上可以由俄

歇跃迁后原子系统总能量的差别算出。常用的一个经验公式为：

$$E_{\alpha\beta\gamma}^{Z} = E_{\alpha}^{Z} - E_{\beta}^{Z} - E_{\gamma}^{Z} - \frac{1}{2}(E_{\gamma}^{Z+1} - E_{\gamma}^{Z} + E_{\beta}^{Z+1} - E_{\beta}^{Z}) \tag{4-1}$$

式中，$E_{\alpha\beta\gamma}^{Z}$ 是原子序数为 Z 的原子所发射的 α、β、γ 俄歇电子的能量；右边的 E 都代表原子中的电子束缚能；前三项是 α、β、γ 层的束缚能之差，是主要的部分；带括号的项是较小的修正，代表当 β 电子不在时 γ 电子束缚能的增加和 γ 电子不在时 β 电子束缚能的增加二者的平均值。举一例说明如下：按照式（4-1），Ni 的 KL_1L_2 俄歇电子的能量应为

$$E_{KL_1L_2}^{Ni} = E_K^{Ni} - E_{L_1}^{Ni} - E_{L_2}^{Ni} - \frac{1}{2}(E_{L_2}^{Cu} - E_{L_2}^{Ni} + E_{L_1}^{Cu} - E_{L_1}^{Ni}) \tag{4-2}$$

式中，E 的右上角标出元素符号。已知以千电子伏特为单位，对于 Ni 而言，$E_K^{Ni} = 8.333\text{keV}$，$E_{L_1}^{Ni} = 1.008\text{keV}$，$E_{L_2}^{Ni} = 0.872\text{keV}$，因此主要部分为 6.453keV；对于 Cu 而言，$E_{L_1}^{Cu} = 1.096\text{keV}$，$E_{L_2}^{Cu} = 0.951\text{keV}$，所以修正项为 0.084keV，最后得到：

$$E_{KL_1L_2}^{Ni} = 6.453 - 0.084 = 6.369 \text{（keV）}$$

与实测值 $E_{KL_1L_2}^{Ni} = 6.384\text{keV}$ 相当符合。

由于束缚能强烈依赖于原子序数，故用确定能量的俄歇电子来鉴别元素是明确而不易混淆的。各种元素主要的俄歇电子能量和标准谱都可以在有关的手册中查到。

（2）化学位移

一个原子所处化学环境的变化会改变其价电子轨道，这反过来又影响到原子势及内层电子的束缚能，从而改变俄歇电子跃迁的能量，引起俄歇谱峰的移动即化学位移。若元素组成化合物并发生了电荷转移，例如形成离子键合时，电负性元素获得电子使其芯电子能级提高即束缚能减小，而电正性元素失去电子使芯电子能级降低即束缚能增大，其结果是改变了元素的俄歇电子能量，相对于元素零价态的化学位移可达几个电子伏特。和发射 X 射线相比，俄歇电子的化学位移较大。以 K、L 电子层为例，它们的束缚能的移动是齐步的，因此 $K\alpha$ X 射线（$K \rightarrow L$ 跃迁）的能量移动很少。而对 KLL 俄歇电子而言，如式（4-2）所示，K 层能量涉及一次，L 层能量涉及两次，因此就会表现出较大的化学位移。XPS 和 AES 都有明显的化学位移，但是 AES 的化学位移较难解释。因为前者是单电子过程，而且谱线较窄；而后者是双电子过程，谱线又较宽。

4.1.3 电子逃逸深度

如上所述，原子所产生的俄歇电子有其特征的能量，现在来讨论俄歇电子产生后的出射过程。电子在固体中运动时，还可能通过非弹性碰撞而损失能量，如激发等离子激元、使其他芯电子激发或引起能带间跃迁等。只有在近表面区内产生的一部分电子可以不损失能量而逸出表面，被收集在俄歇信号的计数内。因此引入一个电子逃逸深度，其定义为：具有确定能量 E_c 的电子能够通过而不损失能量的最大距离。若入射粒子的能量高，穿透样品的深度比逃逸深度大，则激发的俄歇电子在从激发地点到表面的出射途中将发生非弹性碰撞，损失能量 ΔE。这些能量低于 E_c 的电子就形成本底信号，在主要俄歇峰的低能一侧拖一个长的尾部。

对于表面分析而言，最有用的俄歇电子在 $20\sim2500\text{eV}$ 动能范围，对应的逃逸深度为 $2\sim10$ 个单原子层，所以 AES 谱的信号在较大的程度上代表着 $0.5\sim3\text{nm}$ 厚表面层的信息。

4.1.4 电子能谱

图 4-3 表示用能量为 1keV 的一次电子束所激发的纯银样品的 AES 谱。$N(E)$ 是电子计

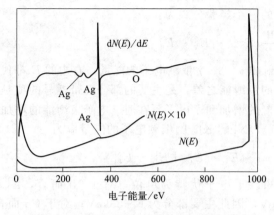

图 4-3 纯银的 AES 谱（用 1keV 电子入射）

数按能量的分布曲线，是俄歇电子能谱的一种显示模式。在 1keV 处很窄的大峰代表弹性背散射电子，稍低能量的强度对应于背散射后因激发电子或等离子激元而损失能量的电子，在很低能区（0～50eV）的峰与真正的二次电子相对应。俄歇电子信号只在放大 10 倍 [$N(E)\times 10$] 的谱中才可见。这些峰比较小，一般只含有总电流的 0.1%，而且重叠在二次电子的高本底上。为了减少缓变的本底的影响，分离出俄歇峰，通常是取 $N(E)$ 的微商 $dN(E)/dE$（见图 4-3），这是如今常用的 AES 显示模式。在 $dN(E)/dE$ 谱中的"峰至峰"高度（从最高的正偏离到最低的负偏离）和 $N(E)$ 曲线下的峰面积都与发射俄歇电子的原子数成正比。

4.2 实验方法

图 4-3 已给出代表性的 AES 谱的两种形式。$N(E)$ 的电子能量分布函数包含了俄歇跃迁的直接信息，而通过电子学或数字转换的微商技术得到的 $dN(E)/dE$ 函数则可使本底充分降低。能量大于 50eV 的背散射本底电流一般为入射电流的 30%，此电流造成的噪声电平和分析器的 ΔE 与俄歇峰宽之比决定了信噪比和元素的探测极限。AES 典型的探测灵敏度为 10^{-3}，即原子的摩尔分数分别为 0.1%。$N(E)$ 数据的收取，在一次电流小（约 nA）时用脉冲计数法，在一次电流大（约 μA）时用电压-频率转换法。数据可以直接显示为 $N(E)$，也可以显示为 $dN(E)/dE$ 形式。

4.2.1 定量分析

对于自由电子而言，特定俄歇电子的产额 Y_A 决定于电子撞击下的电离截面 σ_e 和俄歇电子发射概率 $(1-\omega_x)$ 的乘积。

$$Y_A \propto \sigma_e (1-\omega_x)$$

σ_e 和 ω_x 可以由量子力学计算。但是，对于处在固体中的元素，问题比较复杂。即使只考虑来自逃逸深度 λ 厚表面层的俄歇电子，也有如下因素的影响：

① 一次电子穿越表面层过程中的背散射。背散射的电子只要动能比原子中的电子束缚能大得多，则也可能激发俄歇跃迁。

② 入射束通过固体时的强度变化。例如衍射效应会强烈影响俄歇电子产额。

③ 俄歇电子出射角的影响。当出射方向不是垂直于表面时，出射路程加长，有效的逃逸深度变短。

④ 表面粗糙度的影响。电子从粗糙表面逃逸的概率比从光滑表面逃逸的概率小。此外，分析器工作参数也影响收集的电子计数。因此，在考虑到各种因素后，设 $Y_x(t)$ 是来自深度 t 出 Δt 厚薄层内 x 元素的某种俄歇电子产额，则

$$Y_x(t) = N_x \Delta t \sigma_e(t)(1-\omega_x) e^{-\frac{t}{\lambda \cos\theta}} I(t) T \frac{d\Omega}{4\pi} \tag{4-3}$$

式中，N_x 为单位体积内的 x 原子数；$\sigma_e(t)$ 为 t 深度处的电离截面；θ 为分析器的角度；T 为分析器的透过率；$d\Omega$ 为分析器的接收立体角；$I(t)$ 是 t 深度处的电子激发通量，即

$$I(t) = I_P + I_B(t) = I_P[1 + R_B(t)] \tag{4-4}$$

式中，I_P 为 t 深度处的一次电子通量；I_B 为一次电子引起的背散射电子通量；$R_B(t)$ 为背散射系数。

由此可见，绝对的定量分析需要预先确定一系列参数。若采用已知原子浓度（标样，设为 N_x^{ST}）的外标样，则试样的 x 原子浓度（N_x^T）可通过比较而得

$$\frac{N_x^T}{N_x^{ST}} = \frac{Y_x^T \lambda_x^{ST}(1+R_B^{ST})}{Y_x^{ST} \lambda_x^T (1+R_B^T)} \tag{4-5}$$

由于俄歇电子来自相同的原子，标样和试样的 σ_e 和 ω_x 相同，故不含在式中。若标样和试样的成分相近，可认为近似相等，则有

$$\frac{N_x^T}{N_x^{ST}} = \frac{Y_x^T}{Y_x^{ST}} \tag{4-6}$$

否则，还要考虑基体对 λ 和 R_B 的影响。在上述几个式子中均未包含粗糙度的影响，这是一个比较难以确定的因素。

应用元素灵敏度因子进行定量分析的方法是基于测量相对的俄歇峰强度，即按照如下近似公式

$$c_x = \frac{\dfrac{I_x}{S_x}}{\sum_a \dfrac{I_a}{S_a}} \tag{4-7}$$

式中，I_x 是 x 元素的俄歇峰强度 [$dN(E)/dE$ 曲线的峰至峰高度或 $N(E)$ 曲线的峰面积]；c_x 是 x 元素的原子浓度；S_x 是 x 元素的相对灵敏度因子；I_a 是存在的各种元素的俄歇峰强度；S_a 是存在的各种元素的相对灵敏度因子。灵敏度因子是由各种纯元素的俄歇峰强度求出的相对值。采用这种与基体无关的灵敏度因子忽略了化学效应、背散射系数和逃逸深度等在样品中和纯元素中的不同，所以只是半定量的，准确度约±30%。其主要的优点就是不需要标样。这种计算结果也对表面粗糙度不敏感，因为在一级近似条件下所有俄歇峰都同样程度地受粗糙度的影响。灵敏度因子方法测定浓度的准确度决定于材料的本性、俄歇峰测量的准确度以及所用的灵敏度因子。各元素的灵敏度因子可以在参考手册中查到，但是为了提高准确度最好在与分析样品相同的实验条件下测量各个元素的标样来确定。定量分析的典型误差约±10%。

由 $N(E)$ 数据求出的俄歇强度可给出较准确的定量结果，因为峰面积本来就包含了全部俄歇发射的电流，不受化学效应的影响。但是，由于牵涉到本底的扣除方法，$N(E)$ 曲线上的峰面积很难测准。目前正在发展对谱仪传递函数的表征和能谱的计算机模拟与合成技术，希望进一步提高定量分析的准确性。

4.2.2 化学态的判断

前面已说明，表面区原子所处的化学环境不同可改变俄歇电子的能量，即化学位移。除此之外，化学态变化还可能引起俄歇谱峰形状的改变。这两因素都可用于鉴定表面原子的化

学态。

元素组成离子键化合物时,化学位移可达几个电子伏特。合金中金属组元的成分变化不会产生明显的化学位移,但是,清洁金属表面上吸附哪怕不到一个单原子层的氧,也会使金属元素的俄歇峰出现可观测到的位移,并且氧覆盖愈多位移愈大。对于多数金属,此类位移小于或等于 1eV。若在表面形成体相的硫化物、碳化物或氧化物,位移将超过 1eV,如 Ta_2O_5 中的 Ta 就位移了 6eV。一般说,电负性差别愈大,移动愈大。但是,氧化的价数及弛豫效应也会影响位移量。图 4-4 显示氧化铝的 Al 俄歇峰相对于金属 Al 的化学位移。在低能的 LVV 跃迁(68eV)和高能的 KLL 跃迁(1396eV),位移都很明显,达到 17~18eV。

当俄歇过程只涉及内电子层时,由于电子能量损失机制的变化,也会引起谱峰形状的变化。例如,Al 的 KLL 俄歇电子从金属逸出时激发很强的等离子激元而损失能量(量子化的),形成许多次峰,而氧化铝则没有(见图 4-4)。当俄歇过程涉及一两个价电子时还能观察到键合的改变引起谱形的若干变化。虽然谱形可与价带电子的能态分布联系起来,但其关系比较复杂,不像 XPS 那么直接。俄歇谱形的变化可用来鉴定 C、S、N 和 O 等元素在表面的电子态。

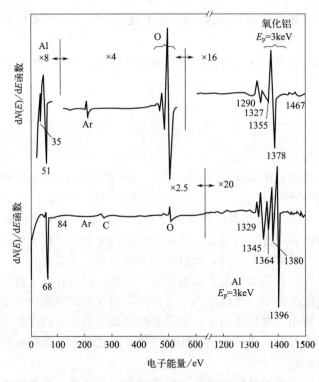

图 4-4 Al_2O_3 和金属 Al 的 AES 谱

4.2.3 结果形式

根据分析目的,可选择不同的入射束参数,得到如下不同形式的结果。

(1) AES 谱

可用散焦的入射束照射或用聚焦束在选区内扫描,从较大的面积获得俄歇电子能谱。最好是扫描,那样可以明确限定所观测的区域并避免剥蚀坑边缘效应。分析器的接收面积往往限制了分析的最大面积,多数筒镜分析器的分析区域直径小于等于 0.5mm。若用细束作点分析,则电子束的大小决定了分析面积。当用小束斑(小于 100nm)及较高能量时,背散射效应明显,此时产生 AES 信号的面积略大于束斑大小。许多 AES 谱仪的数据显示形式为 $EN(E)$ 或 $d[EN(E)]/dE$ 曲线,可根据元素(或化合物)的标准谱鉴别元素及其化学态。

(2) AES 成分深度剖图

用载能惰性气体离子(如 Ar^+,能量 0.5～5keV)轰击样品使表面溅射,再用电子束进行 AES 分析,可以得到元素浓度沿深度分布的剖图。AES 剖图既可以分析表面成分,也可给出近表面层任何深度的成分信息,尤其适于分析 10nm～1μm 的薄膜及其界面。溅射往往是连续进行的,而 AES 则在一组选定的元素峰上循环收取;也可以采用溅射和取谱交替进行的方式,这样两个过程分别独立控制,可以改善深度分辨。成分剖图的横坐标是溅射时间,可以换算成深度;纵坐标可以采用灵敏度因子换算成元素的原子百分比。在最好情况下深度分辨可达 5 nm。

(3) AES 成像及线扫描

用 AES(或称扫描俄歇显微镜,SAM)所获得的此类结果与电子探针的 X 射线成像相似。一次电子束在样品表面的一定选区扫描,然后分析器探测和收集所产生的某种组分的 AES 信号,并用来调制示波器显示屏的强度。显示屏的 x、y 轴对应于样品选区的二维坐标,显示的强度分布即二次电子像。这种方法的优点是将高的空间分辨率(一般可分辨 50～200nm,个别可小至 20nm)与 AES 对表面和对轻元素的灵敏度结合起来。虽然扫描电镜或电子探针的 X 射线能谱或波谱也可进行这种微化学分析,但它们的取样体积都相当大(深度及直径均为 0.5～10μm),而且对原子序数在 11 以下的元素几乎不可能分析。

4.3 应用实例

4.3.1 微电子学的应用

随着大规模集成电路技术的日益发展,需要在更小的微区内了解表面或近表面区、薄膜及其界面的物理性质和化学成分,AES 为此提供了有力的工具。现在以 Au-Ni-Cu 金属化系统为例说明对薄膜的研究,这个系统广泛用作内连线、混合微电路的外接引线及陶瓷衬底上的薄膜。常用的结构是最内层为 Cu,最外层为 Au,以防止环境侵蚀并保证可连接性和低的接触电阻,中间用 Ni 作扩散阻挡层。此例中样品是在涂覆了 Cu 层的陶瓷衬底上电镀一层 0.1μm 厚的 Ni 和 2.0μm 厚的 Au,整个系统在空气中 300℃ 热处理 4h,以模拟检验过程。处理后从 25μm×25μm 面积的表面收取的 AES 谱如图 4-5 所示。由谱可见,表面除了 Au 之外还有 C、O 和 Ni。扫描 AES 图说明,在某些区域只存在 Ni 和 O,而另一些区域则还有 Au 和 C。在富 Ni 区作的成分-深度剖图(图 4-6)说明,此处 Ni 和 O 仅局限于最表面的 5nm 层内,而在其下面的 Au 膜内只有极少量的 Ni。这说明 Ni 是通过 Au 的晶界扩散出来,再通过表面扩散而富集在表面,同时发生氧化。上述分析结果表明,Ni 以 NiO 的形式存在并覆盖着大部分 Au 膜表面是造成可连接性差的原因。

类似的情况也在镀金的不锈钢引线框上出现。AES 深度剖图和 AES 元素像二者结合的分析结果表明,Ni 通过不锈钢衬底的晶界迅速扩散到 Au 镀层表面,借助表面扩散而在表面散布并与 O 化合,形成厚约 5nm 的 NiO 层,致使可连接性变差。

在薄膜及微电子学方面的应用常将 AES 和卢瑟福背散射分析（RBS）结合起来，发挥各自的优点。举一例说明如下。

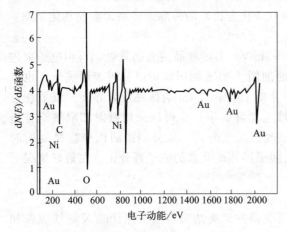

图 4-5　Au-Ni-Cu 金属化样品在空气中
300℃加热 4h 后表面较大面积取得的 AES 谱

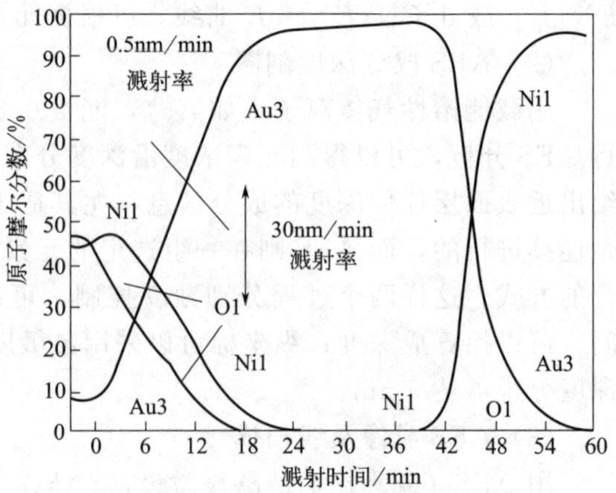

图 4-6　由 Au-Ni-Cu 金属化样品表面上的
富 Ni 区得到的成分-深度剖图

InP（100）单晶上沉积 100nm 厚的 Ni，并在 250℃退火 30min，其 RBS 与 AES 剖图示于图 4-7。由沉积态的结果[图 4-7（a）]可见，RBS 谱上 Ni 的信号重叠在衬底的 In 信号上；在 AES 剖图上 In、P 信号清楚分开，高度相近，Ni 信号的拖尾是由溅射过程引起的假象，实际上从 RBS 可知 Ni/InP 界面是很清晰的。退火之后，InP 与 Ni 膜反应，形成一个中间层 $In_xNi_yP_z$。在两种剖图上[图 4-7（b）]均可分开纯 Ni 层与合金的 InPNi 层，但 AES 更清晰，因为其深度分辨较好。在 RBS 上，合金层中 Ni 与 In 的信号高度相近，相当于 Ni/In 原子比约为 3（$\sigma_{In}/\sigma_{Ni}\approx3.08$），P/In 约为 0.5；但从 AES 得到的结果则很不同，P/In 产额之比约为 2，说明 P 富集。引起矛盾的原因是 AES 分析剥蚀过程中的优先溅射和偏聚。

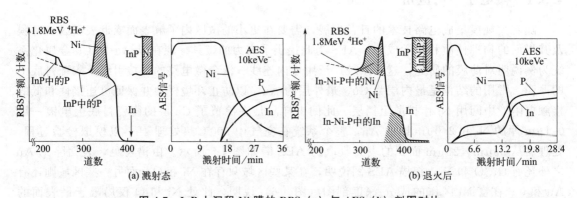

图 4-7　InP 上沉积 Ni 膜的 RBS（a）与 AES（b）剖图对比

AES 的一大优点是能够分析表面和界面上的少量轻元素，如 C、O 等。薄膜通过互扩散发生反应时，界面原有的氧化物常常成为反应的阻碍；薄膜在热处理后变得不平整，也常与其污染有关。图 4-8 是硅衬底上沉积的 Ta-Si 薄膜的 AES 深度剖图，界面上原有的氧化物层（约 1.5nm 厚）看得很清楚。当采用热氧化法在 Ta-Si 薄膜上形成均匀 SiO_2 层时，界面的氧化物会阻挡 Si 扩散出来。

4.3.2 多层膜的研究

多层膜在微电子学、光学及磁学方面有广泛的应用前景。AES，特别是深度剖析方法也是研究多层膜的有力工具。

图 4-9 是沉积在硅衬底上的 Cr/Ni 多层膜结构的深度剖图。最外面的 Ni 层约为 25nm 厚，其他层为 50nm。用 5keV 的 Ar 离子束溅射剥层。这图说明 AES 能够剖析原子序数很相近的元素（用 RBS 不易分开 Cr 与 Ni）。图 4-9（a）的浓度振荡图比较圆滑，是由溅射产生的表面粗糙形貌所致。若在溅射时同时转动样品，则可明显减少粗糙度的影响，所得的结果为图 4-9（b）。

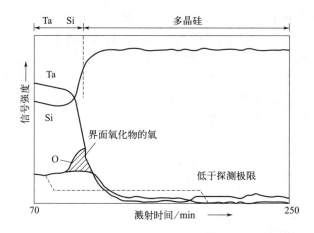

图 4-8 沉积在多晶硅衬底上的 Ta-Si 膜界面的 AES 剖图

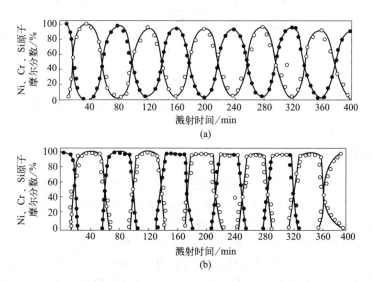

图 4-9 硅衬底上 Cr/Ni 多层膜的深度剖图

4.3.3 表面偏聚的研究

许多合金元素或杂质虽然含量很少（甚至仅为 10^{-6} 量级），却能通过扩散并偏聚在表面而显著改变表面的化学成分,适当热处理后这种偏聚又可能反转。多数工程材料是二元的或更复杂的成分,因此常会出现表面偏聚,这种现象对于材料的黏结、氧化、催化、腐蚀及烧结性质十分重要。另外,研究表面偏聚也有助于了解晶界偏聚,因为二者的行为是相似的。AES 由于其对表面的高灵敏度特别适于研究表面偏聚。

多组元系统中的偏聚可能很复杂,受到各组元的表面活性、扩散速率以及偏聚元素之间的位置竞争和相互作用等等的影响。这里举例说明 AES 在研究偏聚元素的位置竞争方面的应用。304 不锈钢样品做成带状,在进行表面分析之前在真空室内溅射清洗和加热。不同温度下表面的 P、S、Si 和 N 等元素的 AES 峰高随时间的变化如图 4-10 所示。由图 4-10(a)可见,在 350℃下 Si 明显地迅速偏聚到表面。535℃加热时[图 4-10(b)] Si 在表面的浓度开始迅速增加,之后反而随时间而逐渐减少,与此同时,P 却连续地集聚到表面,N 的情况和 Si 相似,S 也发生偏聚但速率较小。在 745℃下[图 4-10(c)] Si 和 N 基本未参与偏聚过程,P 的偏聚发生反转,而 S 则连续地偏聚。以上结果说明,Si 在较低温 350℃迅速偏聚,而 P 的偏聚则在 535℃占主导,二者的位置竞争造成了 Si 偏聚的反转。同样地,在 P 与 S 之间的位置竞争发生在更高温度(745℃)。用扫描 AES(电子束直径约 3μm)观察 750℃加热 10min 后置于室温的样品表面,看到 P 是近似均匀分布的,而 S 则在某些区域富集。溅射剥离后可知 P、S 偏聚的层厚仅约为 3nm。

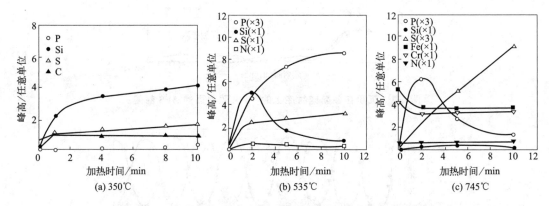

图 4-10 304 不锈钢在真空中不同温度加热时表面成分的变化

4.3.4 晶界的化学成分

金属和合金的晶界化学成分与各种晶界现象,如晶界脆性、晶间腐蚀、氢脆以及再结晶等等有关。特别是,当晶界富集某些类金属元素,如 S、P、Sb 及 Sn 时会引起 Fe、Ni 及其合金的晶间断裂。扫描 AES 是研究晶界的理想工具。

为避免断口表面的迅速污染,这种研究需采用原位断裂,其方法有:冲击断裂或冷却后冲击断裂。这对于有恰当的韧-脆转变温度的材料是可行的,但是许多金属用此方法仍不引起晶间断裂,则采用充氢使足够多的晶界暴露出来,或者采用原位慢速应变断裂装置。原位断裂后即刻用 AES 进行半定量分析(用灵敏度因子方法)。

硫偏聚影响 Ni 晶间氢脆的结果用图 4-11 描述。有两种 Ni 样品,其成分列于表 4-1。真空熔炼的 Ni 含 S 量较高,区熔 Ni 棒含 S 量很低。比较两种 Ni 材在 600℃热处理后的 AES 谱及断口形貌发现,真空熔炼的 Ni 样品显示出 100% 的晶间断裂,其俄歇谱中有较大的 S 峰[图 4-11(a)],对 11 个选区平均得到的晶间断口表面的含 S 量为 0.2 单原子层。相比之下，区熔 Ni 样品的断口为混合模式，韧性断口选区得到的俄歇谱没有 S 峰［图 4-11 (b)］，对 10 个选区平均得到的含 S 量为 0.1 单层。

表 4-1 镍材的体成分

材料	元素含量（10^{-6} 原子）					
	S	P	Sb	C	N	O
区熔	0.5		0.3	670	5	45
真空熔炼	≤5	<40	<50	45	5	180

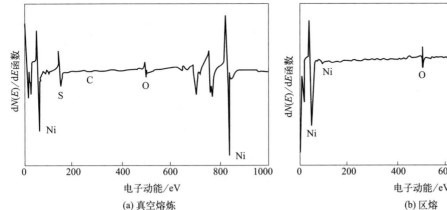

图 4-11 不同 Ni 材在 600℃ 加热 240h 后断裂表面的 AES 谱

4.4 AES 方法的特点和局限性

(1) AES 的功能和特点
① 适于分析 0.5～3nm 以内表面层的成分；
② 可分析除 H、He 以外的各种元素，尤其是与 RBS 和扫描电镜的 X 射线分析相比，对于轻元素 C、O、N、S、P 等有较高的灵敏度；
③ 可进行成分的深度剖析或薄膜及界面分析，深度分辨为 5～10nm；
④ 有较好的横向分辨能力（约 50nm），能分析大于或等于 100nm 面积内的成分变化；
⑤ 通过原位断裂可分析晶界及其他界面；
⑥ 可做不同相的成分分析，某种程度上可判断元素的化学态。

(2) 局限性
① 不能分析 H 和 He；
② 定量分析的准确度不高，用元素灵敏度因子方法为 ±30%，用成分相似的标样为 ±10%；
③ 对多数元素的探测灵敏度为原子摩尔分数 0.1%～1.0%；
④ 电子束轰击损伤和电荷积累问题限制了在有机材料、生物样品和某些陶瓷材料中的

应用。

(3) 样品要求

① 形态：低蒸气压固体（室温下小于 10^{-6} Pa），高蒸气压样品或液体需要用冷台。

② 尺寸：一般为直径约 15 mm，高约 5mm，可分析直径约 1μm 的粉末颗粒。

③ 表面：必须清洁，最好光滑。粗糙表面上可分析约 1μm 大的选区，或者在较大面积（直径约 0.5mm）上求平均。

AES 方法不论在理论和技术方面或实际应用方面都还在不断发展，目前，提高定量分析的准确性和增强横向的分辨能力是主要的努力方向。

第2篇
分子结构研究

分子总是处于某种特定的运动状态，每一种运动状态都具有一定的能量，不同的运动状态具有不同的能量。按照量子力学的观点，分子的能量是分裂的、不连续的，即能量的变化是量子化的。能量最低的运动状态称为基态，其他能量较高的状态称为激发态。分子从周围环境吸收一定的能量之后，其运动状态由低能级跃迁到高能级，这种跃迁称为吸收跃迁；反之，处于高能级的分子释放出一定的能量，跃迁到低能级，称为发射跃迁。

如果入射的电磁辐射能量正好与介质分子基态与激发态之间的能量差相等，介质分子就会选择性地吸收这部分辐射能，从基态跃迁到激发态，并通常以热的形式释放出能量，回到基态。在某些情况下，处于激发态的分子可发生化学变化（光化学反应），或以荧光及磷光的形式发射出所吸收的能量并回到基态。如果入射的电磁辐射能量与介质分子基态与激发态之间的能量差不相等，则电磁辐射不被吸收。分子极化所需的能量仅被介质分子瞬间保留，然后被再发射，从而产生光的透射、非拉曼散射、反射、折射等物理现象。

研究分子光谱是探究分子结构的重要手段之一，从光谱可以直接导出分子的各个分立的能级，从光谱还能够得到关于分子中电子的运动（电子结构）和原子核的振动与转动的详细知识。分子光谱除了用于定性与定量分析外，在复杂化合物结构分析领域有着其它方法无法比拟的作用，能测定分子的能级、键长、键角、力常数和转动惯量等微结构的重要参数，获得物质的理化性质，阐明基本的化学过程。

分子光谱不但在定量分析中有着广泛应用，而且在复杂化合物结构分析领域有着其他方法无法比拟的作用。在历史上，光谱数据对量子力学、结构化学和光谱学的形成和发展都作出过不可磨灭的贡献。

(1) 电子跃迁和紫外吸收、分子发射光谱

分子中原子的外层电子或价电子的能级间隔一般为1～20eV，由电子跃迁所产生的光谱包括吸收光谱和发射光谱。

物质被连续光照射激发后，电子由基态被激发至激发态，从而对入射光产生位于紫外～可见光区的特征吸收，这种光谱称为紫外-可见吸收光谱（简称紫外吸收光谱）。在同一电子能级上，有许多能量间隔较小（0.05～1eV）的振动能级，同一振动能级上，又有许多能量间隔更小（10^{-4}～10^{-2}eV）的转动能级。因此，电子跃迁过程中不可避免地会同时产生振动能级和转动能级的跃迁，分子光谱中也总会包含有振动跃迁和转动跃迁的吸收谱线。但是，由于振动跃迁和转动跃迁吸收谱线间隔过小，一般仪器很难将它们一一分开，因而分子的紫外-可见吸收光谱并不是分立的线状光谱，而是具有一定的波长范围，形成吸收带。

分子发射光谱也是电子跃迁的结果。某些物质被紫外光照射激发后，电子由基态被激发至激发态，在回到基态的过程中发射出比原激发波长更长的荧光，分子发射光谱包括分子荧光光谱、分子磷光光谱。荧光产生于单线激发态向基态跃迁，而磷光是单线激发态先过渡到三线激发态，然后由三线激发态跃迁返回到基态产生的。分子发射光谱具有高灵敏度和选择性，可用于研究物质的结构，尤其适合生物大分子的研究，同时通过测量发光强度可以进行定量研究。

(2) 分子振动和红外吸收、拉曼光谱

分子内化学键振动能级差一般在0.05～1eV之间，相当于近红外和中红外光子的能量。由化学键的振动能级跃迁所产生的光谱称为分子振动光谱，它包括红外光谱和拉曼光谱。

由于振动能级的能量间隔大于转动能级，因此在每一振动能级改变时，还伴有转动能级的改变，谱线密集，吸收峰加宽，显示出转动能级改变的细微结构，出现在波长较短、频率较高的红外线光区，称为红外光谱，又称振动-转动光谱。红外光谱主要用于鉴定化合物的

官能团及分析异构体，是定性鉴定化合物及其结构的重要方法之一。20世纪70年代后期，干涉型傅里叶变换红外光谱仪投入使用，其光通量大、分辨率高、偏振特性小、可累积多次扫描后再进行记录，并可以与气相色谱联用等，使得一些原来无法研究的反应动力学课题有了解决的途径。现在，红外光谱已经成为现代结构化学、分析化学不可或缺的研究工具之一。

拉曼光谱和红外光谱一样，都是研究分子的转动和振动能级结构的，但是两者的原理和起因并不相同。拉曼光谱是建立在拉曼散射效应基础上，利用拉曼位移研究物质结构的方法。红外光谱是直接观察样品分子对辐射能量的吸收情况；而拉曼光谱是分子对单色光的散射引起拉曼效应，间接观察分子振动能级的跃迁。

（3）分子转动光谱

纯粹的转动光谱只涉及分子转动能级的改变，不产生振动和电子状态的改变。分子的转动能级跃迁，能量变化很小，一般在 $10^{-4} \sim 10^{-2}$ eV，所吸收或辐射电磁波的波长较长，一般在 $10^{-4} \sim 10^{-2}$ m，它们落在微波和远红外线区，称为微波谱或远红外光谱，通称分子的转动光谱。转动能级跃迁时需要的能量很小，不会引起振动和电子能级的跃迁，所以转动光谱最简单，是线状光谱。

（4）电子的自旋运动和顺磁共振波谱

电子的自旋有两种取向，在外加磁场作用下这两种自旋状态将发生能级分裂，能级差与外加磁场强度成正比。在 0.34T（特斯拉）磁场（顺磁共振波谱仪多采用此场强）下，电子的自旋能极差为 3.9×10^{-5} eV，相当于微波光子的能量，因此微波足以激发电子自旋能级的跃迁。具有单电子的分子（例如自由基、过渡金属有机化合物），单电子自旋能级在外加磁场作用下发生分裂，因而可以产生顺磁共振吸收信号，这种光谱称为顺磁共振波谱。

（5）原子核自旋运动和核磁共振波谱

某些同位素的原子核（例如 ^{1}H、^{2}H、^{13}C、^{6}O、^{19}F、^{31}P 等）是有自旋的，当用波长在射频区（$10^6 \sim 10^8$ μm）、频率为兆赫数量级、能量很低的电磁波照射分子时，这种电磁波不会引起分子的振动或转动能级的跃迁，更不会引起电子能级的跃迁，但是却能与磁性原子核相互作用，磁性原子核的能量在强磁场的作用下可以分裂为两个或两个以上的能级，吸收射频辐射后发生磁能级跃迁，称为核磁共振波谱（NMR）。NMR法具有精密、准确、深入物质内部而不破坏被测样品的特点，因而极大地弥补了其他结构测定方法的不足。近年来，NMR在研究溶液及固体状态的材料结构中获得了进一步的发展。超导高分辨率NMR谱仪的发展以及二维及多维脉冲技术的应用，为生物大分子和高分子结构的研究开辟了广阔的道路，为研究材料微观结构的组成与生物功能的关系提供了更丰富、更可靠的科学依据。

第 5 章　紫外-可见吸收光谱

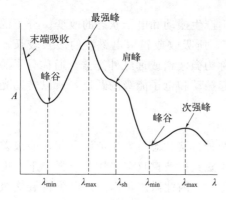

图 5-1　紫外-可见吸收光谱

紫外-可见吸收光谱法（UV-Vis）是基于分子内电子跃迁产生的吸收光谱进行分析的一种光谱分析法，将不同波长的光（200～780nm）透过某一固定浓度和厚度的溶液，测量每一波长下溶液对光的吸收程度（即吸光度 A），然后以波长 λ 为横坐标，以吸光度 A 为纵坐标作图，即可得紫外-可见吸收光谱（图 5-1）。

吸收峰：曲线上吸光度最大的地方，它所对应的波长称最大吸收波长（λ_{max}）。

峰谷：峰与峰之间吸光度最小的部位，该处的波长称最小吸收波长（λ_{min}）。

肩峰：在一个吸收峰旁边产生的一个曲折。

末端吸收：只在图谱短波端呈现强吸收而不成峰形的部分。

生色团：是有机化合物分子结构中含有 $\pi \rightarrow \pi^*$ 或 $n \rightarrow \pi^*$ 跃迁的基团，即能在紫外-可见光范围内产生吸收的原子团，如 >C=C<、>C=O、—N=N—、—NO$_2$、—C=S 等。

助色团：是指含有非键电子的杂原子饱和基团，当它们与生色团或饱和烃相连时，能使该生色团或饱和烃的吸收峰向长波方向移动，并使吸收强度增加。如—OH、—NH$_2$、—OR、—SH、—SR、—Cl、—Br、—I 等。

红移：亦称长移，是由于化合物的结构改变，如发生共轭作用、引入助色团，以及溶剂改变等，吸收峰向长波方向移动的现象。

蓝（紫）移：亦称短移，是化合物的结构改变时或受溶剂影响使吸收峰向短波方向移动的现象。

增色效应和减色效应：由于化合物结构改变或其他原因，吸收强度增加称增色效应或浓色效应；吸收强度减弱称减色效应或淡色效应。

强带和弱带：化合物的紫外-可见吸收光谱中，凡摩尔吸光系数 ε_{max} 值大于 10^4 L/（mol·cm）的吸收峰称为强带，凡 ε_{max} 小于 10^2 L/（mol·cm）的吸收峰称为弱带。

分子在吸收电磁辐射过程中除了发生电子能级跃迁外，还将伴随着分子的振动和转动，即同时将发生振动能级和转动能级的跃迁。据量子力学理论，分子的振动-转动跃迁也是量子化的或者说将产生非连续谱。因此，分子对电磁辐射的吸收为各种形式能量变化的总和：$\Delta E = \Delta E_e + \Delta E_v + \Delta E_r = h\nu$。其中，$\Delta E_e$ 最大：1～20eV；ΔE_v 次之：0.05～1eV；ΔE_r 最小：<0.05eV。可见，电子能级间隔比振动能级和转动能级间隔大 1～2 个数量级，在发生

电子能级跃迁时,伴有振动-转动能级的跃迁,从而形成带状光谱。

分子在紫外-可见区的吸收与其电子结构紧密相关。物质由于电子结构不同而具有不同的量子化能级,所能吸收光的波长也不同,即物质对光的吸收具有选择性,这是 UV-Vis 定性分析的基础。

5.1 电子跃迁类型及吸收带

5.1.1 有机化合物

有机化合物的紫外-可见吸收光谱是由分子的价电子跃迁所产生的,主要包括形成单键的 σ 电子、形成双键的 π 电子以及未成键的 n 电子。根据分子轨道理论,这些电子的运动状态分别对应相应的能级轨道,即成键 σ 轨道、反键 σ* 轨道、成键 π 轨道、反键 π* 轨道(不饱和烃)和非键轨道。各轨道能级由高到低的次序为 $\sigma^* > \pi^* > n > \pi > \sigma$。通常情况下,有机物分子的价电子总是处于能量较低的成键轨道和非键轨道上,吸收了合适的紫外或可见光能量后,价电子将由低能级跃迁到能量较高的反键轨道。可能产生的跃迁包括 σ→σ*、σ→π*、π→σ*、π→π*、n→σ*、n→π*。其中 σ→π* 和 π→σ* 为禁阻跃迁,因此分子中仅存在 σ→σ*、π→π*、n→σ*、n→π* 四种允许跃迁类型,如图 5-2 所示。

紫外-可见吸收光谱又称吸收曲线,是以波长 λ (nm) 为横坐标,以吸光度 A(或透光率 T)为纵坐标所描绘的曲线。有机化合物吸收光谱的特征取决于分子结构和分子轨道上电子的性质,在紫外-可见吸收光谱上表现为最大吸收波长 λ_{max} 和摩尔吸光系数不同。根据电子和轨道种类,可把吸收带分为六种类型。

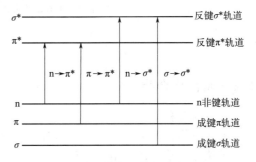

图 5-2 分子的电子能级及电子跃迁

σ→σ* 跃迁,所需能量最大,$\lambda_{max} <$ 60nm,位于远紫外区或真空紫外区。一般紫外-可见分光光度计不能用来研究远紫外吸收光谱。如甲烷的 $\lambda_{max}=125$nm。饱和有机化合物的电子跃迁在远紫外区。

n→σ* 跃迁,含有孤对电子的分子都可能发生 n→σ* 跃迁,因此,含有 S、N、O、Cl、Br、I 等杂原子的饱和烃衍生物都会出现一个 n→σ* 跃迁产生的吸收谱带。n→σ* 跃迁也是高能量跃迁,一般 $\lambda_{max} < 200$nm,落在远紫外区,如 CH_3Cl 的 $\lambda_{max}=63$nm。但跃迁所需能量与 n 电子所属原子的性质关系很大。杂原子的电负性越小,电子越易被激发,激发波长越长。有时也落在近紫外区,如甲胺的 $\lambda_{max}=213$nm。

π→π* 跃迁,跃迁所需能量较少,若双键共轭,则吸收大大增强,波长红移,λ_{max} 和 ε_{max} 均增加,摩尔吸光系数值一般大于 10^4,为强吸收带。K 带(从 Konjugation 得名),随双键共轭程度增加,所需能量降低,若两个以上的双键被单键隔开,所呈现的吸收是所有双键吸收的叠加。如单个双键,一般 λ_{max} 为 150~200nm,乙烯的 $\lambda_{max}=75$nm;而共轭双键如丁二烯 $\lambda_{max}=218$nm,己三烯 $\lambda_{max}=258$nm。B 带(从 Benzenoid 得名),是芳香族(包括杂芳香族)化合物的特征吸收带。如苯蒸气在 230~270nm 处出现精细结构的吸收光谱,又称苯的多重吸收带。E 带也是芳香族化合物特征吸收带,是由苯环结构中三个乙烯的环状共轭系统的 π→π* 跃迁所产生,分为 E_1 和 E_2 带。E_1 带的吸收峰约在 180nm,ε 为 4.7×10^4 L/(mol·cm);E_2 带的吸收峰约在 200nm,ε 为 7000L/(mol·cm) 左右,都属于强带吸收。

n→π* (R 带,从德文 Radikal 得名) 跃迁,是杂原子的不饱和基团,如 >C=O、—NO、—NO_2、—N=N— 等这一类基团的特征吸收带,所需能量最低,在近紫外区,有时在可见光区。π→π* 跃迁概率大,是强吸收带;而 n→π* 跃迁概率小,是弱吸收带,一般 ε_{max}<500L/(mol·cm)。许多化合物既有 π 电子又有 n 电子,在外来辐射作用下,既有 π→π* 跃迁又有 n→π* 跃迁。如—COOR 基团,π→π* 跃迁 λ_{max}=55nm,ε_{max}=4000L/(mol·cm);而 n→π* 跃迁 λ_{max}=205nm,ε_{max}=50L/(mol·cm)。π→π* 和 n→π* 跃迁都要求有机化合物分子中含有不饱和基团,以提供 π 轨道。

表 5-1 是吸收带的划分,落在 200~780nm 的紫外~可见光区的吸收可以用紫外-可见吸收光谱测定,在有机化合物的结构解析以及定量分析中常用。

表 5-1 吸收带的划分

跃迁类型	吸收带	特征	ε_{max}/[L/(mol·cm)]
σ→σ*	远紫外区	远紫外区测定	—
n→σ*	端吸收	紫外区短波长端至远紫外区的强吸收	—
π→π*	E_1、E_2	芳香环的双键吸收	>200
	K	共轭多烯、—C=C—C=O— 等的吸收	>10000
	B	芳香环、芳香杂环化合物的芳香环吸收	>100
n→π*	R	含 CO、NO_2 等 n 电子基团的吸收	<100

5.1.2 无机化合物

(1) 电荷转移跃迁

许多无机络合物可发生电荷转移跃迁 (charge transfer transition),即在外界辐射激发下,电子从电子给予体 (给体) 转移到电子接受体 (受体)。例如,Fe^{3+}—CNS^- → Fe^{2+}—CNS。电荷转移跃迁实质上是分子内部的氧化还原过程,激发态是这一过程的产物。这种跃迁产生的吸收光谱称为电荷转移光谱,这种光谱谱带较宽、吸收强度大,最大波长处的摩尔吸光系数大于 10^4 L/(mol·cm),可为吸收光谱的定量分析提供较高的测量灵敏度。某些取代芳烃也可以产生电荷转移吸收光谱,某些过渡金属与显色试剂相互作用也能产生电子转移吸收光谱。

(2) 配位场跃迁

当第四、第五周期的过渡金属离子及镧系、锕系离子处于配位体形成的负电场中时,简并的 d 轨道和 f 轨道将分裂为能量不同的轨道,在外界辐射激发下,d 轨道和 f 轨道电子由低能量轨道向高能量轨道跃迁,产生相应的配位场吸收带,主要用于络合物的结构研究。其中,过渡金属离子的 d→d 跃迁吸收带多在可见光区,吸收峰较宽;镧系、锕系离子的 f→f 跃迁吸收带出现在紫外-可见光区,吸收峰较窄。

5.1.3 影响吸收带的因素

紫外吸收光谱是分子光谱,吸收带的位置易受分子中结构因素和测定条件等多种因素的影响，在较宽的波长范围内变动。虽然影响因素很多，但它的核心是对分子中电子共轭结构的影响。

（1）位阻影响

化合物中若有两个发色团产生共轭效应，可使吸收带长移。但若两个发色团由于立体阻碍妨碍它们处于同一平面上，就会影响共轭效应，这种影响在光谱图上能反映出来。如二苯乙烯，反式结构的 K 带 λ_{max} 比顺式明显长移，且吸光系数也增大（图 5-3）。这是因为顺式结构有立体阻碍，苯环不能与乙烯双键在同一平面上，不易产生共轭。

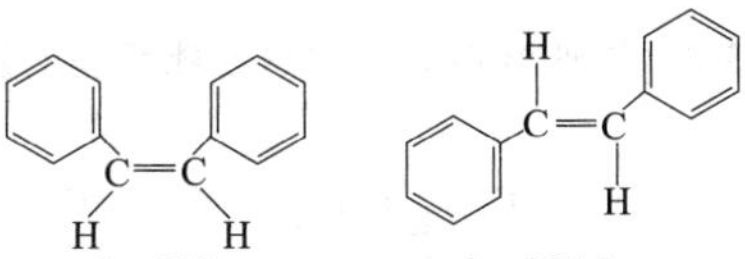

λ_{max}280nm [10500L/(mol·cm)] 顺式二苯乙烯　　λ_{max}295.5nm [29000L/(mol·cm)] 反式二苯乙烯

图 5-3　二苯乙烯的吸收带和吸光系数

（2）跨环效应

在有些 β、γ 不饱和酮中，虽然双键与酮基不产生共轭效应，但由于适当的立体排列，羰基氧的孤对电子和双键的 π 电子发生作用，致使相当于 $n \rightarrow \pi^*$ 跃迁的 R 吸收带向长波方向移动，同时其吸收强度增强。如 $H_2C{=}\overset{|}{C}-\overset{|}{C}{=}O$，在 214nm 处显示一中等强度的吸收带，同时在 284nm 处出现一 R 带。此外，当 C═O 的 π 轨道与一个杂原子的 p 轨道能够有效重叠时也会出现跨环效应。如 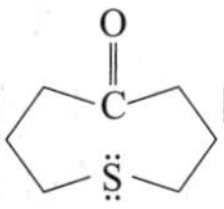 的 $\lambda_{max}=238$nm，$\varepsilon_{max}=2535$L/(mol · cm)。

（3）溶剂效应

溶剂除影响吸收峰位置外，还影响吸收强度及光谱形状，所以一般应注明所用溶剂。极性溶剂使 $n \rightarrow \pi^*$ 和 $\pi \rightarrow \pi^*$ 跃迁吸收峰位置向不同方向移动，一般使 $\pi \rightarrow \pi^*$ 跃迁吸收峰向长波方向移动；而使 $n \rightarrow \pi^*$ 跃迁吸收峰向短波方向移动，后者的移动一般比前者大。例如，4-甲基-3-戊烯-2-酮的溶剂效应见表 5-2。

表 5-2　溶剂极性对 4-甲基-3-戊烯-2-酮的两种跃迁吸收峰的影响

跃迁类型	正己烷	氯仿	甲醇	水	迁移
$\pi \rightarrow \pi^*$	230nm	238nm	237nm	243nm	长移
$n \rightarrow \pi^*$	329nm	315nm	309nm	305nm	短移

极性溶剂使 $\pi \rightarrow \pi^*$ 跃迁吸收峰长移，是因为激发态的极性总比基态大，因而激发态与极性溶剂之间相互作用所降低的能量大。而在 $n \rightarrow \pi^*$ 跃迁中，基态的极性大，非键电子（n 电子）与极性溶剂之间能形成较强的氢键，使基态能量降低大于反键轨道与极性溶剂相互作用所降低的能量，因而跃迁所需能量变大，故向短移，见图 5-4。

（4）体系 pH 值的影响

体系的 pH 值对紫外吸收光谱的影响是比较普遍的，无论是对酸性、碱性或中性物质都有明显的影响。如酚类化合物由于体系的 pH 值不同，其离解情况不同，而产生不同的吸收光谱。

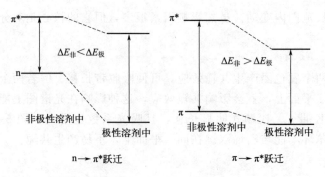

图 5-4 极性溶剂对两种跃迁能级差的影响

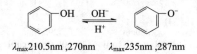

$\lambda_{max}210.5nm,270nm$ $\quad\lambda_{max}235nm,287nm$

5.2 朗伯-比尔定律

5.2.1 溶液的吸收定律——朗伯-比尔定律

朗伯-比尔定律（Lambert-Beer Law）是吸收光度法的基本定律，是描述物质对单色光吸收的强弱与吸光物质的浓度和厚度间关系的定律。定律推导如下：

当一束强度为 I_0 的平行单色光垂直照射到长度为 b 的液层、浓度为 c 的溶液时，由于溶液中吸光质点（分子或离子）的吸收，通过溶液后光的强度减弱为 I。

$$A = \lg \frac{I_0}{I} = \lg \frac{1}{T} = \varepsilon b c \tag{5-1}$$

式中，A 为吸光度；T 为透光度；I_0 为入射光强度；I 为透射光强度；ε 为摩尔吸光系数，L/(mol·cm)；c 为浓度，mol/L；b 为液层厚度，cm。

当浓度 c 用质量浓度来表示时，式（5-1）可表示为：

$$A = abc \tag{5-2}$$

式中，a 为吸光系数，L/(g·cm)。

ε 比 a 更常用，ε 越大表示方法的灵敏度越高；ε 与波长有关，因此，ε 常以 ε_λ 表示。式（5-1）和式（5-2）是紫外-可见光谱定量分析的依据。

5.2.2 偏离朗伯-比尔定律的因素

按照朗伯-比尔定律，吸光度与浓度之间的关系应该是一条通过原点的直线。事实上，在吸光光度分析中，经常出现标准曲线不呈直线的情况，特别是当吸光物质浓度较高时，明显地看到通过原点向浓度轴弯曲的现象，这种情况称为偏离朗伯-比尔定律。导致偏离的因素主要有化学方面和光学方面的因素。

（1）化学因素

溶液中的吸光物质常因解离、缔合、形成新化合物或互变异构等化学变化而改变其浓度，因而导致偏离朗伯-比尔定律。

例如，显色剂与金属离子生成的是多级络合物，且各级络合物对光的吸收性质不同。如在 Fe(Ⅲ) 与 SCN^- 的络合物中，$Fe(SCN)_3$ 颜色最深，$Fe(SCN)^{2+}$ 颜色最浅，故 SCN^- 浓度越大，溶液颜色越深，即吸光度越大。又例如，重铬酸钾的水溶液有以下平衡：$Cr_2O_7^{2-} + H_2O \rightleftharpoons 2H^+ + 2CrO_4^{2-}$，若溶液稀释 2 倍，$Cr_2O_7^{2-}$ 离子浓度不是减小 2 倍，而是受稀释平衡向右移动的影响，$Cr_2O_7^{2-}$ 离子浓度的减小明显多于 2 倍，结果偏离朗伯-比尔定律，而产生误差。

由化学因素引起的偏离，有时可控制溶液条件设法避免。如在强酸性溶液中测定 $Cr_2O_7^{2-}$，或在强碱性溶液中测定 CrO_4^{2-} 都可避免偏离现象。

(2) 光学因素

① 非单色光。朗伯-比尔定律只适用于单色光，但事实上真正的单色光是难以得到的，目前各种分光光度计得到的入射光实际上都是具有某一波段的复合光。当光源为连续光谱时，采用单色器所分离出来的光同时包含了所需波长的光和附近波长的光，物质对不同波长光的吸收程度的不同，因而导致对朗伯-比尔定律的偏离。

② 杂散光。杂散光是一些不在谱带宽度范围内的与所需波长相隔较远的光。杂散光也可使光谱变形变值，特别是在透射光很弱的情况下，会产生明显的作用。现代仪器的杂散光强度的影响可以减少到忽略不计，但在接近末端吸收处，有时因杂散光影响而出现假峰。

③ 散射光和反射光。吸光质点对入射光有散射作用，入射光在吸收池内外界面之间通过时又有反射作用。散射光和反射光，都是入射光谱带宽度内的光，对透射光强度有直接影响。

光的散射可使透射光减弱。真溶液质点小，散射光不强，可用空白对比补偿。如果被测溶液不均匀，是胶体溶液、乳浊液或悬浮液时，入射光通过溶液后，除一部分被溶液吸收外，还有一部分因散射现象而损失，使透射比减小，因而实测吸光度增加，一般不易制备相同空白补偿，常使测得的吸光度偏高，分析中不容忽视。

反射也使透光强度减弱，测得的吸光度偏高，一般情况下可用空白对比补偿；但当空白溶液与试样溶液的折射率有较大差异时，会使吸光度值产生偏差，不能完全用空白对比补偿。

④ 非平行光。通过吸收池的光一般都不是真正的平行光，倾斜光通过吸收池的实际光程将比垂直照射的平行光的光程长，使厚度增大而影响测量值。这种测量时实际厚度的变异也是同一物质用不同仪器测定吸光系数时，产生差异的主要原因之一。

5.3 紫外-可见吸收光谱在材料研究中的应用

紫外-可见吸收光谱已广泛应用于纯度检验、定性分析、定量分析和有机物结构解析等方面，可反映生色团和助色团的信息。但是，由于同类官能团的吸收光谱差别不大，而且大部分简单官能团的近紫外吸收极弱或几乎为零，因而必须结合红外光谱、核磁共振波谱等手段才能进行化合物的定性鉴定和结构解析。对于化合物的定量分析，紫外-可见吸收光谱是一种使用最为广泛、最有效的手段。在医院的常规化验中，95% 的定量分析都用此法。这里主要介绍紫外-可见吸收光谱的定量分析方法。此方法在水质分析中的应用也很广，目前能用直接法和间接法测定的金属和非金属元素就有 70 多种。一般可检测 $10^{-4} \sim 10^{-5}$ mol/L 的微量组分，准确度高，相对误差在 1%～3%范围内。

5.3.1 定性分析

紫外-可见光谱在定性分析方面的应用主要依靠化合物光谱特征，如吸收峰的数目、位置、强度、形状等与标准光谱比较，从而可以确定某些基团的存在。例如，当 280～290nm 区域有弱吸收峰，且随溶剂极性增加该峰移向短波长方向时，这就说明有羰基的存在。如在 260nm 有弱吸收带且具有精细光谱时，证明有苯环的存在。若在 26～280nm 区域，K 吸收带很强，表示有共轭体系的存在。然而，尽管紫外-可见光谱是一种常用的分析技术，但一般它不能单独完全确定一个未知化合物，还需要借助其他分析方法。

(1) 已知化合物的验证

制作试样的吸收光谱与标准物及标准图谱对照。将分析样品和标准样品以相同浓度配制在同一溶剂中，在同一条件下分别测定紫外-可见吸收光谱。若两者是同一物质，则两者的光谱图应完全一致，即光谱形状、吸收峰的数目、λ_{max} 及 ε_{max}。如果没有标样，也可以和现成的标准谱图进行对照比较。这种方法要求仪器准确、精密度高且测定条件要相同。紫外-可见吸收光谱可以作为有机化合物结构测定的一种辅助手段。

(2) 判断互变异构和立体异构

紫外-可见吸收光谱的重要作用在于可以判断分子中是否含有共轭结构，及含有共轭生色团的分子是否共平面。共轭体系越大，吸收强度越大，波长红移。如图 5-5 所示乙酰乙酸乙酯酮式和烯醇式异构体中，烯醇式结构的 ε_{max} 要远大于酮式，是由于烯醇式结构中有双键共轭。

酮式：λ_{max}=204nm，ε_{max}=100L/(mol·cm)   烯醇式：λ_{max}=245nm，ε_{max}=18000L/(mol·cm)

图 5-5 乙酰乙酸乙酯互变异构

再如二苯乙烯（ph-CH=CH-ph）顺式比反式不易共平面，因此反式结构分子的激发能降低，反式 λ_{max} 及 ε_{max} 要大于顺式（图 5-3）。

(3) 纯度检查

如果一化合物在紫外区没有吸收而其中的杂质有较强吸收，就可方便地检出该化合物中的痕量杂质。例如，要鉴定甲醇或乙醇中的杂质苯可利用苯在 256nm 处的 B 吸收带，而甲醇或乙醇在此波长处几乎没有吸收。

如果一化合物在可见区或紫外区有较强的吸收带，有时可用 ε 来检查其纯度。例如，菲的氯仿溶液在 296nm 处有强吸收（$\lg\varepsilon$=4.10）。用某法精制的菲，熔点 100℃，沸点 340℃，用紫外-可见吸收光谱检查，测得的 $\lg\varepsilon$ 值比标准菲的低 10%，则实际含量只有 90%，其余很可能是蒽等杂质。

(4) 能级结构的确定

对于半导体纳米粒子，紫外-可见吸收光谱对确定其能级结构及微粒尺寸是强有力的工具。在纳米微粒中，空间限域结果导致连续体相能带变化为分离或部分分离的能级结构，表现在对光的起始吸收向短波方向移动，即所谓"蓝移"现象。利用纳米粒子吸收光谱的二阶微分谱可确定纳米晶体的光学禁带宽度 E_g 值，再根据 Brus 最早利用的有效质量模型理论所描述的 E_g 与纳米晶体的平均尺寸 R 的关系，可估算纳米晶粒的平均尺寸。

5.3.2 定量分析

(1) 单组分定量分析

① 分析条件的选择

a. 溶剂的选择：所选择的溶剂应易于溶解样品并不与样品作用，且在测定波长区间内吸收小，不易挥发。表 5-3 为常见溶剂可用于测定的最短波长。

表 5-3　常见溶剂可用于测定的最短波长

可用于测定的最短波长/nm	常见溶剂
200	蒸馏水、乙腈、环己烷
220	甲醇、乙醇、异丙醇、醚
250	二氧六环、氯仿、醋酸
270	N,N-二甲基甲酰胺（DMF）、乙酸乙酯、四氯化碳（275）
290	苯、甲苯、二甲苯
335	丙酮、甲乙酮、吡啶、二硫化碳（380）

b. 测定浓度的选择：溶液吸光度值在 0.2～0.8 范围内误差小（$A=0.434$ 时误差最小），因而普通分光光度法不适用于高含量或极低含量物质的测定，可根据样品的摩尔吸光系数确定最佳浓度。

c. 测定波长的选择：一般选择最大吸收波长以获得高的灵敏度及测定精度，这称为"最大吸收原则"。但所选择的测定波长下其他组分不应有吸收，否则需选其他吸收峰。

② 定量分析方法

a. 标准曲线法：配制一系列不同浓度的标准溶液，由低浓度至高浓度依次测定其吸光度，作一定波长下浓度与吸光度的关系曲线，在一定范围内应得到通过原点的直线，即标准曲线。在相同的条件下测定样品溶液的吸光度，通过标准曲线可求得未知样品的浓度（图 5-6）。

b. 标准加入法：样品组成比较复杂，难以制备组成匹配的标样时用标准加入法。将待测试样分成若干等份，分别加入不同已知量 0、c_0、$2c_0$、…、c_n 的待测组分配制溶液。由加入待测试样浓度由低至高依次测定上述溶液的吸光度，作一定波长下浓度与吸光度的关系曲线，得到一条直线。若直线通过原点，则样品中不含待测组分；若不通过原点，将直线在纵轴上的截距延长与横轴相交，交点离开原点的距离即为样品中待测组分的浓度（图 5-7）。

例如，共沉淀分离钛时用钛铁试剂紫外吸收法测定镍中的钛。

在 pH 4.3～9.6 的溶液中，钛与钛铁试剂（1,2-二羟基苯-3,5-二磺酸钠）反应生成黄色络合物，该络合物在 380nm 波长处具有最大吸收。为了消除铁的干扰，常加入亚硫酸钠，它在 pH 4.7 缓冲溶液中于 380nm 附近也有吸收，但可用试剂空白消除干扰。

称取 0.5g 样品（含钛 0.001%～0.03%），放入烧杯中，加入 10mL 1∶1 硝酸缓慢加热分解，煮沸去除氮的氧化物，加水约至 50mL 后，再加 5mL 硝酸铁溶液，以氨水调节 pH

至有氢氧化铁沉淀生成，并过量10mL。放置片刻，用滤纸过滤，并用1∶49氨水洗涤。最后将沉淀连同滤纸移入烧杯中，加入10mL硝酸和15mL高氯酸，加热至冒高氯酸白烟，分解钛和有机物。

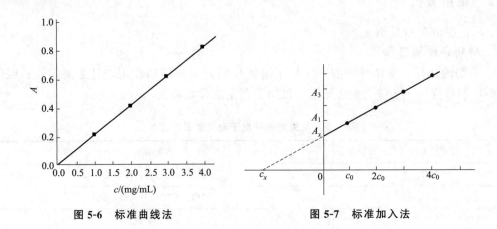

图 5-6　标准曲线法　　　　　　　　图 5-7　标准加入法

将上述溶液冷至室温后，以水洗入50mL容量瓶中，使溶液体积约为20mL，加入4%（质量体积分数）钛铁试剂，以氨水调至深红色，冷却至室温；加入10mL醋酸-醋酸钠缓冲溶液，调节至pH 4.5±0.2，加入1mL 3%（质量体积分数）EDTA溶液；再加入15mg亚硫酸钠，震荡溶解，用水稀释至刻度。用石英吸收池，以试剂空白为参比，在380nm处测定吸光度，在标准曲线上查出对应钛的含量。

(2) 多组分定量分析

由于吸光度具有加和性，因此可以在同一试样中测定多个组分。

设试样中有两组分X和Y，分别绘制吸收曲线，会出现如图5-8所示的三种情况：

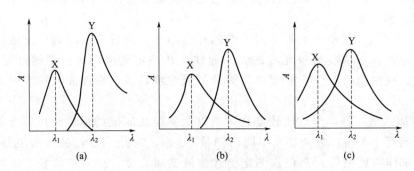

图 5-8　多组分吸收曲线

图5-8（a）：X、Y组分最大吸收波长不重叠，相互不干扰，可以按两个单一组分处理。

图5-8（b）和图5-8（c）：X、Y相互干扰，但能遵守朗伯-比尔定律，此时可通过解联立方程组求得X和Y的浓度：

$$A_{\lambda_1}^{X+Y} = \varepsilon_{\lambda_1}^{X} l c_X + \varepsilon_{\lambda_1}^{Y} l c_Y \tag{5-3}$$

$$A_{\lambda_2}^{X+Y} = \varepsilon_{\lambda_2}^{X} l c_X + \varepsilon_{\lambda_2}^{Y} l c_Y \tag{5-4}$$

其中，X、Y组分在波长λ_1和λ_2处的摩尔吸光系数ε由已知浓度的X、Y纯溶液测得。解上述方程组可求得c_X和c_Y。

（3）络合物（$M + nR \Longleftrightarrow MR_n$）络合比的测定

① 摩尔比法。固定一种组分（通常是金属离子 M）的浓度，改变络合剂（R）的浓度，得到一系列 c_R/c_M 比值不同的溶液，并配制相应的试剂空白作参比液，分别在络合物 MR_n 的最大吸收波长处测定其吸光度。以吸光度 A 为纵坐标，c_R/c_M 为横坐标作图，得如图 5-9 所示曲线。其中，曲线拐点处对应的值为络合比 n。

② 等摩尔连续变化法。保持 $c_R + c_M = c$ 恒定，改变 c_M 和 c_R 的相对量，配制一系列溶液，在络合物 MR_n 的最大吸收波长处测量体系的吸光度。以 A 对 c_M/c 吸光度作图（见图 5-10），曲线拐点即为络合物的络合比 n。当 c_M/c 为 0.5 时，络合比为 1∶1；当 c_M/c 为 0.33，络合比为 1∶2；当 $c_M/c = 0.25$ 时，络合比为 1∶3。该法适于离解度小、络合比小的络合物的组成测定。

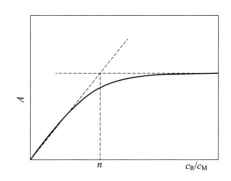

图 5-9 A 与 c_R/c_M 的关系曲线

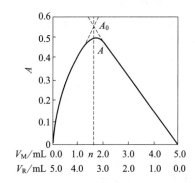

图 5-10 A 与 c_M/c 的关系曲线

第 6 章 分子发光光谱

在一定能量激发下,物质分子可由基态跃迁到能量较高的激发态,但处于激发态的分子并不稳定,会在较短时间内回到基态,并释放出一定能量,若该能量以光辐射的形式释放,则称为分子发光,在此基础上建立了分子发光分析法。

按照激发能形式的不同,一般可将分子发光分为四类,即光致发光、电致发光、化学发光和生物发光。因吸收光能而产生的分子发光称为光致发光(photoluminescence,PL),按照发光时涉及的激发态类型,PL 分为荧光(fluorescence)和磷光(phosphorescence),按照激发光的波长范围可分为紫外-可见荧光、红外荧光和 X 射线荧光。因吸收电能而产生的分子发光称为电致发光(electroluminescence,EL),因吸收化学能而被激发发光的现象称为化学发光(chemiluminescence,CL),生物发光(bioluminescence,BL)是指发生在生物体内的有酶类物质参与的化学发光。

与一般的分光光度法相比,分子发光分析法的应用范围有限。但由于其具有较高的灵敏度、良好的选择性,测试所需样品量较少(几十微克或微升),而且可提供激发光谱、发射光谱、发光寿命等物理参数,故目前在医药、环境、生物科学、卫生检验等领域应用十分广泛。本章主要讨论光致发光中的荧光和磷光分析法。

6.1 荧光和磷光的产生

6.1.1 电子自旋状态的多重性

由于分子中的价电子具有不同的自旋状态,故分子能级可用电子自旋状态多重性参数 M 来描述,$M=2S+1$,其中 S 为电子的总自旋量子数。一般分子中的电子数目为偶数,且大多是电子自旋反平行地配对填充在能量较低的分子轨道,此时 $S=0$,$M=1$,分子所处电子能态为单重态,用符号 S 表示。基态单重态用 S_0 表示,第一电子激发单重态用 S_1 表示,其余依此类推。根据光谱选律,通常电子在跃迁过程中不改变自旋方向。但在某些情况下,如果一个电子跃迁时改变了自旋方向,使分子具有两个自旋平行的电子时,$S=1$,$M=3$,分子所处电子能态为三重态,用符号 T 表示。第一、第二电子激发三重态分别用 T_1、T_2 表示。一般对于同一分子电子能级,三重态能量较低,其激发态平均寿命较长。相同多重态之间的跃迁为允许跃迁,概率大,速度快。

6.1.2 分子非辐射弛豫和辐射弛豫

分子一般处于基态单重态的最低振动能级,当受到一定能量的光能激发后,可跃迁至能量较高的激发单重态的某振动能级。处于激发态的分子不稳定，将通过辐射弛豫或非辐射弛豫过程释放能量回到基态，如图 6-1 所示。其中，激发态寿命越短、速度越快的途径越占优势。

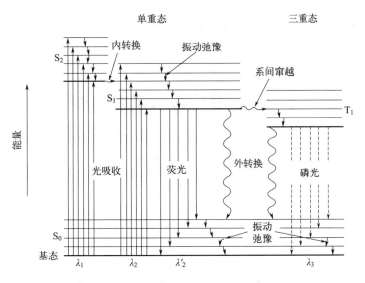

图 6-1 分子的激发和弛豫过程

（1）非辐射弛豫

若处于激发态的分子在返回基态的弛豫过程中不产生发光现象，称为非辐射弛豫，主要包括以下几种类型。

① 振动弛豫：在同一电子能级内，分子由高振动能级向低振动能级转移，释放的能量以热的形式放出。振动弛豫发生在 10^{-12} s。

② 内转换：当同一多重态的两个不同的电子能级非常靠近以致其振动能级重叠时，常发生由高电子能级向低电子能级的无辐射去激过程，称为内转换。发生内转换的时间为 $10^{-13} \sim 10^{-11}$ s。

③ 外转换：由于激发态分子与溶剂或其他溶质分子间的相互作用或能量转换而使光致发光强度减弱或消失的现象，也称为"猝息"或"猝灭"。

④ 系间窜越：不同多重态之间的无辐射跃迁，易发生在 S_1 和 T_1 之间。因跃迁过程中电子自旋状态改变，系间窜越比内转换困难，通常发生在 10^{-6} s 的时间内。

（2）辐射弛豫

辐射弛豫过程伴随发光现象，即产生荧光或磷光。

① 荧光的产生。受激分子经振动弛豫或内转换转移到 S_1 的最低振动能级后，以释放光子的形式跃迁到 S 的各个振动能级上，这一过程发出的光称为荧光。由于跃迁前后电子自旋不发生变化，因而这种跃迁发生的概率大，辐射过程较快（$10^{-9} \sim 10^{-6}$ s）。但是，因为振动弛豫、内转换、外转换等非辐射弛豫的发生都快于荧光发射，所以通常无论激发光的光子能量多高，最终只能观察到由 S_1 的最低振动能级跃迁到 S_0 的各振动能级所对应的荧光发射。因此，在激发光光子能量足够高的前提下，荧光波长不随激发光波长变化。此外，荧光的波长一般总要大于激发光的波长，这种现象称为斯托克斯（Stokes）位移。当斯托克斯位移达到 20nm 以上时，激发光对荧光测定的影响较小。

② 磷光的产生。受激分子通过系间窜越由 S_1 的最低振动能级转移至 T_1 的较高振动能级上，然后经过振动弛豫到达 T_1 的最低振动能级，再以发出辐射的方式转移至 S_0 的各个振动能级上，这一过程发出的光称为磷光。能够发射磷光的分子比发射荧光的分子要少，且磷光强度一般低于荧光强度。对于同一分子来说，T_1 的最低振动能级能量低于 S_1 的最低振动能级，因而磷光的波长长于荧光。同时，磷光寿命相对较长（$10^{-6} \sim 10s$），光照停止后，仍可维持一段时间。

6.2 激发光谱和发射光谱

任何荧光物质都具有两个特征光谱，即激发光谱和发射光谱，激发光谱和发射光谱是光致发光光谱中两个特征光谱，能够反映分子内部能级结构，是光致发光光谱定性、定量分析的依据。

（1）激发光谱

固定发射波长（选最大发射波长），测定该波长下的荧光发射强度随激发波长变化的光谱，便得到荧光激发光谱。激发光谱最大峰值波长为最大激发波长，即为 λ_{ex}。

激发光谱形状与吸收光谱形状完全相似，经校正后二者完全相同。这是因为分子吸收光能的过程就是分子的激发过程，产生荧光最强的激发波长也就是分子的最大吸收波长。激发光谱可用于鉴别荧光物质；在定量时，用于选择最适宜的激发波长。

（2）发射光谱

固定激发光波长（选最大激发波长），测定荧光发射强度随发射波长变化的光谱，得到荧光发射光谱，又称荧光光谱。发射光谱最大峰值波长为最大发射波长，即为 λ_{em}。由于不同物质具不同的特征发射峰，因而荧光发射光谱可用于鉴别荧光物质。

图 6-2 为色氨酸的激发光谱和发射光谱。

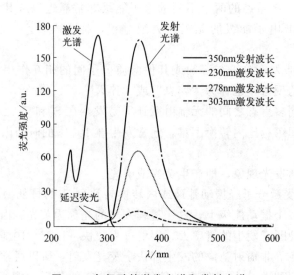

图 6-2　色氨酸的激发光谱和发射光谱

（3）激发光谱与发射光谱的关系

① 斯托克斯位移（Stokes shift）。与激发波长相比，荧光发射波长更长。这是由于荧光

是从第一激发态 S_1 的最低振动能级回到基态时所发射的辐射,而激发过程有可能将分子激发到高的振动能级或更高的电子能级上去。振动、热辐射等无辐射跃迁使分子失去能量,即激发与发射荧光间的能量损失是斯托克斯位移产生的主要原因。

② 发射光谱的形状与激发波长的选择无关。尽管分子受激后可到达不同能级的激发态,但由于去活化(内转换和振动弛豫)到第一电子激发态的速率或概率很大,好像是分子受激只到达第一激发态一样。因此,荧光发射总是从 $S_1 \rightarrow S_0$ 的过程。

③ 吸收光谱与发射光谱呈镜像对称关系。荧光为第一电子激发单重态的最低振动能级跃迁到基态的各个振动能级而形成,即其形状与基态振动能级分布有关。吸收光谱是由基态最低振动能级跃迁到第一电子激发单重态的各个振动能级而形成,即其形状与第一电子激发单重态的振动能级分布有关。由于激发态和基态的振动能级分布具有相似性,因而呈镜像对称。

6.3 影响荧光强度的因素

(1) 分子结构

分子产生荧光必须具备以下两个条件:

① 具有特定的分子结构

a. 跃迁类型:通常,具有 $\pi \rightarrow \pi^*$ 及 $n \rightarrow \pi^*$ 跃迁结构的分子才会产生荧光,而且具有 $\pi \rightarrow \pi^*$ 跃迁的量子效率比 $n \rightarrow \pi^*$ 跃迁的要大得多。系间跨越过程的速率常数小,有利于荧光的产生。

b. 共轭效应:分子的共轭度越大,荧光越强,提高共轭度有利于增加荧光效率并产生红移。

c. 刚性结构:分子刚性越强,分子振动少,与其他分子(溶剂)碰撞失活的概率下降,荧光量子产率提高。如荧光素和酚酞有相似结构,荧光素有很强的荧光,酚酞却没有(图 6-3)。

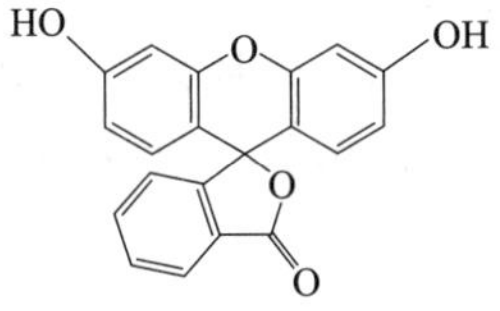

(a)荧光素 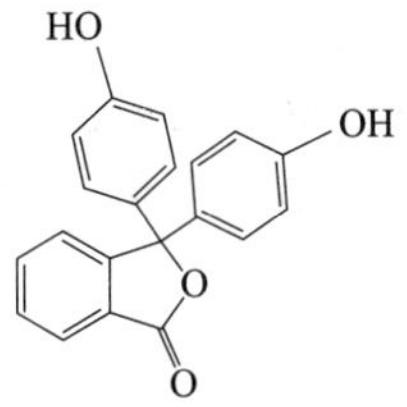　　　(b)酚酞

图 6-3　荧光素和酚酞的分子结构

d. 取代基:供电子取代基使荧光强度增大(产生 $p \rightarrow \pi$ 共轭),如—OH、—OR、—NH_2、—CN、—NR_2 等;而吸电子基则降低荧光强度,如—COOH、—C=O、—NO_2、—NO、—X 等,其原因是 $n \rightarrow \pi^*$ 跃迁的摩尔吸光系数、量子产率均低于 $\pi \rightarrow \pi^*$ 跃迁。如果卤素原子取代,则随其原子序数增加,猝灭荧光,这是由于重原子猝灭的影响。如苯环被卤素取代,从氟苯到碘苯,荧光逐渐减弱到消失。

② 具有一定的荧光量子产率

$$\text{荧光量子产率}\,\varphi = \frac{\text{发射的光量子数}}{\text{吸收的光量子数}}$$

荧光量子产率与激发态能量释放各过程的速率常数有关，如外转换过程速度快，不出现荧光发射。

（2）溶剂效应

溶剂极性可增加或降低荧光强度（改变 $\pi \rightarrow \pi^*$ 及 $n \rightarrow \pi^*$ 跃迁的能量）；与溶剂作用从而通过改变荧光物质结构（氢键、配位键的形成）来增加或降低荧光强度。

（3）温度

温度增加，荧光强度下降（因为内、外转换增加、黏度或"刚性"降低）。因此体系降低温度可增加荧光分析灵敏度。

（4）pH值

具有酸或碱性基团的有机物质，在不同pH值时，其结构可能发生变化，因而荧光强度将发生改变；对无机荧光物质，因pH值会影响其稳定性，因而也可使其荧光强度发生改变。

（5）内滤作用和荧光自吸

体系内存在可以吸收荧光的物质，或荧光物质的荧光短波长与激发光长波长有重叠，这两种情况均可使荧光强度下降，称为内滤作用，如色氨酸中的重铬酸钾。当荧光物质浓度较大时，可吸收自身的荧光发射，称为荧光自吸。

（6）荧光猝灭

激发态分子与溶剂或其他溶质作用导致荧光强度降低的现象。荧光猝灭包括碰撞猝灭（激发态分子与猝灭剂碰撞失活）、静态猝灭（激发态分子与猝灭剂形成不发光的络合物）、自猝灭（激发态分子与基态分子碰撞失活）。

6.4　分子荧光光谱应用

荧光分光光度计通过测定样品经激发后发射出的荧光进行定性或定量分析。荧光定量分析法灵敏度高、选择性好，已广泛应用于地质、冶金、化工、环保、生物、食品、化学等领域，荧光光谱的测定在临床生化检验方面可用于某些无机物与有机物的分析。

6.4.1　定性分析

荧光定性分析与紫外-可见吸收光谱法相似。定性分析时将实验测得的样品激发光谱图和荧光光谱与标准荧光光谱图进行比较来鉴定样品成分。

荧光光谱还可以应用于纳米材料领域的研究，如纳米结构的预测。2002年7月，美国莱斯大学曾有科学家在研究单层碳纳米管时，首次观察到了碳纳米管在特定条件下发荧光的现象。韦斯曼领导的小组在此基础上进行研究，并进一步识别出了33种发光碳纳米管吸收和散发出的光所具有的不同波长，据此可有效区分不同的碳纳米管。碳纳米管有不同种类，即使是同类碳纳米管，在直径和物理结构上往往也存在微小差别，这种差别可能会造成特性的显著不同。现有的碳纳米管区分方法通常需要几个小时的烦琐测试才能得出结果，而光谱分析手段有望大大缩短这一过程。因此，有效区分不同的碳纳米管，对碳纳米管研究开发和产业化都具有重要价值。

在纳米半导体材料领域，荧光光谱被广泛用于研究材料的光学特性及其表面态布局，即修饰剂对纳米粒子表面的修饰情况。

6.4.2 定量分析

(1) 定量依据

荧光的产生是由于物质在吸收了激发光部分能量后发射出波长相同或波长较长的光。因此，溶液的荧光强度 I_F 与该溶液的吸光强度 I_a 以及荧光物质的荧光量子产率 φ 成正比：

$$I_F = \varphi I_a \tag{6-1}$$

又根据朗伯-比尔定律：$I_a = I_0 (1-10^{-\varepsilon Lc})$，则

$$I_F = \varphi I_0 (1-10^{-\varepsilon Lc}) = \varphi I_0 (1-e^{-2.3\varepsilon Lc}) \tag{6-2}$$

式中，I_0 为激发光强度；ε 为摩尔吸光系数；L 为样品池厚度；c 为样品浓度。

当激发光强度 I_0 一定，且浓度很小时，荧光强度与荧光物质浓度成正比。即 $I_F = Kc$，此式即为荧光法定量分析的基本关系式。

从荧光的定量关系式可以看出，I_0 越大，I_F 越大，灵敏度越高。通过使用激光光源，荧光定量分析的灵敏度甚至可达 10^{-14} mol/L。使用激光光源的荧光分析法又称激光诱导荧光。然而光源强度增加的同时会使溶剂的拉曼散射增加，因此应注意其与荧光峰的区别，即荧光发射峰不随激发波长而变，而拉曼散射峰将随激发波长的改变而变化。在分光光度法中，吸光度与浓度呈线性关系，对很稀的溶液吸收光强度很弱，吸光度 A 的数值亦趋近于 0，难以准确测定，分光光度法灵敏度受到限制。因此，荧光法灵敏度大大优于分光光度法。

(2) 定量方法——标准曲线法

荧光定量分析法分为直接测定法和间接测定法。直接测定法适用于自身有较强荧光的物质，而非荧光或荧光低的物质需要采用间接法测定。间接法可以通过氧化剂、还原剂或络合剂将非荧光或荧光低的物质转变为强荧光物质进行测定，也可以采用荧光猝灭法对非荧光物质进行测定。直接测定法和间接测定法都可通过工作曲线确定待测物的浓度，具体过程如下：

① 确定 λ_{ex} 和 λ_{em}（激发光谱和荧光光谱）。一般以激发光谱最大峰值波长为激发光波长，以荧光发射光谱最大峰值波长为发射波长。

② 确定适宜的条件

a. 试剂浓度：有些试剂能吸收紫外线，有颜色的试剂还有吸收荧光的作用，因此分析时所加试剂的量不可太多。

b. 溶液 pH 值：大多数荧光反应都受溶液酸碱度的影响，故荧光分析需在适合的酸碱度溶液中进行，最适当的酸碱度必须由条件实验来确定。所用酸的种类也影响荧光的强度，例如，奎宁在硫酸溶液中的荧光较在盐酸中的要强些。

c. 温度 T：荧光强度一般随温度降低而升高，因此，有些荧光仪的液槽配有低温装置，使荧光强度增大，以提高测定的灵敏度。在高级的荧光仪中，液槽四周有冷凝水并附有恒温装置，以便使溶液的温度在测定过程中尽可能保持恒定。

d. 反应时间 t：荧光强度达到最高点所需要的时间不同，有的反应加入试剂后荧光强度立即达到最高峰，而有的反应需要经过 15~30min 才能达到最高峰。

③ 以标准溶液绘制工作曲线。在最佳实验条件确定后，以标准溶液作工作曲线，具体过程与紫外-可见吸收光谱法相似。

④ 测未知样的荧光强度（I_F），确定荧光物质的浓度。最后在相同实验条件下测量未知试样的荧光强度 I_F，根据标准曲线计算荧光物质的浓度。

分子荧光光谱法广泛地应用于混合物中痕量组分的检测，矿物样品或其工艺产品的定量分析，纯金属和合金、半导体材料、土壤、空气、生物样品以及其他样品的分析。其中，无机化合物能直接产生荧光并用于测定的为数不多，但与有机试剂络合后进行荧光分析的元素已达 60 余种。如，铍、铝、硼、镓、硒、镁、稀土等元素常采用荧光分析法测定；氟、硫、铁、银、钴、镍等元素采用荧光猝灭法测定；铈、铕、锑、钒、铀等元素采用固体荧光法测定。

(3) 硫胺素法测定铜离子

铜离子与有机配位体硫胺素络合，反应产物在紫外光照射下发红色荧光。具体操作方法如下。

在 5mL 样品中加入 10mL 硫酸羟胺，然后滴加 20％氢氧化钠溶液至 pH＝7.0。在水中冷却，加入 2mL0.005％硫胺素溶液，再调节 pH 值至 11～11.5，并在冰中冷却，静置 10min 后用 5mL 戊醇（内含 30μg 丁基羟基甲苯）萃取 1min。用 Na_2SO_4 干燥萃取物，在 $\lambda_{ex}=290nm$，$\lambda_{em}=650nm$ 处，测定荧光强度。在标准曲线上查出对应铜的含量。

第 7 章　振动光谱

振动光谱，尤其是红外光谱是检测有机高分子材料组成与结构的最重要方法之一，同时可用来检测无机非金属材料及其与有机高分子形成的复合材料的组成与结构。近年来，随着光学及计算机技术的不断发展与应用，红外光谱在材料研究中的应用不断扩展，已成为研究材料结构的重要手段。虽然量子理论的应用为红外光谱提供了理论基础，但对于复杂分子来说，理论分析仍存在一定的困难，大量光谱的解析还依赖于经验方法。尽管如此，红外光谱与拉曼光谱仍是材料表征非常有力的手段之一。

7.1　红外光谱

红外光谱在可见光区和微波光区之间，其波长范围为 $0.8\sim1000\mu m$。根据实验技术和应用的不同，通常将红外区划分成 3 个区：近红外光区（$0.8\sim2.5\mu m$）、中红外光区（$2.5\sim25\mu m$）和远红外光区（$25\sim1000\mu m$）。其中，中红外光区是研究和应用最多的区域，一般的红外光谱就是指中红外区的红外光谱。

7.1.1　红外光谱基本原理

对于有机高分子材料而言，一种分子往往含有多种基团，不同的基团对应不同的共振频率。红外光谱的产生来源于分子对入射光子能量的吸收而产生的振动能级的跃迁。最基本的原理是：当红外区辐射光子所具有的能量与分子振动跃迁所需的能量相当时，分子振动从基态跃迁至高能态，在振动时伴随有偶极矩的改变。

分子振动涉及微观粒子体系中的原子核运动，因此其运动规律应该遵守量子力学法则，原则上应该用量子力学方法来处理。实际上目前已进行了小分子振动问题的从头计算研究，并取得了一定的进展。但经典力学处理中引入的简正坐标和简正振动，可以使经典力学处理与量子力学处理同样简化。在处理振动光谱的选择定则时，经典力学中的坐标和量子力学中本征函数的对称性是平行的。此外，经典力学所计算的频率与量子力学中由振动能级之间的跃迁所得到的频率完全相等，而且经典力学处理简单直观、容易理解，因此常用经典力学中简正坐标来描述多原子分子的振动。

多原子分子振动比双原子要复杂得多。要描述多原子分子各种可能的振动方式，必须确定各原子的相对位置。在分子中，N 个原子的位置可以用一组笛卡儿坐标来描述，而每个原子的一般运动可以用三个位移坐标来表达，因此该分子被认为有 $3N$ 个自由度。但是，这些原子是由化学键构成的一个整体分子，因此还必须从分子整体来考虑自由度。分子作为整体有3个平动自由度和3个转动自由度，剩下$3N-6$才是分子的振动自由度（直线型分子有$3N-5$个振动自由度）。每个振动自由度相应于一个基本振动，N个原子组成一个分子时，共有$3N-6$个基本振动，这些基本振动称为分子的简正振动。

简正振动有伸缩振动和变形振动两种方式：

(1) 伸缩振动

原子沿键轴方向伸缩，键长发生变化而键角不变的振动称为伸缩振动，用符号ν表示。它又可以分为对称伸缩振动（符号ν_s）和反对称伸缩振动（符号ν_{as}）。对同一基团来说，反对称伸缩振动的频率要稍高于对称伸缩振动。

(2) 变形振动

又称弯曲振动或变角振动，基团键角发生周期变化而键长不变的振动称为变形振动，用符号δ表示。变形振动又分为面内变形振动和面外变形振动。面内变形振动又分为剪式振动（以δ表示）和平面摇摆振动（以ρ表示）。面外变形振动又分为非平面摇摆（以ω表示）和扭曲振动（以τ表示）。

简正振动的特点是，分子质心在振动过程中保持不变，所有的原子都在同一瞬间通过各自的平衡位置。每个正则振动代表一种振动方式，有它自己的特征振动频率。

在红外光谱中，并不是所有分子的简正振动均可以产生红外吸收。根据红外光谱的基本原理，只有当振动时有偶极矩改变者才可吸收红外光子，并产生红外吸收；如果在振动时分子振动没有偶极矩的变化，则不会产生红外吸收光谱，这即是红外光谱的选择性定则。对于振动过程中无偶极矩变化的分子，其振动往往具有极化率的改变，且具有拉曼活性，可以使用拉曼光谱进行表征，这将在第7.2节进行讨论。

7.1.2 基团频率和红外光谱区域的关系

7.1.2.1 基团振动和红外光谱区域的关系

按照光谱与分子结构的特征，红外光谱大致可分为官能团区及指纹区。官能团区（4000～1330 cm^{-1}）即化学键和基团的特征振动频率部分，它的吸收光谱主要反映分子中特征基团的振动，基团的鉴定工作主要在这一光谱区域进行。指纹区（1330～400 cm^{-1}）的吸收光谱较复杂，但是能反映分子结构的细微变化，每一种化合物在该区的谱带位置、强度和形状都不一样，相当于人的指纹，用于认证有机化合物是很可靠的。此外，在指纹区也有一些特征吸收带，对于鉴定官能团也是很有帮助的。

利用红外光谱鉴定化合物的结构，需要熟悉重要的红外光谱区域基团和频率的关系。下面对中红外区的基团振动作一介绍。

(1) X—H伸缩振动区域（X代表C、O、N、S等原子）

如果存在氢键则会使谱峰展宽。频率范围为4000～2500 cm^{-1}，该区主要包括O—H、N—H、C—H等的伸缩振动。

O—H伸缩振动在3700～3100 cm^{-1}，氢键的存在使频率降低、谱峰变宽、积分强度增加，它是判断有无醇、酚和有机酸的重要依据。当无氢键存在时，O—H或N—H呈一尖锐的单峰出现在频率较高的部分。N—H伸缩振动在3500～3300 cm^{-1}区域，它和O—H谱带重叠，但峰形比O—H略尖锐。伯、仲酰胺和伯、仲胺类在该区都有吸收谱带。

(2) 三键和累积双键区域

三键和累积双键区域的频率范围在 2500～2000cm^{-1}。该区红外谱带较少,主要包括—C≡C—、—C≡N—等三键的伸缩振动和—C=C=C—、—C=C=O 等累积双键的反对称伸缩振动。

(3) 双键伸缩振动区域

双键伸缩振动频率在 2000～1500cm^{-1} 范围内。该区主要包括 C=O、C=C、C=N、N=O 等的伸缩振动以及苯环的骨架振动,芳香族化合物的倍频或组频谱带。

羰基的伸缩振动在 1900～1600cm^{-1} 区域。所有的羰基化合物,例如醛、酮、羧酸、酯、酰卤、酸酐等在该区均有非常强的吸收带,而且往往是谱图中的第一强峰,非常特征,因此 C=O 伸缩振动吸收谱带是判断有无羰基化合物的主要依据。C=O 伸缩振动谱带的位置还和邻接基团有密切关系,因此对判断羰基化合物的类型有重要价值。

C=C 伸缩振动出现在 1660～1600cm^{-1},一般情况下强度较弱,当各邻接基团差别比较大时,例如正己烯—CH、—CH—CH、—CH、—CH、—CH 的 C=C 吸收带就很强。单核芳烃的 C=C 伸缩振动出现在 1500～1480cm^{-1} 和 1610～1590cm^{-1} 两个区域,这两个峰是鉴别有无芳核存在的重要标志之一,一般前者较强,后者较弱。

苯的衍生物在 2000～1667cm^{-1} 区域出现面外弯曲振动的倍频和组频谱带,它们的强度较弱,但该区吸收峰的数目和形状与芳核的取代类型有直接关系,在判别苯环取代类型上非常有用,为此常常采用加大样品浓度的办法给出该区的吸收峰。利用这些倍频及组频谱带和 900～600cm^{-1} 区域苯环 C—H 面外弯曲振动吸收带共同确定苯环的取代类型是很可靠的。

(4) 部分单键振动及指纹区域

部分单键振动及指纹区域的频率范围在 1500～600cm^{-1}。该区域的光谱比较复杂,出现的振动形式很多,除了极少数较强的特征谱带外,一般较难找到它们的归属。对鉴定有用的特征谱带主要有 C—H、O—H 的变形振动以及 C—O、C—N、C—X 等的伸缩振动及芳环的 C—H 弯曲振动。

饱和的 C—H 弯曲振动包括甲基和亚甲基两种。甲基的弯曲振动有对称、反对称弯曲振动和平面摇摆振动。其中以对称弯曲振动较为特征,吸收谱带在 1380～1370cm^{-1},可以作为判断有无甲基存在的依据。当甲基与羰基相连时,该谱带强度显著增加,例如在聚乙酸乙烯酯的红外光谱中就有这一现象。亚甲基在 1470～1460cm^{-1} 区域有变形振动的谱带。亚甲基的面内摇摆振动谱带在结构分析中很有用,当四个或四个以上的 CH_2 呈直接相连时,谱带位于 720cm^{-1}。随着 CH_2 个数的减少,吸收谱带向高波数方向位移,由此可推断分子链的长短。

在烯烃的—C—H 弯曲振动中,以面外摇摆振动的吸收谱带最为有用,该谱带位于 1000～800cm^{-1} 区域内,可借助这些谱带鉴别各种取代烯烃的类型。

芳烃的 C—H 弯曲振动中,主要是 900～650cm^{-1} 处的面外弯曲振动,对确定苯环的取代类型很有用,还可以用这些谱带对苯环的邻、间、对位异构体混合物进行定量分析。

C—O 伸缩振动常常是该区域最强的峰,比较容易识别。一般醇的 C—O 伸缩振动在 1200～1000cm^{-1},酚的 C—O 伸缩振动在 1300～1200cm^{-1}。在醚键中有 C—O—C 的反对称伸缩振动和对称伸缩振动,前者的吸收谱带较强。

C—Cl、C—F 伸缩振动都有强吸收,前者出现在 800～600cm^{-1},后者出现在 1400～1000cm^{-1}。

7.1.2.2 影响基团振动频率的因素

同一种化学键或基团的特征吸收频率在不同的分子和外界环境中只是大致相同,即有一定的频率范围。分子中总存在不同程度的各种耦合,从而使谱带发生位移,这种谱带的位移反过来又提供了关于分子邻接基团的情况。例如 C=O 的伸缩振动频率在不同的羰基化合物中有一定的差别,酰氯在 1790cm^{-1},酰胺在 1680cm^{-1},因此根据 C=O 伸缩振动频率的差别和谱带形状可以确定羰基化合物的类型。同样,处于不同环境中的分子,其振动谱带的位移、强度和峰宽也可能会有不同,这为分子间相互作用研究提供了判据,将在后面的小节中看到。

影响频率位移的因素大体上可以归纳为以下几个方面。

(1) 外部因素

红外光谱可以在样品的各种物理状态(气态、液态、固态、溶液或悬浮液)下进行测量,由于状态的不同,它们的光谱往往有不同程度的变化。

气态分子由于分子间相互作用较弱,往往给出振动-转动光谱,在振动吸收带两侧,可以看到精细的转动吸收谱带。对于大多数有机化合物来说,分子惯性矩很大,分子转动带间距离很小,以致分不清,它们的光谱仅是转动带端的包迹。若样品以液态或固态进行测量,分子间的自由转动受到阻碍,结果连包迹的轮廓也消失,变成一个宽的吸收谱带。对高聚物样品,不存在气态高分子样品谱图的解析问题,但测量中常遇到气态 CO_2 或气态水的干扰。前者在 2300cm^{-1} 附近,比较容易辨识,且干扰不大;后者在 1620cm^{-1} 附近区域,对微量样品或较弱谱带的测量有较大的干扰。因此,在测量微量样品或测量金属表面超薄涂层的反射吸收光谱及高分子材料表面的漫反射光谱时,需要用干燥空气或氮气对样品室里的空气进行充分的吹燥,然后再收集红外谱图。真空红外装置可避免水汽的干扰。

对于液态分子,分子间相互作用较强,有的化合物存在很强的氢键作用。例如多数羧酸类化合物由于强的氢键作用而生成二聚体,因而使它的羰基和羟基谱带的频率比气态时要下降 50~500cm^{-1} 之多。

在溶液状态下进行测试,除了发生氢键效应之外,由于溶剂改变所产生的频率位移一般不大。在极性溶剂中,N—H、O—H、C—O、C=N 等极性官能团的伸缩振动频率随溶剂极性的增加,向低频方向移动;在非极性溶剂中,极性基团的伸缩振动频率位移可以用 Kirkwood-Bauer-Magat 的方程式近似计算:

$$\frac{\nu_g - \nu_l}{\nu_g} = K \frac{\varepsilon - 1}{2\varepsilon + 1} \tag{7-1}$$

式中,ν_g 和 ν_l 分别表示在气态和溶液中的频率;ε 为溶剂的介电常数;K 为依赖溶剂性能的常数。在极性溶剂中,这个关系式不成立。一般情况下,C—C 振动受溶剂极性影响很小,C—H 振动可能位移 10~20cm^{-1}。

在结晶的固体中,分子在晶格中有序排列,加强了分子间的相互作用。一个晶胞中含有若干个分子,分子中某种振动的跃迁矩矢量和便是这个晶胞的跃迁矩。所以某种振动在单个分子中是红外活性的,在晶胞中却不一定是活性的。例如化合物 Br(CH$_2$)$_8$Br 液态的红外谱图在 980cm^{-1} 处有一中等强度的吸收带,但是在该化合物结晶态的红外光谱中完全消失了,与此同时,一条新的谱带出现在 580cm^{-1} 处,归属于 CH$_2$ 有序排列引起的新跃迁矩。

结晶态分子红外光谱的另一特征是谱带分裂。例如聚乙烯的 CH$_2$ 面内摇摆振动在非晶态时只有一条谱带,位于 720cm^{-1} 处,而在结晶态时分裂为 720cm^{-1} 和 731cm^{-1} 两条谱带。

在一些有旋转异构体的化合物中，结晶态时只有一种异构体存在，而在液态时则可能有两种以上的异构体存在，因此谱带反而增多。相反，长链脂肪酸结晶中的亚甲基是全反式排列，由于振动相互耦合，在1350～170cm^{-1}区域出现一系列间距相等的吸收带，而在液体的光谱中仅是一条很宽的谱带。还有一些具有不同晶型的化合物，常由原子周围环境的变化而引起吸收谱带的变化，这种现象在低频区域特别敏感。

(2) 内部因素

① 诱导效应（I）。在具有一定极性的共价键中，取代基的电负性不同而产生不同程度的静电诱导作用，引起分子中电荷分布的变化，从而改变了键力常数，使振动的频率发生变化，这就是诱导效应。这种效应只沿着键发生作用，故与分子的几何形状无关，主要随取代原子的电负性或取代基的总电负性而变化。例如下面几个取代的丙酮化合物，随着取代基电负性增强其羰基伸缩振动频率向高频方向位移。

$$\underset{1715\text{cm}^{-1}}{\text{R}-\overset{\text{O}}{\underset{\|}{\text{C}}}-\text{R}}, \quad \underset{1735\text{cm}^{-1}}{\text{R}-\text{O}-\overset{\text{O}}{\underset{\|}{\text{C}}}-\text{R}}, \quad \underset{1800\text{cm}^{-1}}{\text{CH}_3-\overset{\text{O}}{\underset{\|}{\text{C}}}-\text{Cl}}, \quad \underset{1827\text{cm}^{-1}}{\text{Cl}-\overset{\text{O}}{\underset{\|}{\text{C}}}-\text{Cl}}, \quad \underset{1928\text{cm}^{-1}}{\text{F}-\overset{\text{O}}{\underset{\|}{\text{C}}}-\text{F}}$$

这种现象是由诱导效应引起的。丙酮分子中的羰基略有极性，其氧原子具有一定的电负性，意味着成键的电子云离开键的几何中心而偏向氧原子。如果分子中的甲基被电负性强得多的氧原子或卤素原子所取代，由于对电子的吸引力增加，电子云更接近键的几何中心，因而降低了羰基键的极性，使其双键性增加，从而使振动频率增高。取代基的电负性愈大，诱导效应愈显著，因此，振动频率向高频位移也愈大。

② 共轭效应。在类似1，3-丁二烯的化合物中，所有的碳原子都在一个平面上，由于电子云的可动性，分子中间的C—C单键具有一定程度的双键性，同时原来双键的键能稍有减弱，这就是共轭效应。

由于共轭效应，C—C伸缩振动频率向低频方向位移，同时吸收强度增加。正常孤立的C—C伸缩振动频率在1650cm^{-1}附近，在1，3-丁二烯中位移到1597cm^{-1}。当双键与苯环共轭时，因为苯环本身的双键较弱，故位移较小，出现在1625cm^{-1}附近。

羰基与苯环相连时，由于共轭效应C=O伸缩振动的频率向低频位移，在1680cm^{-1}处产生吸收。此外，苯环的骨架伸缩振动在1600cm^{-1}和1580cm^{-1}处有两条谱带。正常情况下，前者稍强，后者较弱，有时甚至觉察不出来。但是当苯环与羰基或其他不饱和基团直接相连时，则后一谱带明显增强，在光谱中很明显。

由共轭效应引起的羰基伸缩振动频率的降低，可由下面几个取代丙酮类化合物的吸收频率来加以证实。

$$\underset{1725\sim1705\text{cm}^{-1}}{-\text{CH}_2-\overset{\text{O}}{\underset{\|}{\text{C}}}-\text{CH}_2-}, \quad \underset{1685\sim1665\text{cm}^{-1}}{-\text{CH}=\text{CH}-\overset{\text{O}}{\underset{\|}{\text{C}}}-\text{CH}_2-}, \quad \underset{1670\sim1660\text{cm}^{-1}}{-\text{CH}=\text{CH}-\overset{\text{O}}{\underset{\|}{\text{C}}}-\text{CH}=\text{CH}-}$$

$$\underset{1715\text{cm}^{-1}}{\text{CH}_2-\overset{\text{O}}{\underset{\|}{\text{C}}}-\text{CH}_2}, \quad \underset{1700\sim1680\text{cm}^{-1}}{\text{R}-\overset{\text{O}}{\underset{\|}{\text{C}}}-\phi}, \quad \underset{1670\sim1660\text{cm}^{-1}}{\phi-\overset{\text{O}}{\underset{\|}{\text{C}}}-\phi}$$

R: $\text{CH}_2—$ ϕ: $—\text{CH}=\text{CH}_2$

③ 中介效应（M）。酰氯（1800cm^{-1}）、酯（1740cm^{-1}）、酰胺（1670cm^{-1}）的羰基频率依序下降，这里频率的移动不能由诱导效应单一作用来解释，尤其在酰胺分子中氮原子的电负性比碳原子强，但是酰胺的羰基频率比丙酮低。这是由于在酰胺分子中同时存在诱导效

应（I）和中介效应（M），而中介效应起了主要作用。

如果原子含有易极化的电子，以未共用电子对的形式存在而且与多重键连接，则可出现类似于共轭的效应。如下所示，氮原子上未共用电子对部分通过 C—N 键向氧原子转移，结果削弱了碳氧双键，增强了碳氮键。

$$-\overset{O}{\underset{|}{C}}-\ddot{N}\diagdown \longrightarrow -\overset{O^{\delta-}}{\underset{|}{C}}=\overset{\delta+}{N}\diagdown$$

在一个分子中，诱导效应（I）和中介效应（M）往往同时存在，因此振动频率的位移方向将取决于哪一个效应占优势。如果诱导效应比中介效应强，则谱带向高频位移；反之，谱带向低频位移。这可以由下面几组羰基化合物为例加以说明（丙酮 $\bar{\nu}_{C=O}$ 为 1715cm^{-1}）。

$$R-\overset{O}{\underset{\|}{C}}-\ddot{S}-R \quad \bar{\nu}_{C=O} \quad 1690\text{cm}^{-1}$$
$$I<M$$

$$R-\overset{O}{\underset{\|}{C}}-\ddot{O}-R \quad \bar{\nu}_{C=O} \quad 1735\text{cm}^{-1}$$
$$I>M$$

$$\phi-\overset{O}{\underset{\|}{C}}-\ddot{S}-R \quad \bar{\nu}_{C=O} \quad 1665\text{cm}^{-1}$$
$$I<M$$

$$\phi-\overset{O}{\underset{\|}{C}}-\ddot{O}-R \quad \bar{\nu}_{C=O} \quad 1725\text{cm}^{-1}$$
$$I>M$$

R: CH_2-；ϕ: $-CH=CH_2$

氢键可以影响羰基频率，但是当氢键与中介效应同时作用时，会产生最大的化学位移。因为此时产生如下的共振体系：

$$(C=O\cdots H-X \longleftrightarrow C-O\cdots H-X^+-)$$

例如，羧酸在 CCl_4 溶液中形成二聚体：

$$R-\overset{O\cdots H-O}{\underset{O-H\cdots O}{C}}C-R \longleftrightarrow R-\overset{^-O-H^+O}{\underset{^+O-H-O^-}{C}}C-R$$

当把二聚体作为一整体考虑时，会出现对称和反对称两个羰基伸缩振动。二聚体中存在一对称中心，因而反对称伸缩振动是红外活性的，出现在 620~1680cm^{-1} 区域；而对称伸缩振动是拉曼活性的，出现在 1680~1640cm^{-1} 区域。

④ 键应力的影响。在甲烷分子中，碳原子位于正四面体的中心，它的键角为 109°28′，有时由于结合条件的改变，键角、键能发生变化，从而使振动频率产生位移。

键应力的影响在含有双键的振动中最为显著。例如 C=C 伸缩振动的频率在正常情况下为 1650cm^{-1} 左右，在环状结构的烯烃中，当环变小时，一方面，谱带向低频位移，这是由于键角改变双键性减弱；另一方面，双键上 CH 基团键能增加，其伸缩振动频率向高频区移动。

环己烯 $\bar{\nu}_{C=C}$ 1646cm^{-1}，$\bar{\nu}_{CH}$ 3017cm^{-1}

环戊烯 $\bar{\nu}_{C=C}$ 1611cm^{-1}，$\bar{\nu}_{CH}$ 3045cm^{-1}

环丁烯 $\bar{\nu}_{C=C}$ 1566cm^{-1}，$\bar{\nu}_{CH}$ 3060cm^{-1}

环状结构也能使 C=O 伸缩振动的频率发生变化。羰基在七元环和六元环上，其振动频率和直链分子的差不多；当羰基处在五元环或四元环上时，其振动频率随环的原子个数减少而增加。这种现象可以在环状酮、内酯以及内酰胺等化合物中看到。

（3）氢键的影响

一个含电负性较强的原子 X 的分子 R—X—H 与另一个含有未共用电子对的原子 Y 的分子 R'—Y 相互作用时，生成 R—XH⋯Y—R'形式的氢键。对于伸缩振动，生成氢键后谱带发生三个变化，即谱带加宽、吸收强度加大，而且向低频方向位移。但是对于弯曲振动来说，氢键引起谱带变窄，同时向高频方向位移。

氢键对异丙醇羟基伸缩振动的影响如图 7-1 所示。图 7-1（a）中 O—H 伸缩振动频率和强度的变化是由异丙醇分子间形成氢键所引起的。在浓度很稀时，游离醇羟基的伸缩振动以一个尖锐的小峰形式出现在 3640cm^{-1} 处，随着浓度的增加，分子间相互作用增强，因此自由的 O—H 逐渐减少，而缔合的 O—H 则不断增多。图 7-1（b）则显示了改变溶剂后，氢键引起的谱带变化。

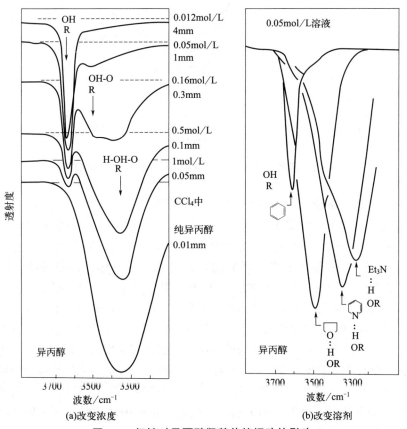

图 7-1 氢键对异丙醇羟基伸缩振动的影响

在图7-2的异构体中，邻位取代的官能团生成分子内氢键；对位取代异构体生成分子间氢键，对位异构体在稀溶液中的光谱在这一区域呈现一尖锐的单峰。虽然图中并未给出浓度增加时对位异构体的谱图，但可以想象其变化趋势与图7-1（a）是一致的。邻位异构体生成分子内氢键，因此不受浓度的影响。图7-2中，当增加其浓度时，谱带位置、形状均无变化，只是吸收强度增强。因此用红外光谱谱带的变化方式，可以区别化合物的分子内氢键和分子间氢键。从本质上讲，分子内氢键是溶质分子本身的氢键，分子外氢键在这个例子中是溶质分子与溶剂分子间的氢键。

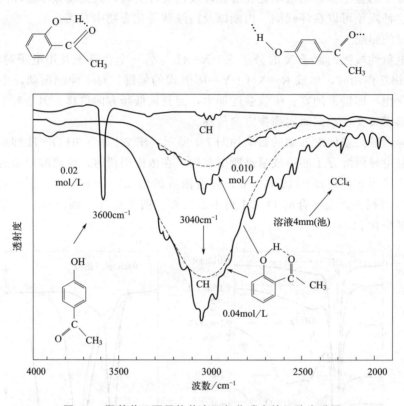

图7-2 羟基苯乙酮异构体在四氯化碳中的红外光谱图

（4）倍频、组频、振动耦合与费米（Fermi）共振

在正常情况下，分子大都位于基态（$n=0$）振动，分子吸收电磁波后，由基态跃迁到第一激发态（$n=1$），由这种跃迁所产生的吸收称为基频吸收。除了基频跃迁外，由基态到第二激发态（$n=2$）之间的跃迁也是可能的，其对应的谱带称为倍频吸收。倍频的波数是基频波数的两倍或稍小一些，它的吸收强度要比基频弱得多。如果光子的能量等于两种基频跃迁能量的和，则有可能同时发生从两种基频到激发态的跃迁，光谱中所产生的谱带频率是两个基频频率之和，这种吸收称为和频。和频的强度比倍频还稍弱一些。若光子能量等于两个基频跃迁能量之差，在吸收过程中一个振动模式由基态跃迁到激发态，同时另一个振动模式由激发态回到基态，此时产生差频谱带，其强度比和频的更弱。和频与差频统称为合频或组频。

如果一个分子中两个基团位置很靠近，它们的振动频率几乎相同，一个振子的振动可以通过分子的传递去干扰另一个振子的振动，这就是所说的振动耦合，其结果在高频区和低频区各出现一条谱带。例如在乙烷中，C—C键的伸缩振动频率是$992cm^{-1}$，但在丙烷中，由于两个C—C键的振动耦合,分子骨架(C—C—C)的反对称伸缩振动频率为1054cm^{-1},对称伸缩振动的频率是867cm^{-1}。

相距很近的双键,当它们的频率相近时,也会发生振动耦合。例如羧酸阴离子 $\left[-C\begin{smallmatrix}O\\ \\O\end{smallmatrix}\right]^{-}$ 的两个C=O键有一个公共的碳原子,因此它们发生强烈耦合,反对称和对称伸缩振动分别在1610～1550cm^{-1}和1420～1300cm^{-1}区出现两个吸收带。

此外,当一个伸缩振动和一个弯曲振动频率相近,两个振子又有一个公共的原子时弯曲振动和伸缩振动间也会发生强耦合。例如仲酰胺中的C—N—H部分,C—N的伸缩振动和N—H的弯曲振动频率相同,这两个振子耦合结果在光谱上产生两个吸收带,它们的频率分别为1550cm^{-1}和1270cm^{-1},即所谓的酰胺Ⅱ、酰胺Ⅲ谱带。

在红外光谱中,另一重要的振动耦合是费米共振,这是倍频或组频振动与一基频振动频率接近时,在一定条件下所发生的振动耦合。和上述所讨论的几种耦合现象相似,吸收带不在预测位置,往往分开得更远一些,同时吸收带的强度也发生变化,原来较弱的倍频或组频谱带强度增加。例如苯有30个简正振动,有三个基频频率,为1485cm^{-1}、1585cm^{-1}、3070cm^{-1},前两个频率的组频为3070cm^{-1},恰与最后一个基频频率相同,于是基频与组频振动耦合发生费米共振,在3099cm^{-1}和3045cm^{-1}处分别出现两个强度近乎相等的吸收带。很多醛类化合物的C—H伸缩振动在2830～2695cm^{-1}区域内有吸收,同时C—H弯曲振动的倍频也出现在相近的频率区域,两者常常发生费米共振,使这个区域内出现两条很强的谱带,这是鉴定醛类化合物的特征谱带。

(5) 立体效应

一般红外光谱的立体效应,包括键角效应和共轭的立体阻碍两部分。后者对高聚物红外光谱的作用可用来研究高分子链的立构规整度。

7.1.3 红外光谱的解析

7.1.3.1 红外光谱解析的标准谱图方法

光谱解析中最直接、最可靠的方法是直接查对标准谱图。目前已经出版了很多有关高聚物材料剖析方面的红外光谱书籍和图集,书中附有大量的高聚物及其添加剂的红外谱图,这些谱图一般是按高聚物的类别划分的。根据有关样品的来源、性能及使用情况,并结合谱图的特征,可以初步区分样品的类别,然后再和这一类高聚物的红外谱图一一核对,就能够比较容易地作出判断。

7.1.3.2 红外光谱的基团频率和谱带特征解析法

虽然有标准谱图,但红外光谱的解析仍需要基本的解析技术,否则在上述图集中翻找对应谱图无疑是大海捞针。如果能够根据谱图特征初步判断所测样品的种类甚至结构,再根据标准谱图得到确定,这是通过红外光谱准确判断样品结构的一般方法。另外,一些没有标准谱图样品或新合成的化合物结构的判定,必须要有红外光谱解析的基本知识。

(1) 基团频率

用红外光谱来确定化合物中某种基团是否存在时,需熟悉基团频率,先在基团频率区观察它的特征峰是否存在，同时也应找到它们的相关峰作为旁证。表 7-1 为典型有机化合物的重要基团频率。

表 7-1　典型有机化合物的重要基团频率（$\bar{\nu}$）　　　单位：cm^{-1}

化合物	基团	X—H 伸缩振动区	三键区	双键伸缩振动区	部分单键振动和指纹区
烷烃	—CH₃	ν_{asCH}: 2962±10 (s)			δ_{asCH}: 1450±10 (m)
		ν_{sCH}: 2872±10 (s)			δ_{sCH}: 1375±5 (s)
	—CH₂—	ν_{asCH}: 2926±10 (s)			δ_{CH}: 1465±20 (m)
		ν_{sCH}: 2853±10 (s)			
	—CH—	ν_{CH}: 2890±10 (w)			δ_{CH}: ≈1340 (w)
烯烃	C=C (H,H cis/gem)	ν_{CH}: 3040~3010 (m)		$\nu_{C=C}$: 1695~1540 (m)	δ_{CH}: 1310~1295 (m)　τ_{CH}: 770~665 (s)
	C=C (H,H trans)	ν_{CH}: 3040~3010 (m)		$\nu_{C=C}$: 1695~1540 (w)	τ_{CH}: 970~960 (s)
炔烃	—C≡C—H	ν_{CH}: 约 3300 (m)	$\nu_{C≡C}$: 2270~2100 (w)		
芳烃	⬡	ν_{CH}: 3100~3000 (变)		泛频: 2000~1667 (w)　$\nu_{C=C}$: 1650~1430 (m)	δ_{CH}: 1250~1000 (w)　τ_{CH}: 910~665
					单取代: 770~730 (vs)　约 700 (s)
				2~4 个峰	邻双取代: 770~735 (vs)
					间双取代: 810~750 (vs)　725~680 (m)　900~860 (m)
					对双取代: 860~780 (vs)
醇类	R—OH	ν_{OH}: 3700~3200 (变)			δ_{OH}: 1410~1260 (w)　ν_{CO}: 1250~1000 (s)　τ_{OH}: 750~650 (s)
酚类	Ar—OH	ν_{OH}: 3705~3125 (s)		$\nu_{C=C}$: 1650~1430 (m)	δ_{OH}: 1390~1315 (m)　ν_{CO}: 1335~1165 (s)
脂肪醚酮	R—O—R'　R—C(=O)—R'			$\nu_{C=O}$: 约 1715 (vs)	ν_{CO}: 1230~1010 (s)
醛	R—C(=O)—H	ν_{CH}: 约 2820, 2720 (w) 双峰		$\nu_{C=O}$: 约 1725 (vs)	

续表

化合物	基团	X-H伸缩振动区	三键区	双键伸缩振动区	部分单键振动和指纹区
羧酸	R—C(=O)—OH	ν_{OH}: 3400~2500 (m)	$\nu_{C=O}$: 1740~1690 (m)	δ_{OH}: 1450~1410 (w) ν_{CO}: 1266~1205 (m)	
酸酐	—C(=O)—O—C(=O)—			$\nu_{asC=O}$: 1850~1880 (s) $\nu_{sC=O}$: 1780~1740 (s)	ν_{CO}: 1170~1050 (s)
酯	—C(=O)—O—R	泛频 $\nu_{C=O}$: ≈3450 (w)		$\nu_{C=O}$: 1770~1720 (s)	ν_{COC}: 1300~1000 (s)
胺	—NH$_2$	ν_{NH_2}: 3500~3300 (m) 双峰		δ_{NH}: 1650~1590 (s, m)	ν_{CN} (脂肪): 1220~1020 (m, w) ν_{CN} (芳香): 1340~1250 (s)
胺	—NH	ν_{NH}: 3500~3300 (m)		δ_{NH}: 1650~1550 (vw)	ν_{CN} (脂肪): 1220~1020 (m, w) ν_{CN} (芳香): 1350~1280 (s)
酰胺	—C(=O)—NH$_2$	ν_{asNH}: 约3350 (s) ν_{sNH}: 约3180 (s)		$\nu_{C=O}$: 1680~1650 (s) δ_{NH}: 1650~1250 (s)	ν_{CN}: 1420~1400 (m) τ_{NH_2}: 750~600 (m)
酰胺	—C(=O)—NHR	ν_{NH}: 约3270 (s)		$\nu_{C=O}$: 1680~1630 (s) $\delta_{NH}+\gamma_{CN}$: 1750~1515 (m)	$\nu_{CN}+\gamma_{NH}$: 1310~1200 (m)
酰胺	—C(=O)—NRR'			$\nu_{C=O}$: 1670~1630	
酰卤	—C(=O)—X			$\nu_{C=O}$: 1810~1790 (s)	
腈	—C≡N		$\nu_{C≡N}$: 2260~2240 (s)		
硝基化合物	R—NO$_2$			ν_{asNO_2}: 1565~1543 (s)	ν_{sNO_2}: 1385~1360 (s) ν_{CN}: 920~800 (m)
硝基化合物	Ar—NO$_2$			ν_{asNO_2}: 1550~1510 (s)	ν_{sNO_2}: 1365~1335 (s) ν_{CN}: 860~840 (s) 不明: 约750 (s)
吡啶类	(吡啶环)	ν_{CH}: 约3030 (w)		$\nu_{C=C}$及$\nu_{C=N}$: 1667~1430 (m)	δ_{CH}: 1175~1000 (w) τ_{CH}: 910~665 (s)
嘧啶类	(嘧啶环)	ν_{CH}: 3060~3010 (w)		$\nu_{C=C}$及$\nu_{C=N}$: 1580~1520 (m)	δ_{CH}: 1000~960 (m) τ_{CH}: 825~775 (m)

注：表中 vs、s、m、w、vw 用于定性地表示吸收强度很强、强、中、弱、很弱。

(2) 谱带的三个特征

在对某一个未知化合物的红外光谱进行解析时,首先应了解红外光谱的特点。红外光谱具有如下三个重要特征。

① 谱带位置:谱带的位置是表明某一基团存在的最有用的特征,即谱带的特征振动频率。

② 谱带强度:谱带强度是谱带的另一个重要特征,可以作为判断基团存在的另一个佐证。许多不同的基团可能在相同的频率区域产生吸收,但它们的谱带强度可能不同,如表 7-1 中的谱带可以分为"强吸收、中等吸收、弱或可变"三种类型。需要指出的是,以谱带强度作为谱带位置判断基团存在佐证时,这些基团应是样品中的主要结构。因为,谱带强度除与基团自有特征(极性)有关外,还与该基团存在的浓度相关,这在后面的定量分析中将会介绍。另外,同一基团谱带强度的变化还可提供与其相邻基团的结构信息,如 C—H 基团邻接氯原子时,将使它的变形振动谱带由弱变强,因此从对应谱带的增强可以判断氯原子的存在。

谱带强度的表示方法有透光度法和吸光度法。透光度 T 的定义为:

$$T = I/I_0 \times 100\% \tag{7-2}$$

式中,I_0 为入射光强度;I 为入射光被样品吸收后透过的光强度。它们在红外谱图中的表示方法如图 7-3 所示,在谱带两侧透射比最高处 a、b 两点作切线,然后从谱带吸收最大的位置 c 作横坐标的垂线,和 0%线交点为 e,和切线 ab 的交点为 d,则直线 de 的长度为 I_0,ce 的长度为 I。

吸光度 A 的定义为:$A = \lg(1/T) = \lg(I_0/I)$

③ 谱带形状:谱带的形状常与谱带的半高宽相关,即谱带的宽窄,有时从谱带的形状也可以得到有关基团的一些信息。例如氢键和离子的官能团可以产生很宽的红外谱带,这对于鉴定特殊基团的存在很有用。酰胺基的羰基伸缩振动($\nu_{C=O}$)和烯烃类的双键伸缩振动($\nu_{C=C}$)均在 1650cm^{-1} 附近产生吸收,但酰胺基团的羰基大都形成氢键,其谱带较宽,很容易和烯烃类的谱带区别。谱带的形状也包括谱带是否有分裂,可用以研究分子内是否存在缔合以及分子的对称性、旋转异构、互变异构等。

7.1.3.3 红外光谱的解析步骤

红外光谱的解析应先从官能团区(4000~1300cm^{-1})入手。按该区出现的主要吸收峰波数到表 7-1 中去找该峰可能归属于何种官能团,然后再对照表 7-1 中该官能团同一栏内的旁证峰,即该官能团的其他次要振动峰是否出现在被检测的样品谱图中。如果主要吸收峰和旁证峰都有,就表明样品中含有此种官能团,也就可以据此推断样品属于哪一类化合物。有时基团频率图还显简略,最好用基团频率表。下面利用特征基团频率图和特征频率基团表来解析一种聚合物的红外光谱。

在图 7-4 中,官能团区最强谱带为 1730cm^{-1},从表 7-1 中可以查出,在此区域出现振动吸收的基团有芳环、杂环、酸酐、酰卤、酯、内酯、醛、酮、羧酸等。芳、杂环等在此区域是一个弱的吸收,且芳环的结构特征是连续的 3~4 个弱吸收谱带,如果存在芳环,在 3100~3000cm^{-1} 应有一个谱带,对应于芳环中=C—H 键的伸缩振动,但谱图中不存在这些特征,因此可以判定此样品不含芳环和杂环。对于含羰基的化合物,酸酐类化合物羰基除在 1790~1740cm^{-1} 的反对称伸缩振动外,在 1850~1800cm^{-1} 还应出现一个更强的峰,属于羰基的对称伸缩振动,但谱图中无,因此样品不是酸酐;虽然酰卤类化合物在 1750cm^{-1}

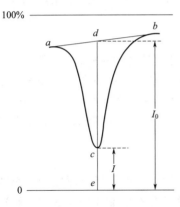

图7-3 谱带强度的表示方法

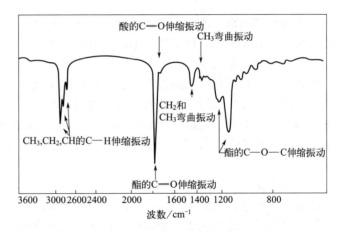

图7-4 一未知聚合物的红外光谱

左右和1000～910cm^{-1}均出现特征吸收，看似与图中的峰相符，但如前所述，羰基由于诱导效应，其特征吸收应在1750cm^{-1}以上的区域，因此不会是酰卤；醛类化合物除在640～1720cm^{-1}出现羰基的特征吸收外，还应在2900～2700cm^{-1}出现C—H伸缩振动，但谱图中无，因此不可能是醛类化合物。羧酸类最明显的特征除610～1740cm^{-1}的羰基伸缩振动外，在3300～3600cm^{-1}还会出现—OH的特征振动，而且往往较强、较宽，图中在此范围没有出现特征吸收，因此也不是羧酸。酮羰基的特征吸收在1725～1705cm^{-1}，此外还会在1325～1215cm^{-1}出现一个中等强度的吸收峰，对应于C—CO—C骨架振动，这与图中的峰形分布看似相似，但仔细分析酮的羰基由于共轭效应，振动吸收频率较低，故应可排除酮的可能性。由于样品是一种聚合物，故不可能是内酯。最后的可能是酯类，因为酯类的羰基伸缩振动一般位于630～1750cm^{-1}，其旁证峰为1200～1150cm^{-1}的C—O—C伸缩振动峰，由于酯键的形成消耗羟基和羧基，使3600～3300cm^{-1}的—OH峰吸收谱带消失，残留的端羧基在1710cm^{-1}出现一个小的吸收谱带，这些均可判定样品是一种酯类聚合物。

在确定了主结构后，接下来需要根据其他次强峰判断样品精细结构。有一些书籍中介绍了否定法和肯定法，即根据基团频率图将红外光谱图分成几个不同的区域，这些区域中分别存在特定基团的振动吸收谱带，如果谱图在某个区域出现吸收，则可推断样品中存在相应基团，否则可认为不存在相应的结构。以图7-4为例，在3000～2800cm^{-1}处出现吸收谱带，在此区域具有特征吸收的基团是甲基和亚甲基，说明结构中含有此两种基团，其旁证峰为1450cm^{-1}的甲基和亚甲基的弯曲振动和1375cm^{-1}甲基的弯曲振动。常见的聚酯类包括脂肪族聚酯和芳香族聚酯。芳香族聚酯应在3100～3000cm^{-1}和2000～1660cm^{-1}分别出现苯环═C—H伸缩振动和面外弯曲振动，因此可判定样品不可能是芳香族聚酯。根据标准谱图可以查得样品为聚丙烯酸丁酯。

7.1.4 傅里叶红外光谱

7.1.4.1 红外光谱的样品制备技术

样品制备技术是每一项光谱测定中最关键的技术，红外光谱也不例外，其光谱质量在很大程度上取决于样品制备的条件与方法。样品的纯度、杂质、残留溶剂、制样的厚度、干燥性、均匀性和干涉条纹等均可能使光谱失去有用的谱带信息，或出现本不属于样品的杂峰，导致错误的谱带识别。所以选择适当的制样方法并认真操作是获得优质光谱图的重要途径。根据材料的组成及状态，可以选择不同的制样方法。

（1）卤化物压片法

卤化物压片法是最常用的制样方法，具有适用范围广、操作简便的特点，一般可干燥研磨的样品均可用此法制样。卤化物中最常用的是溴化钾，因为溴化钾在整个中红外区都是透明的。制备方法为将溴化钾和样品以 200∶1 质量比混后仔细研磨，在 $4\times10^8 \sim 6\times10^8$ Pa 下抽真空压成透明薄片。由于溴化钾易吸水，所以应事先把粉末烘干，制成薄片后要尽快测量。

（2）薄膜法

用薄膜法测量红外光谱时，样品的厚度很重要。一般定性工作所需样品厚度为一至数微米。样品过厚时，许多主要谱带都吸收到顶，彼此连成一片，看不出准确的波数位置和精细结构。在定量工作中，对样品厚度的要求就更苛刻些。样品表面反射的影响也是需要考虑的因素。在谱带低频一侧，由反射引起能量损失，会造成谱带变形。反射对薄膜样品光谱的另一种干扰就是干涉条纹，这是由于样品直接透射的光和经过样品内、外表面两次反射后再透射的光存在光程差，所以在光谱中出现等波数间隔的干涉条纹。消除干涉条纹的常用方法是使样品表面变得粗糙些。薄膜制备的方法有溶液铸膜法和热压成膜法。

用高聚物溶液制备薄膜来测绘其红外光谱的方法比溶液法有更广泛的应用。通常，样品薄膜可在玻璃板上制取。其方法是将高聚物溶液（浓度一般为 1%～4%）均匀地浇涂在玻璃板上，待溶剂挥发后，形成薄膜，即可用刮刀剥离。在液体表面上铸膜也是可行的，这种方法特别适用于制备极薄的膜，通常可以在水表面或汞表面进行。在汞表面铸膜时，可将一钢圈浮在汞表面，高分子溶液铺在圈内，溶剂挥发后，即得到所需要面积大小的薄膜。

另一个简便的制膜方法是在氯化钠晶片上直接涂上高聚物溶液，膜制成后可连同晶片一起进行红外测试。这种制膜法在研究高聚物的反应时很适用。

溶液铸膜法很重要的一点是要除去最后残留的溶剂。一个行之有效的方法是用低沸点溶剂萃取掉残留的溶剂，该萃取剂必须是不能溶解高聚物，但却能和原溶剂相混溶。例如，从聚丙烯腈中除去二甲基甲酰胺溶剂是十分困难的，因为极性高聚物和极性溶剂有较强的亲和力，而二甲基甲酰胺的沸点又较高，很难用抽真空的方法将它从薄膜中除尽，用甲醇萃取可除去残留的二甲基甲酰胺，随后甲醇可用减压真空干燥除去。

对于热塑性的样品，可以采用热压成膜的方法，即将样品加热到软化点以上或熔融，然后在一定压力下压成适当厚度的薄膜。在热压时要防止高聚物的热老化。为了尽可能降低温度和缩短加压时间，可以采用增大压力的办法。一般采用 1×10^8 Pa 左右的压力，在熔融状态迅速加压 10～15s，然后迅速冷却。

采用热压成膜或溶液铸膜制备样品时，要注意高聚物结晶形态的变化。

（3）悬浮法

这种方法是把 50mg 左右的高聚物粉末和 1 滴石蜡油或全卤代烃类液体混合，研磨成糊状，再转移到两片氯化钠晶片之间，进行测量。

7.1.4.2 傅里叶变换红外光谱（FTIR）在有机高分子材料中的应用

（1）单一组成均聚物材料判定

单一组成的聚合物可按聚合物红外光谱分类表（表 7-2～表 7-7）较为快速地判别聚合物材料的类别和主体结构。

根据经验,可以把聚合物红外光谱按照其最强谱带的位置,从 1800~600cm⁻¹ 分成 6 类。一般来说含有相同极性基团的同类化合物大都在同一光谱区。有些聚合物在 3500~2800cm⁻¹ 范围内有第一吸收,但是这类谱带易受样品状态等外来因素干扰,所以应按它们的第二强谱带来分类。具体分区如下:

1 区:1800~1700cm⁻¹ 聚酯、聚羧酸、聚酰亚胺等。
2 区:1700~1500cm⁻¹ 聚酰亚胺、聚脲等。
3 区:1500~1300cm⁻¹ 饱和线型脂肪族聚烯烃和一些有极性基团取代的聚烃类。
4 区:1300~1200cm⁻¹ 芳香族聚醚类、聚砜类和一些含氯的高聚物。
5 区:1200~1000cm⁻¹ 脂肪族的聚醚类、醇类、含硅的高聚物、含氟的高聚物。
6 区:1000~600cm⁻¹ 取代苯、不饱和双键和一些含氯的高聚物。

按照这种分类将每个区所包含的聚合物列成表格,左面一列是最强谱带的位置,后面一列是这个聚合物所具有的特征谱带的位置,最特征的在下面画＿＿＿＿,对于双峰则可以＿＿＿＿连接起来。

表 7-2 1 区(1800~1700cm⁻¹)的聚合物　　　　　　　　单位:cm⁻¹

高聚物	谱带位置及基团振动模式			
	最强谱带	特征谱带		
聚醋酸乙烯酯	1740 $\nu(C=O)$	1240　1020 $\nu(C-O)$	1375 $\delta(CH_3)$	
聚丙烯酸甲酯	1730 $\nu(C=O)$	1170　1200　1260 $\nu(C-O)$	2960 $\nu_{as}(CH_3)$	
聚丙烯酸丁酯	1730 $\nu(C=O)$	1165　1245 $\nu(C-O)$	940　960 丁酯特征	
聚甲基丙烯酸甲酯	1730 $\nu(C=O)$	1150　1190 $\nu(C-O)$	1240　1268 一对双峰	
聚甲基丙烯酸乙酯	1725 $\nu(C=O)$	1150　1180 $\nu(C-O)$	1240　1268 一对双峰	1022 乙酯特征
聚甲苯丙烯酸丁酯	1730 $\nu(C=O)$	1150　1180 $\nu(C-O)$	1240　1268 一对双峰	950　970 丁酯特征
聚邻苯二甲酸酯	1735 $\nu(C=O)$	1280　1125 $\nu(C-O)$	1070	745　705 $\nu(CH)$
聚对苯二甲酸酯	1730 $\nu(C=O)$	1265　1100 $\nu(C-O)$	1015 $\delta(CH)$	730 $\gamma(CH)$

表 7-3 2 区(1700~1500cm⁻¹)的聚合物　　　　　　　　单位:cm⁻¹

高聚物	谱带位置及基团振动模式				
	最强谱带	特征谱带			
聚酰胺	1640 $\nu(C=O)$	1550 $\nu(C-H)+\delta(NH)$	3090 倍频	3300 $\nu(NH)$	700 $\gamma(NH)$
聚丙烯酰胺	1650　1600 $\nu(C=O)\delta(NH_2)$	3300　3176　1020 $\nu(NH_2)$			

续表

高聚物	谱带位置及基团振动模式	
	最强谱带	特征谱带
聚乙烯吡咯烷酮	1665 $\nu(C=O)$	1280　1410
脲-甲醛树脂	1640 $\nu(C=O)$	1540　1250 $\nu(C-N)+\delta(NH)$

表 7-4　3 区（1500～1300cm^{-1}）的聚合物　　　　单位：cm^{-1}

高聚物	谱带位置及对应基团振动模式	
	最强谱带	特征谱带
聚乙烯	1470 $\delta(CH_2)$	731　720 $\tau(CH_2)$
全同聚丙烯	1376 $\delta_s(CH_3)$	1166　998　973　841 与结晶有关
聚异丁烯	1385　1365 $\delta_s(CH_3)$	1233 $\nu(C=C)$
全同聚（1-丁烯） （变体Ⅰ）	1465 $\delta(CH_2)$	921　847　797　758 $\gamma(CH_2)$
萜烯树脂	1465 $\delta(CH_2)$	1385　1365　　3400　1700 $\delta_s(CH_3)$
天然橡胶	1450 $\delta(CH_2)$	885 $\gamma(CH)$
氯碘化聚乙烯	1475 $\delta(CH_2)$	1250　1160　1316(肩带) $\delta(CH)$　$\nu(S=O)$

表 7-5　4 区（1300～1200cm^{-1}）的聚合物　　　　单位：cm^{-1}

高聚物	谱带位置及对应基团振动模式	
	最强谱带	特征谱带
双酚 A 型环氧树脂	1250 $\nu(C-O)$	2980　　1300　　1188　　915　　830 $\nu_{as}(CH_3)$　　　　　　　　　　$\gamma(CH)$
酚醛树脂	1240 $\nu(C-O)$	3300　　815 　　　$\gamma(CH)$
叔丁基酚醛树脂	1212 $\nu(C-O)$	1065　878　820 $\nu(C-O)$
双酚 A 型聚碳酸酯	1240 $\nu(C-O)$	1780　　1190　　1165　　830 $\nu(C=O)$　　　　　　　　$\gamma(CH)$
二乙二醇双烯丙基聚碳酸酯	1250 $\nu(C-O)$	1780　　790 $\nu(C=O)$

续表

高聚物	谱带位置及对应基团振动模式	
	最强谱带	特征谱带
双酚 A 型聚砜	1250 ν(C—O)	<u>1310</u>　　<u>1160</u>　　1110　　830 ν(S=O)
聚氯乙烯	1250 δ(CH)	<u>1420</u>　　　　<u>1330</u>　　　　<u>700～600</u> δ(CH$_2$)　　δ(CH)+τ(CH$_2$)　　ν(CCl)
聚苯醚	1240 ν(C—O)	1600,1500,1160,1020,873,752,692 　　　　　　　　　　　　　γ(CH)
硝化纤维素	<u>1285</u> ν(N—O)	<u>1660</u>　　　845　　1075 硝酸酯特征
三醋酸纤维素	1240 ν(C—O)	<u>1740</u>　　　<u>1380</u>　　1050 醋酸酯特征

表 7-6　5 区（1200～1000cm^{-1}）的聚合物　　　　　　　　　单位：cm^{-1}

高聚物	谱带位置及对应基团的振动模式	
	最强谱带	特征谱带
聚氧乙烯	<u>1100</u> ν(C—O)	945
聚乙烯醇缩甲醛	<u>1020</u> ν(C—O)	<u>1060</u>　<u>1130</u>　<u>1175</u>　<u>1240</u> 缩甲醛特征
聚乙烯醇缩乙醛	<u>1140</u> ν(C—O)	<u>1340</u>　940 缩乙醛特征
聚乙烯醇缩丁醛	<u>1140</u> ν(C—O)	1000
纤维素	1050 ν(C—O)	1158　1109　1025　1000　970 在主峰两侧一系列肩带
纤维素醚类	1100 ν(C—O)	1050　3400 残存 OH 吸收
单醋酸纤维素	1050 ν(C—O)	1740　1240　1380 醋酸酯的特征
聚醚型聚氨酯	1100 ν(C—O)	1540　　　1690　　1730 δ(NH)+ν(C—N)　ν(C=O)

表 7-7　6 区（1000～600cm^{-1}）的聚合物

高聚物	谱带位置及对应基团的振动模式	
	最强谱带	特征谱带
聚苯乙烯	760　700 单取代苯	<u>3100</u>　<u>3080</u>　<u>3060</u>　<u>3022</u>　<u>3 000</u>
聚对甲基苯乙烯	815 γ(CH)	720

续表

高聚物	谱带位置及对应基团的振动模式	
	最强谱带	特征谱带
1,2-聚丁二烯	911 $\gamma(=CH)$	990　　　　1642　　　　700 $\gamma(=CH)$　　$\nu(C=C)$
反-1,4-聚丁二烯	967 $\gamma(=CH)$	1667 $\nu(C=C)$
顺-1,4-聚丁二烯	738 $\gamma(=CH)$	1646 $\nu(C=C)$
聚甲醛	935　　　　900 $\nu(C-O-C)+\tau(CH_2)$	1091　　1238
聚硫甲醛	732 $\nu(C-S)$	709　　1175　　1370
（高）氯化聚乙烯	670 $\nu(CCl)$	760　　790　　1266 $\nu(CCl)$　　$\delta(CH)$
氯化橡胶	790 $\nu(CCl)$	760　　736　　1280　　1250 $\nu(CCl)$　　$\delta(CH)$

按照表 7-2 所示，对于一种单一组成的聚合物，只要根据 1800～600cm^{-1} 范围内最强谱带的位置即可初步确定聚合物的类型，再对照表中最强谱带和特征谱带的对应关系，即可大体上确定是哪一种聚合物及其结构，但最准确的结构确定还是要查标准谱图。

图 7-5 是一种聚合物的红外光谱。最强谱带是 1640cm^{-1}，特征谱带是 1560cm^{-1}，按照上述分析方法，可以判断该聚合物为聚酰胺。

(2) 红外光谱的定量分析及应用

① 定量分析原理。定量分析的基础是光的吸收定律——朗伯-比尔（Lambert-Beer）定律：

$$A = kcl = \lg(1/T) \tag{7-3}$$

式中，A 为吸光度；T 为透光度；k 为吸光系数，单位为 L/(mol·cm)；c 为样品浓度，单位为 mol/L；l 为样品厚度，单位为 cm。以被测物特征基团峰为分析谱带，通过测定谱带的吸光度 A、样品厚度 l，并以标准样品测定该特征谱带的 k 值，即可求得样品浓度 c。

在实际应用中，以吸光度法测量时，仪器操作条件、参数都可能引起定量的误差。当考虑某一特定振动的固有吸收时，峰高法的理论意义不大，它不能反映出宽的和窄的谱带之间吸收的差异。此外，用峰高法从一种型号仪器获得的数据不能一成不变地运用到另一种型号的仪器上。面积积分强度法是测量由某一振动模式所引起的全部吸收能量，它能够给出具有理论意义的、比峰高法更准确的测量数据。峰面积的测量可以通过 FTIR 计算机积分技术来完成，这种计算对任何标准的定量方法都适用，而且能够很好地符合 Beer 定律。积分强度的数值大都由测量谱带的面积得到，即将吸光度对波数作图，然后计算谱带的面积 S，即

$$S = \int \lg \frac{I_0}{I} d\nu \tag{7-4}$$

在定量分析中，经常采用基线法确定谱带的吸光度，基线的取法要根据实际情况作不同

处理。如图 7-6（a）所示，测量的谱带受邻近谱带的影响极小，因此可由谱带透射比最高处 b 引平行线；而图 7-6（b）中采用的是作透射比最高处的切线 ab；图 7-6（c）中无论是作平行线还是作切线都不能反映真实情况，因此采用 ab 与 ac 两者的角平分线 ad 更合适；图 7-6（d）中，平行线 ab 或切线 ac 均可取为基线。需要注意的是，确定基线后在以后的测量中就不能改变。使用基线法定量，可以扣除散射和反射的能量损失以及其他组分谱带的干扰，具有较好的重复性。

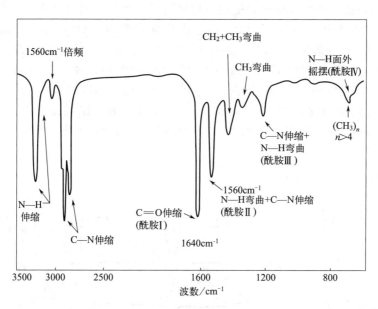

图 7-5　聚酰胺红外光谱

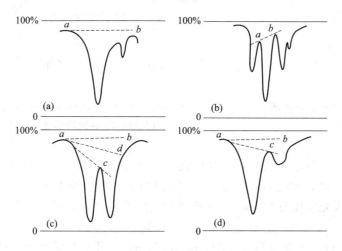

图 7-6　谱带基线取法

② 通过端基定量分析计算聚合物的分子量。以聚对苯二甲酸丁二醇酯（PBT）为例说明 FTIR 测定聚合物分子量。在该样品中，分子链两端的端基是醇或酸，其分子量：

$$M_r = 2/(E_1 + E_2) \tag{7-5}$$

式中，E_1 及 E_2 分别为醇或酸端基的物质的量。该公式假设样品中不存在支链及其他端基官能团。图 7-7 为两个不同分子量 PBT 样品的 FTIR 图。

—COH 端羟基吸收谱带在 3535cm^{-1}，而—COOH 端羧基吸收谱带在 3290cm^{-1}。FTIR 可以方便地给出基线位置上各个谱带的吸收强度。经过测定，吸光系数分别为 $k_{-OH}=(113\pm18)$ L/(mol·cm) 和 $k_{-COOH}=(150\pm18)$ L/(mol·cm)。计算得出的分子量同黏度法的结果相一致。FTIR 光谱法的优点在于它可以跟踪 PBT 加工过程中分子量的变化。

③ 共聚物组成。图 7-8 为聚甲基丙烯酸甲酯（PMMA）、聚苯乙烯（PS）、PMMA-PS 共混物及 PMMA-PS 共聚物的红外光谱图。由图可见，PMMA-PS 共聚物的光谱与其均聚物的混合物光谱相似，因此可用已知配比的均聚物混合物作为工作样品。

比较图谱，可供分析用聚甲基丙烯酸甲酯的谱带有：1729cm^{-1} 的碳基伸缩振动，1385cm^{-1} 的甲基对称变形振动，前者吸收强度太大，不可取，故选择后者。苯乙烯组分的浓度选择 699cm^{-1} 单取代苯的 C—H 面外弯曲振动。实验中，1385cm^{-1} 和 699cm^{-1} 这两个谱带都是孤立的，基本不受另一组分谱带的影响，而且吸收强度相似，因此选择这两个谱带来定量分析共聚物组分是理想的。采用 KBr 涂膜的方法，控制膜的厚度使所得图谱中 1385cm^{-1} 和 699cm^{-1} 处的吸光度在 0.2～0.4。谱带基线的取法如图 7-9 所示。

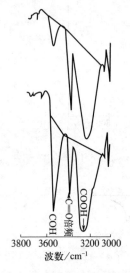

图 7-7　两种不同分子量 PBT 的红外光谱

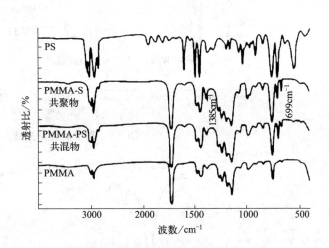

图 7-8　PMMA/PS/PMMA-PS 共混物及 PMMA-PS 共聚物的红外光谱

在 4000～400cm^{-1} 范围内测绘工作样品的红外光谱图，分别测量这两条分析谱带的吸光度 A_{1385} 和 A_{699}。以吸光度比 A_{1385}/A_{699} 对共混物中 PMMA/PS 质量比作图如图 7-10 所示。由图 7-10 可见，吸光度比与 PMMA/PS 质量比之间有着良好的线性关系：

$$A_{1385}/A_{699}=0.7138W_{PMMA}/W_{PS}$$

这样，只要通过红外光谱测定 1385cm^{-1} 和 699cm^{-1} 处谱带的强度，便可确定共聚物中各组分的相对含量。

7.1.4.3　傅里叶变换红外光谱在无机非金属材料中的应用

磷酸钙化合物的研究在生物材料领域得到的关注较多，因为该类化合物在牙科和骨科领域应用广泛，可作为填充物或用于植入器械的表面改性。这些化合物中最常见的是羟基磷灰石（hydroxyapatite，HA）和 β-磷酸三钙（β-tricalciumphosphate，β-TCP）。对磷酸钙化合物进行红外光谱分析是一种相对快捷、简易检测化合物成分的方式。

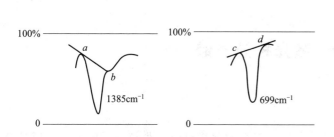

图 7-9　PMMA-PS 共聚物组成测定中谱带基线的确定方法

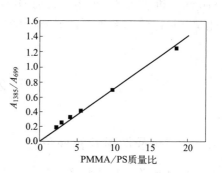

图 7-10　红外光谱测定共聚物组成的工作曲线

常见的磷酸钙化合物，如 HA 和 β-TCP 的 PO_4^{3-} 基团中的四个氧原子在正四面体的四个顶角上，四个原子是等价的。PO_4^{3-} 基团存在四种振动模式，即对称伸缩振动（ν_1）、反对称伸缩振动（ν_3）、对称变角振动（ν_2）和反对称变角振动（ν_4），它们的振动频率如表 7-8 所示。

表 7-8　无机磷酸盐化合物中 PO_4^{3-} 基团的振动频率

振动模式	振动频率/cm^{-1}	注释
反对称伸缩振动（ν_3）	1100～1050	非常强
对称伸缩振动（ν_1）	970～940	非常强，拉曼活性
反对称变角振动（ν_4）	630～540	弱
对称变角振动（ν_2）	470～410	弱

在制备 HA 时，一般按照化学剂量比（Ca/P＝1.67）进行反应，由于制备工艺的不同，如在大气环境中采用水热法制备，则所得产物可能含有一定水分，并会出现钙缺失、碳酸基团（CO_3^{2-}）取代等，且碳酸基团的取代可能发生在两个不同的位置，即 OH^-（A 型取代）和 PO_4^{3-}（B 型取代）。对合成的 HA 进行红外光谱分析，可有效、快捷监测上述情形的发生。合成的 HA 最典型的基团包括 PO_4^{3-}、OH^- 和 CO_3^{2-}，当然，由于生成非化学剂量比的 HA，也可能出现 HPO_4^{2-} 的吸收峰。如图 7-11 所示，PO_4^{3-} 基团的特征吸收分别出现

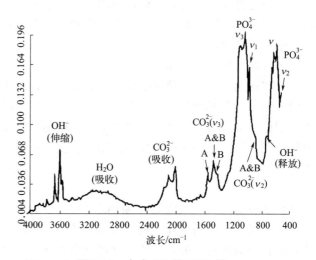

图 7-11　合成 HA 的 FTIR 谱

在 560cm^{-1}、600cm^{-1} 和 1000～1100cm^{-1} 处；水在 3600cm^{-1} 和 2900cm^{-1} 处的吸收峰相对较

宽；OH^-在$3570cm^{-1}$和$630cm^{-1}$处出现明显的吸收峰。产物中由于CO_3^{2-}的取代，会在$870cm^{-1}$和$880cm^{-1}$处出现较弱的吸收，但$1460cm^{-1}$和$1530cm^{-1}$处的吸收则较强。如有非化学剂量比的HA生成，则会在$875\sim880cm^{-1}$出现较明显的HPO_4^{2-}的吸收峰。

7.2 激光拉曼光谱

7.2.1 拉曼散射及拉曼位移

拉曼光谱为散射光谱。当一束频率为ν的入射光照射样品时，少部分入射光子与样品分子发生碰撞后向各个方向散射。如果碰撞过程中光子与分子不发生能量交换，即称为弹性碰撞，这种光散射为弹性散射，通常称为瑞利散射；反之，如果入射光子与分子发生能量交换，散射则为非弹性散射，也即拉曼散射。在拉曼散射中，若光子把一部分能量给样品分子，使一部分处于基态的分子跃迁到激发态，则散射光能量减少，在垂直方向测量到的散射光中，可以检测到频率为$(\nu_0-\Delta\nu)$的谱线，称为斯托克斯线。相反，若光子从样品激发态分子中获得能量，使样品分子从激发态回到基态，则在大于入射光频率处可测得频率为$(\nu_0+\Delta\nu)$的散射光线，称为反斯托克斯线。斯托克斯线及反斯托克斯线与入射光频率的差称为拉曼位移。拉曼位移的大小与分子的跃迁能级差一样，因此，对应于同一分子能级，斯托克斯线与反斯托克斯线的拉曼位移是相等的。但在正常情况下，大多数分子处于基态，测量得到的斯托克斯线强度比反斯托克斯线强得多，所以在一般拉曼光谱分析中，都采用斯托克斯线研究拉曼位移。

7.2.2 激光拉曼光谱与红外光谱的比较

（1）物理过程不同

拉曼光谱与红外光谱一样，均能提供分子振动频率的信息，但它们的物理过程不同。拉曼效应为散射过程，而红外光谱是吸收光谱，对应的是与某一吸收频率能量相等的（红外）光子被分子吸收。

（2）选择性定则不同

在红外光谱中，某种振动是否具有红外活性，取决于分子振动时偶极矩是否发生变化。一般极性分子及基团的振动引起偶极矩的变化，故通常是红外活性的。拉曼光谱则不同，一种分子振动是否具有拉曼活性取决于分子振动时极化率是否发生改变。所谓极化率，就是在电场作用下，分子中电子云变形的难易程度。极化率α、电场E和诱导偶极矩μ_i三者之间的关系为：

$$\mu_i = \alpha E$$

拉曼散射与入射光电场E所引起的分子极化的诱导偶极矩有关，拉曼谱线的强度正比于诱导跃迁偶极矩的变化。通常非极性分子及基团的振动会导致分子变形，引起极化率变化，是拉曼活性的。极化率的变化可以定性地用振动所通过的平衡位置两边电子云形态差异的程度来估计，差异程度越大，表明电子云相对于骨架的移动越大，极化率α就越大。CS_2有$3\times3-5=4$个简正振动（如图7-12），ν_1是对称伸缩振动，振动所通过平衡位置两边没有偶极矩的变化，为红外非活性，但电子云差异很大，因此极化率差异较大，为拉曼活性。ν_2

是反对称伸缩振动，ν_3是弯曲振动，它们均有偶极矩变化，而振动前后电子云形状变化不大，因此是红外活性，而无拉曼活性。

对于一般红外及拉曼光谱，具有以下几个经验规则。

① 互相排斥规则：凡有对称中心的分子，若有拉曼活性，则红外是非活性的；若有红外活性，则拉曼是非活性的。

② 互相允许规则：凡无对称中心的分子，除属于点群 D_{5h}、D_{2h} 和 O 的分子外，其他分子可既有拉曼活性又有红外活性。若分子无任何对称性，则它们的红外光谱与拉曼光谱就非常相似。

③ 互相禁止规则：少数分子的振动模式，既非拉曼活性，又非红外活性。如乙烯分子的弯曲，在红外和拉曼光谱中均观察不到振动谱带。

由这些规则可知，红外光谱与拉曼光谱是分子结构表征中互补的两种手段，两者结合可以较完整地获得分子振动能级跃迁的信息。

图 7-13 为线型聚乙烯的红外光谱与拉曼光谱。在红外光谱中 CH_2 振动为最显著的谱带，而在拉曼光谱中 C—C 振动有明显的散射峰。同样，在聚对苯二甲酸乙二醇酯（PET）的红外光谱中，最强谱带为 C=O 及 C—O 的对称伸缩振动和弯曲振动，而在拉曼光谱中最明显的是 C—C 伸缩振动峰。

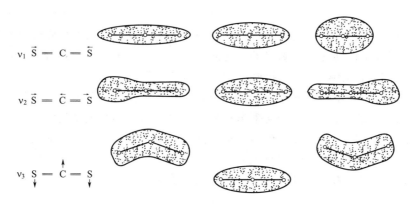

图 7-12 二硫化碳振动及其极化率的变化

（3）拉曼光谱的优点

① 拉曼光谱是一个散射过程，任何尺寸、形状、透明度的样品，只要能被激光照射到，均可用拉曼光谱测试。由于激光束可以聚焦，故拉曼光谱可以测量极微量的样品。

② 水的拉曼散射极弱，拉曼光谱可用于测量含水样品，这对生物大分子的研究非常有利。玻璃的拉曼散射也较弱，因而玻璃可作为理想的窗口材料，用于拉曼光谱的测量。

③ 对于聚合物及其他分子，拉曼散射选择性定则的限制较小，因而可得到更为丰富的谱带。S—S、C—C、C=C、N=N 等红外较弱的官能团，在拉曼光谱中信号较为强烈。

④ 拉曼效应可用光纤传递，因此现在有一些拉曼检测可以用光导纤维对拉曼检测信号进行传输和远程测量。而红外光用光导纤维传递时，信号衰减极大，难以进行远距离测量。

拉曼光谱最大的缺点是荧光散射，强烈的荧光会掩盖样品信号。采用傅里叶变换拉曼光谱仪（FT-Raman），可克服这一缺点。FT-Raman 采用 1.064nm 近红外区激光激发以抑制电子吸收，这样既阻止了样品的光分解又抑制了荧光的产生。同其他在拉曼光谱中减少荧光问题的方法相比，近红外激发的傅里叶变换拉曼谱的优势在于它的抑制荧光的能力、现场检

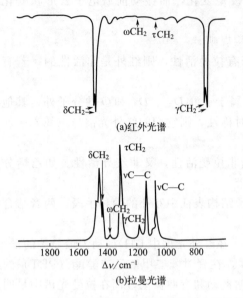

图7-13 线型聚乙烯的红外光谱与拉曼光谱比较

测特性及对多种复杂样品的适用性。在可见光激发下，聚氨酯弹性体的拉曼光谱会产生强烈的荧光背景，掩盖了聚氨酯所有的特征拉曼峰，但是同一样品的FT-Raman光谱中没有强烈的荧光背景，利用FT-Raman与FTIR光谱互补，可以对聚氨酯结构进行深入的剖析。

7.2.3 拉曼光谱的应用

拉曼光谱有着广泛的应用，遍及化学、物理学、生物学、材料科学、医学、文物学、法庭科学、宝石鉴定及无损检测技术等科学和领域。这些应用的性质可能不同，从纯定性到精确定量，拉曼光谱常常只是用来鉴别化学物质的种类，这是由于每种不同的散射分子都会给出各自的拉曼光谱。拉曼光谱和红外光谱相结合，可用来鉴别物质的对称性，并确定振动模的波数，这是利用了分子的对称性选择定则和峰形（在气体中）、偏振特性（在气体和液体中）、散射强度对方向的依赖性（在晶体中）之间的关系。根据分子振动理论，确定了振动波数便能得到分子作用力和分子内作用力的定量知识，并计算出热力学函数。根据拉曼峰的强度可测量散射物质的浓度。在另外的一些应用中，拉曼谱的波数、强度和峰形的变化可用来研究弛豫现象以及环境温度和压力对化学物质的影响，以及计算出许多分子在振动基态和激发态时的键长和其他结构参量。此类测量对非极性分子特别有用，因为非极性分子不受水溶液的拉曼峰干扰等优点，对液态、固态、气态的样品都能测定。拉曼光谱可测量低波数（$<50cm^{-1}$）的振动峰，拉曼散射强度与散射物质的浓度呈线性关系。拉曼光谱图中反映了四个参数：频率（波数）、强度、偏振特性、峰形。

(1) 在有机化学中的应用

在有机化学中（主要是比较大的分子），振动光谱的主要应用是鉴别特殊的结构或特征基团。对于有机化学来说，测量红外光谱也可以达到此目的，但拉曼光谱和红外光谱由不同的选择定则起作用，如果对红外和拉曼这两种光谱都可以加以测量，那么就可得到更完备的分子振动光谱。表7-9列出了一些有机化合物特征基团的典型振动波数和它们在红外光谱和拉曼光谱中的表现强度。由此表可看出，如果要使重要的结构特征都能测出，在很多情况下拉曼光谱和红外这两种光谱知识都是必需的。

表7-9 有机化合物中原子基团的特征波数及拉曼和红外光谱的强度

振动[①]	区域/cm^{-1}	强度[②]	
		拉曼光谱	红外光谱
ν(O—H)	3650～3000	w	s
ν(N—H)	3500～3300	m	m
ν(≡C—H)	3300	w	s

续表

振动①	区域/cm^{-1}	强度②	
		拉曼光谱	红外光谱
ν（—C—H）	3100~3000	s	s
ν（—C—H）	3000~2800	s	s
ν（—S—H）	2600~2550	s	w
ν（C≡N）	2255~2220	m-s	s~0
ν（C≡C）	2250~2100	vs	w~0
ν（C=O）	1680~1520	s~w	s
ν（C=C）	1900~1500	vs~m	w~0
ν（C—N）	1680~1610	s	m
ν（M—N），脂肪族取代基	1580~1550	m	0
ν（N—N），芳香族取代基	1440~1410	m	0
ν_{as}［（C—）NO$_2$］	1590~1530	m	s
ν_s［（C—）NO$_2$］	1380~1340	vs	m
ν_{as}［（C—）SO（—C）］	1350~1310	w~0	s
ν_s［（C—）SO（—C）］	1160~1120	s	s
ν［（C—）SO（—C）］	1070~1020	m	s
ν（C=S）	1250~1000	s	w
δ（CH$_2$）	1470~1400	m	m
ν（C—C），芳香族	1600,1580	s~m	m~1
	1500,1450	m~w	m~1
	1000	s	w~0
ν（C—C），脂环族及脂肪族链	1300~600	s~m	m~w
ν_{as}（C—O—C）	1150~1060	w	s
ν_s（C—O—C）	970~800	s~m	w~0
ν_{as}（Si—O—Si）	1110~1000	w~0	vs
ν（Si—O—Si）	530~450	vs	w~0
ν（O—O）	900~845	s	w~0
ν（S—S）	330~430	s	w~0
ν（Se—Sc）	330~290	s	w~0
ν［C（芳香族）—S］	1100~1080	s	s~m
ν［C（脂肪族）—S］	790~630	s	s~m
ν（C—Cl）	800~330	s	s
ν（C—Br）	700~500	s	s
ν（C—I）	660~480	s	s

续表

振动①	区域/cm^{-1}	强度②	
		拉曼光谱	红外光谱
$\delta(C-C)_n$, $n=3,\cdots,12$	400~250	s~m	w~0
$\delta(C-C)_n$, $n>12$	$2493/n$	s~m	w~0
分子晶体中的晶格振动	220~20	vs~m	s~0

①ν为伸缩振动，δ为弯曲振动，ν_s为对称伸缩振动，ν_{as}为反称伸缩振动。
②vs表示很强，s表示强，m表示中等，w表示弱，0表示非常弱或者非活性的。

对于像C=C、—C≡C—和—N=N—这类基团，拉曼光谱特别重要，因为如果一个分子中这些基团具有对称的环境，那么它的振动仅仅是拉曼活性的，而在许多对称性的分子中，其基团的环境可以接近于对称，所以它的振动在红外光谱中极为微弱。此外，如果一个基团的振动在红外光谱中表现得很强，这可以表明这一基团的结构是非对称的。由于这些基团的振动波数要受到伸缩模与分子中相近的其他模之间耦合程度的影响，因此观测到的波数不仅能诊断是否存在一种特殊的基团，还提供了关于基团的结构环境等有价值的信息。

波数可以说明从一种类型的分子变为另一种分子时，与伸缩模相联系的波数是如何变化的。

（2）在无机化学中的应用

在无机化学中，振动拉曼光谱学或者单独的，或者与红外光谱学结合在一起，用途主要有：一是在一些特定的环境中进行离子或分子种类的鉴别和光谱表征；二是测定这类物质的空间构型。

如对二甲硅醚$(SiH_3)_2O$结构的研究。这种分子有两种不同的振动：一种与Si—H键伸缩以及它们的键角的形变有关，另一种与Si—O—Si骨架有关。第一种伸缩振动的波数高于第二种骨架振动的波数，这两种波数不会混淆，因此三原子分子A—O—A骨架的振动很容易测出，A的质量为甲硅基的质量。线型分子的拉曼光谱只有一个与对称伸缩振动相关的振动模，在红外光谱中有两个模，一个是反对称伸缩振动模，另一个是简并的弯曲振动模；而非线型分子的拉曼和红外光谱都有三个振动模：对称伸缩振动模、反对称伸缩振动模和弯曲振动模。最早对二甲基硅醚的光谱研究，由于它的拉曼光谱中只有一个606cm^{-1}的峰，故认为它是线型的，但这一结论与电子衍射结果不符，电子衍射测出的Si—O—Si角为141°的非线型结构。后来又测了1∶1的$(SiH_3)_2^7O$和$(SiH_3)_2^5O$混合物的拉曼谱，如果骨架是线型的，那么对称伸缩模的振动波数（ν_1）就不会因中心氧原子被置换而受影响；如果骨架是弯曲的，那么这个模的波数将向低波数方向移动。实验结果是此混合物的拉曼光谱没有出现清晰分辨的两条谱线，但ν_1带在低波数一侧有明显的增宽，增宽程度为3~4cm^{-1}，这就是由同位素位移所产生的，这表明Si—O—Si骨架是非线型的。

（3）在分析化学中的应用

拉曼光谱分析技术是分子结构表征技术，与红外光谱相同，其信号来源于分子的振动和转动，但由于分子的拉曼散射截面小及拉曼散射强度受光学系统参数等很多因素影响，拉曼光谱多用于定性分析。随着激光技术、检测器技术的发展和新的拉曼光谱技术和方法的提出，拉曼光谱在定量分析、工业分析和与分离技术的联用上日趋活跃。

拉曼光谱定量分析的依据为：

$$I = K\Phi_0 \int_0^b e^{-(\ln 10)(k_0+k)z} h(z) dz \tag{7-6}$$

式中，I 为光学系统所收集到的样品表面信号强度；K 为分子的拉曼散射截面积；Φ_0 为样品表面的激光入射功率；k_0 和 k 分别为入射光和散射光的吸收系数；z 为入射光和散射光通过的距离；$h(z)$ 为光学系统的传输函数；b 为样品池的厚度。

由式（7-6）可以知，一定条件下的拉曼信号强度与产生拉曼散射的待测场浓度成正比。然而，入射光的功率、样品池厚度和光学系统也对拉曼信号强度有很大的影响，所以一般都选用几个能产生较强拉曼信号，并且这些拉曼峰不与待测拉曼峰重叠的基质或者外加物质的分子作内标加以核正。其内标的选择原则和定量分析方法与其他光谱分析方法基本相同。采用单道检测的拉曼光谱，据有关文献报道已对无机盐、化工产品和药品中的杂质、大气中气体浓度进行了定量分析。采用电荷耦合器件（CCD）等光学多道检测器所测得的拉曼光谱，和采用傅里叶变换技术的 FT-Raman 光谱，可快速进行拉曼光谱信号检测，之后即可获得宽波数区域的拉曼光谱全图，配合适当的内标就可以进行半定量和定量分析。据文献报道已在维生素 A、烟尘中的硅、燃料、血浆和血清中葡萄糖样品中得到很好的结果。与红外光谱相似，这些方法的检测范围一般为 100ppm（$1ppm=10^{-6}$）。

拉曼光谱在分析化学中应用研究的另一热点是它与色谱、电泳和流动注射等分析技术的联用，这些联用技术兼有两者特点，应用前景十分乐观。

拉曼光谱用作色谱所得检测器能获得高分离效率，同时也可得到分离组分的成分和结构信息。表面增强拉曼光谱和共振拉曼光谱联用的研究也十分活跃，表面增强拉曼光谱可用作高压液相色谱的检测，成功地分离和检测了嘌呤类化合物；若用共振拉曼光谱检测经高压液相色谱分离后的葡萄糖，检测极限可达 10ng。拉曼光谱与毛细管电泳联用最低检测极限为 90ppb 和 20ppb（$1ppb=10^{-9}$）。

（4）表面增强拉曼光谱

由于普通拉曼散射是光子的非弹性散射，一般 10^{10} 个入射光子中仅有一个光子产生非弹射散射，所以拉曼散射很弱，对表面尤其不敏感，其应用受到很大的限制。1974 年，Fleischmann 等人在用氧化-还原循环方法（ORC）粗糙化的银电极表面上，首先观察到强度增加了 $10^5 \sim 10^6$ 倍的拉曼散射信号，称为表面增强拉曼散射（surface enhanced Raman scattering 简称 SERS），为表面研究提供了一种极为有效的手段。随后的几年中又进行了大量的有关 SERS 现象的性质、机理、应用方面的研究，发现了许多分子在电极表面、胶体表面、真空沉积固体界面上均有表面增强拉曼散射现象，可使吸附分子产生表面增强拉曼散射的金属有 Ag、Au、Cu、Li、Na、K、In、Al、Pt、Rh、Ni、Ti、Hg、Cd、Pd 等，化合物如 TiO_2、NiO 等。

SERS 光谱在化学动力学方面有着广泛的应用，SERS 光谱可现场提供金属-电解质溶液界面的吸附分子的种类、吸附分子与电极表面的相互作用、吸附分子在电极表面存在的状态等一系列有关表面吸附分子的详细信息，从而表征出电场存在下电极和溶液界面的本质和结构，这是传统电化学方法所不易获得的。SERS 光谱为在分子水平上研究电极表面结构、组成和动力学过程开辟了一条新的途径。

SERS 在生物体系研究中也有很大的应用，因为大多数的生物过程都是在界面上进行的，加一些酶催化的氧化还原反应就是在生物膜和水溶液界面上进行的，因此，SERS 对研究生物分子在界面上的性质有重要的意义。用 SERS 方法研究生物体系的优点是：它有很低的检测极限（$10^{-6} \sim 10^{-8}$ mol/L）；它能在水溶液中测量，且许多生物分子在吸附到金属表面上时其荧光可大大降低，从而可获得高质量的拉曼光谱，利用 SERS 的特性能确定生物分子在金属表面的吸附状态并帮助确定一些生物分子的结构。

(5) 在高分子材料中的应用

拉曼光谱是表征高分子材料的有力工具，它可以提供聚合物材料结构方面的许多重要信息，如分子结构组成、立体规整性、结晶和取向、分子相互作用，以及表面和界面的结构等；拉曼峰的宽度可以表征高分子材料的立体化学纯度，如无规立场试样或头-头、头-尾结构混杂的样品，拉曼峰是弱而宽，而高度有序样品具有强而尖锐的拉曼峰。高分子材料的晶相也可用拉曼峰来表征，如部分结晶的聚乙烯被认为是由斜方晶相、与溶体相似的无定形相和无序的各向异性相所组成，纯的结晶材料及纯的无定形材料的拉曼峰强度，可以用 $145cm^{-1}$（CH_2 弯曲振动）峰的强度来测定经退火的高密度聚乙烯中存在的斜方晶相的量，而 $1083cm^{-1}$ 的拉曼光谱峰则可以用于计算低密度聚乙烯中无定形相的含量。

根据 Schanfele 提出的低频拉曼光谱声振动模（LAM）法，可以用拉曼光谱测定高分子片晶中全伸直链的长度，如用 ν 代表 LAM 的频率，链伸直时样品的拉伸模量为 E，样品的密度是 ρ，对应于某一长度为 L 的伸直链，有如下关系：

$$\nu=(m/2L)(E/\rho)^{1/2} \tag{7-7}$$

式中，m 是几次倍频。通过测定 ν，即可由此式得到晶体中全反应式构象链长，由 LAM 的峰宽得到片晶中全反应式链长的分布。此方法的优点是能够测"纯"片晶部分的厚度，排除了非晶部分的影响。

(6) 在生物学中的应用

拉曼光谱可用于测定蛋白质的二级结构与蛋白质侧链情况。蛋白质是由氨基酸聚合而成，各氨基酸之间是靠肽键连接的，蛋白质分子主链和侧链上均有极性、非极性分子以及离子基团，这些基团的相互作用就形成了各种次级键，这些次级键使蛋白质分子的主链按一定方式盘曲，就形成二级结构，蛋白质不同的二级结构使肽键振动模式中的酰胺Ⅰ和Ⅲ拉曼特征频率不同，因此，可利用拉曼光谱方法测定蛋白质的二级结构。蛋白质是由许多氨基酸按一定的排列顺序通过肽键相连而成的多肽链，一个氨基酸的氨基（—NH_2）与另一个氨基酸的羧基（—COOH）缩合失去一分子水形成酰胺基，即肽键，它的结构形式为

$$\begin{matrix} O & H \\ \| & | \\ —C—N— \end{matrix}$$

。下面为一段多肽链的结构：

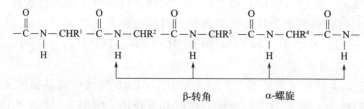

利用—CONH—的特征频率可了解氨基酸排列中肽键的连接法。图 7-14 是肽键—CONH—的振动形式随肽键连接方式而异的二级结构中酰胺Ⅰ、酰胺Ⅲ各自对应的特征振动。

图 7-15 表示的是一个用拉曼光谱测定丝蛋白二级结构的典型例子。图 7-15（a）是经脱胶的丝纤维和在吐丝前从蚕体内取出的未拉丝线的拉曼谱，图 7-15（b）是不同拉伸率的丝线的拉曼谱。将测定的拉曼峰值对照表 7-10 的各二级结构的特征，很容易得出脱胶后的丝纤维的丝蛋白结构主要是 β-折叠，这一结果与 X 射线衍射分析结果相同，较弱的 $1263cm^{-1}$ 峰表明还存在少许无规卷曲结构；而丝线的丝蛋白结构应以无规卷曲为主，同时还存在 α-螺旋结构，用 CD 方法对液态丝蛋白分析也存在 α-螺旋，这说明蚕吐丝过程中 α-螺旋结构已转变为 β-折叠。

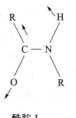

酰胺Ⅰ
C=O 伸缩振动
N—H 在平面内弯曲

酰胺Ⅱ
拉曼：弱
红外：强

酰胺Ⅲ
C—N 扭转振动

图 7-14 肽键的三种振动形式

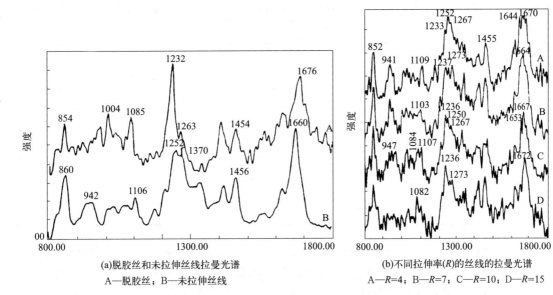

(a) 脱胶丝和未拉伸丝线拉曼光谱
A—脱胶丝；B—未拉伸丝线

(b) 不同拉伸率(R)的丝线的拉曼光谱
A—R=4；B—R=7；C—R=10；D—R=15

图 7-15 拉曼光谱测定丝蛋白的二级结构

表 7-10 各种蛋白质的不同二级结构所对应的酰胺Ⅰ和酰胺Ⅲ的振动频率

蛋白质二级结构	酰胺Ⅰ	酰胺Ⅲ
α-螺旋	545~558cm^{-1}	1264~1310cm^{-1}
β-折叠	565~580cm^{-1}	1230~1450cm^{-1}
β-转角	563~578cm^{-1}	1254~1230cm^{-1}
无规卷曲	560~566cm^{-1}	1242~1250cm^{-1}

拉曼光谱对于了解蛋白质分子的侧链也是一种有效的手段，例如酪氨酸在蛋白质分子中是掩蔽还是外露，可用酪氨酸对羟基苯环的拉曼双峰 850cm^{-1} 和 830cm^{-1} 强度比来确定。双硫键的连接情况也可用拉曼光谱鉴别，因为 S—S 的伸缩振动频率不单纯与 C—S—S—C 的双面夹角有关，还与 C—C—S—S—C—C 的扭角有关，它们都对应不同的拉曼特征峰，据此可确定它的连接方式是反式还是扭式。

核酸是重要的生物大分子，其生物功能主要是作为遗传的物质基础，是分子生物学研究的重要领域。核酸分脱氧核糖核酸（DNA）和核糖核酸（RNA）两大类，所有细胞同时含有这两类核酸。拉曼光谱可测定核酸分子的结构和核酸分子同其他分子的相互作用，例如用紫外共振拉曼光谱（UVRRS）可研究插入类抗癌药物与 DNA 的相互作用。用 UVRRS 对典型插入类抗癌药物阿霉素（ADM）和阿克拉霉素（ACM）与 DNA 相互作用的研究表明，由 DNA 的碱基拉曼峰在与药物作用前后所表现的增减性，可以得到药物插入 DNA 的位置和药物与 DNA 间的电子相互作用情况；依据拉曼峰的移动，可以分析药物与 DNA 之间的氢键以及药物分子对 DNA 碱基对间氢键的影响；对 DNA 骨架振动拉曼峰的分析可以了解药物对 DNA 构象的影响。表 7-11 表示的是 DNA 与 ADM、ACM 作用前后各主要拉曼峰的频率及强度。

表 7-11　DNA 和 ADM、ACM 作用前后各主要拉曼峰的频率及强度

DNA		DNA-ADM			DNA-ACM		
频率/cm^{-1}	相对强度	频率/cm^{-1}	相对强度	作用前后比较	频率/cm^{-1}	相对强度	作用前后比较
784	1.8	784	2.1	-6	784	1.43	+21
806	0.97	806	1.7	-82	806	0.86	+11
834	0.79	834	—		834	0.71	+10
1336	2.2	1337	2.2	+6	1336	2.3	-5
1373	1.7	1373	1.6	+6	1373	1.2	+29
1422	1.1	1422	0.97	+12	1422	1.1	0
1483	3.5	1487	3.0	+15	1481	3.3	+6
1578	2.1	1576	1.9	+10	1576	2.1	0
558	1.9	551	1.3	+30	554	1.5	+21

拉曼光谱还可用于研究脂类和生物膜的相互作用、结构、组分等。在生物膜研究中，拉曼光谱可以表征膜上的生化和生物物理过程，为生物膜中蛋白质和脂质相互作用提供重要信息。此外，拉曼光谱可在自然条件下即在中性 pH 值的水溶液状态下研究生物膜分子，这是拉曼光谱的很大优点。

(7) 在物理学中的应用和研究

① 半导体。拉曼光谱可测出经离子注入后的半导体损伤分布，可测出半磁半导体的组分、外延层的质量、外延层混晶的组分载流子浓度。

半导体激光器的核心部分是 N-ZnSe/Zn$_{1-x}$MnSe/P-ZnSe，被称为单量子阱。这种激光器是目前可见光半导体激光器中波长最短，而且谱线很窄，所以可以作为激光打印机的光源、彩色显示中的三原色心；可作为光存贮器，且波长越短，存贮密度越大；可用作光通信（在水下，波长越短越容易传输）。

用拉曼光谱可研究外延层 ZnSe 的质量，图 7-16 为用不同的方法生长在 GaAs 衬底上的外延层 ZnSe 的拉曼谱。由拉曼峰的宽度和对称性，通过 Gauss 空间相互函数，可把拉曼峰强度 $I(\omega)$ 写为：

$$I(\omega) \propto \int_0^1 \exp\left(\frac{-q^2 L^2}{4}\right) \frac{d^3 q}{[\omega - \omega(q)]^2 + (\Gamma_0/2)^2} \tag{7-8}$$

式中，L 为相干长度；$q = 2\pi/a$，a 为晶格常数；ω 为拉曼峰的频率；Γ_0 为峰形线宽；$\omega(q)$ 为一维线性链模型，$\omega^2(q) = A + [A^2 - B(1-\cos q)]^{1/2}$；A、B 为常数，这里 $A = 3.2 \times 10^4 \text{cm}^{-2}$，$B = 4.5 \times 10^8 \text{cm}^{-4}$。

拉曼峰越窄，对称性越好，则空间相干长度越大，表明 ZnSe 外延层质量越好。掺杂后

同样也可以由拉曼峰的频移计算掺杂后的载流子浓度,由拉曼峰的宽度和不对称性了解掺杂后 ZnSe 的质量。

用拉曼光谱可测出类 ZnSe 和 MnSe 模的峰随三元合金 $Zn_{1-x}Mn_xSe$ 中 x 的变化,这对于半导体激光器的设计具有很重要的意义。图 7-17 中是用 A、B 表示的两块不同 x 的 $Zn_{1-x}Mn_xSe/ZnSe$ 应变层生长的外延层 ZnSe 超晶格的拉曼谱。从拉曼谱图中可见,已在 GaAs (100) 衬底上成功地生长了高质量的 $Zn_{1-x}Mn_xSe/ZnSe$($x=0.5$,$x=0.14$)超晶格。

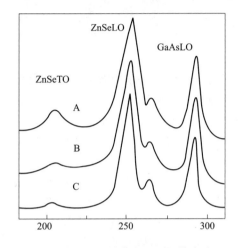

图 7-16 GaAs 衬底上用不同的方法
生长的外延层 ZnSe 的拉曼光谱

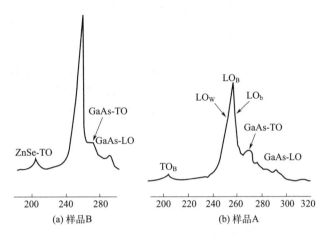

图 7-17 $Zn_{1-x}Mn_xSe/ZnSe$ 应变层生长的
外延层 ZnSe 超晶格的拉曼光谱

由于超晶格中各应变层的应变不同,反映在拉曼光谱中其峰位也会改变,在样品 A 的拉曼谱中,可以看出除了 291cm^{-1} 处的 GaAs 衬底上的纵光学(LO)声子峰外,250cm^{-1}(LO_w)、251.5cm^{-1}(LO_B)、255cm^{-1}(LO_b)分别是 ZnSe 和 GaSe 阱层、ZnSe 缓冲层和 $Zn_{0.84}Mn_{0.5}Se$ 垒层的 LO 声子峰,206cm^{-1} 和 268cm^{-1} 分别是 ZnSe 和 GaAs 的横光学(TO)声子峰。其中,ZnSe 缓冲层的 LO_b 声子频率和 ZnSe 体材料的 LO 声子频率相同,而 ZnSe 阱层的 LO_w 相对于 ZnSe 体材料向低频方向移动 1.5cm^{-1},相反,$Zn_{0.84}Mn_{0.5}Se$ 垒层的 LO_b 则相对于 $Zn_{0.84}Mn_{0.5}Se$ 体材料的 LO(253cm^{-1})向高频方向移动 2cm^{-1}。分析认为,超晶格中各层材料的晶格失配所导致的应变是拉曼峰位移的原因。样品 B 的拉曼谱中没有 ZnSe 阱层的 LO_w 峰和 $Zn_{0.84}Mn_{0.5}Se$ 垒层的 LO_b 峰,这可能是由于 ZnSe 的 LO 峰较强而覆盖了这两个峰。

② 超晶格与薄膜类材料。测量超晶格中应变层的拉曼频移可计算出应变层的应力,根据拉曼峰形的对称性可分析晶格的完整性。

用化学气相沉积(CVD)合成的金刚石薄膜是近年来获得广泛重视和迅速发展的新材料,它的禁带宽度为 5.5eV,所以从紫外到远红外的光学区域内都具有极好的光学透光性,同时具有极高的硬度和化学稳定性,是制备光学保护膜、增透膜的理想材料。此外,金刚石内电子和空穴的迁移率很高,可用来制造宽禁带高温半导体材料。制造金刚石薄膜的方法很多,现在常用的有热解 CVD、直流等离子体 CVD、微波等离子体 CVD、热灯丝的 CVD 等方法。用 CVD 方法制备的金刚石薄膜,除了 sp^3 金刚石相外(它的拉曼特征峰是 1332cm^{-1}),不同程度地存在 sp^2 键石墨相(它在 1550cm^{-1} 处有一个拉曼特征宽峰),利用拉曼光谱来确定 sp^2/sp^3 键价比是判定金刚石薄膜质量的一种有效的方法。

第 8 章 核磁共振谱

在外磁场的作用下，当用一定频率的电磁波照射分子时，可引起分子中有磁矩的核发生能级跃迁，这种原子核在磁场中吸收一定频率的电磁波而发生能级跃迁的现象称为核磁共振（nuclear magnetic resonance，NMR）。以核磁共振信号强度对照射频率（或磁场强度）作图，即为核磁共振图谱（NMR spectrum）。建立在此原理基础上的一类分析方法称为核磁共振谱法（NMR spectroscopy），或称核磁共振光谱法，简称 NMR。

核磁共振现象最早是由两位美国人 E. M. Purcell 和 F. Bloch 分别于 1945 年和 1946 年在做石蜡、水磁共振实验时发现的，其后很快应用于有机化学研究。到了 20 世纪 60 年代出现了固体高分辨率 NMR 方法，使它的应用更加广泛。目前，生物和医学是它应用较为活跃的领域，成为测定有机物结构、构型和构象的重要手段。另外，它还是磁性材料研究的主要手段之一。

8.1 核磁共振谱法基本原理

8.1.1 核磁共振的产生

（1）原子核的自旋

各种不同元素的原子具有不同的原子核，原子核最基本的特征是它的电荷和质量。核的电荷决定于核中质子数目，核的质量数决定于核中的质子数目与中子数目之和。不同的元素其原子核内的质子数是不同的。质子数相同，而中子数不同的核组成的元素称为同位素。例如，氢的同位素有 $^1H_1$、$^2H_1$、$^3H_1$，分别称为氕、氘、氚。元素符号的右下角数字表示原子序数，左上角数字表示核的质量数。氢的同位素，其中中子数分别为 0、1、2。

某些原子核和电子一样也有自旋现象。实验证明，原子核的自旋量子数 I 与核的质子数和中子数有关。

① 质量数和原子序数都为偶数的核，自旋量子数为 0（$I=0$）；
② 质量数为奇数的核，自旋量子数为 1/2、3/2、5/2 等半整数，如 $^1H_1$；
③ 质量数为偶数、原子序数（电荷数）为奇数的核，$I=1$，2，3 等整数，如 $^2H_1$。

自旋量子数 $I \neq 0$ 的原子核要进行自旋运动。原子核的自旋运动用自旋角动量 P 来描述，P 的方向与自旋轴重合。自旋角动量的数值根据量子力学计算有：

$$P = \frac{h}{2\pi}\sqrt{I(I+1)} \tag{8-1}$$

式中，h 为普朗克常数；I 为原子核自旋角动量。

原子核带有一定的正电荷，自旋角动量不为 0 的核有自旋运动，因此这些电荷也围绕旋转轴旋转，从而产生一个循环电流，进而产生磁场。也就是说，凡是自旋角动量不为 0 的原子核都会产生一个磁场，它们像一个小磁铁一样具有磁性质。一般用磁矩 μ 来描述这种磁性质。

$$\mu = \gamma P \tag{8-2}$$

式中，γ 为磁旋比。

(2) 核磁共振的解释

① 核磁共振的经典解释。在磁场作用下，发生自旋的原子核将发生什么样的运动？磁场 H_0 作用在一个核磁矩 μ 上，产生一个力矩，这个力矩大小和原子核自旋角动量有关。由动量矩定理可知，核自旋角动量变化率等于作用在磁矩 μ 上的力矩，即：

$$\frac{dP}{dt} = \mu H_0 \tag{8-3}$$

将自旋与磁矩的关系代入，有：

$$\frac{d\mu}{dt} = \mu \gamma H_0 \tag{8-4}$$

这个方程的物理意义就是 μ 的变化量总是垂直于 μ 和 H_0 确定的平面，即 μ 的变化是绕磁场 H_0 进动。换句话说，原子核在外磁场作用下，自旋轴绕磁场进动。

进动频率 ν 与外加磁场 H_0 的关系为

$$\nu = \frac{\gamma}{2\pi} H_0 \tag{8-5}$$

式 (8-5) 表明，外加磁场 H_0 增大，进动频率增加；在 H_0 一定的情况下，磁旋比小的核，进动频率小。

如果在垂直于 H_0 的平面内附加一个旋转射频磁场 H_1，则射频磁场将使得核磁矩 μ 绕 H_0 的进动角增大，换句话说，核磁矩 μ 向垂直于 H_0 的平面转动。当 H_1 的频率 $\omega = \frac{\gamma}{2\pi} H_0$ 且保持合适的时间，则核磁矩 μ 与 H_0 成 90°，这时，可以观察到核磁共振现象。

② 核磁共振的量子力学解释。无外磁场时，核磁矩的取向是任意的，若将原子核置于磁场中，则核磁矩有不同的取向。共有 $2I+1$ 个取向，用磁量子数 m 来表示每一种取向，$m = I, I-1, \cdots, -I+1, -I$。当 $I = \frac{1}{2}$ 时，如 $^1H_1$，m 取值有两个，即 $m = \frac{1}{2}, -\frac{1}{2}$，说明 $I = \frac{1}{2}$ 的核在外磁场中核磁矩只有两种取向。$m = \frac{1}{2}$ 时，核磁矩方向与外磁场方向一致，为低能级；而 $m = -\frac{1}{2}$ 时，核磁矩方向与外磁场方向相反，为高能级。两者之间的能级差随 H_0 的增大而增大，这种现象称为能级分裂。

根据量子力学理论，两能级之间的能量差 ΔE 为：

$$\Delta E = \frac{\gamma h}{2\pi} H_0 \tag{8-6}$$

式 (8-6) 表明，从能量转换的角度看，在外磁场中若使核发生自旋能级跃迁，所吸收的电磁波必须等于能级之间的能量差 ΔE，从而才能产生核磁共振。

(3) 弛豫过程

随着核磁共振吸收过程的进行，核连续吸收某一辐射能，则低能级的核数将减少，核的吸收强度将减弱，最终信号消失，这种现象称为饱和。在正常条件下，射频照射并不出现饱和现象。这是因为在低能态的核跃迁到高能态的同时，高能态的核向周围环境转移能量，并恢复到低能态，核体系仍然保持低能态核数目比高能态核数目微弱过剩的热平衡状态，因而能不断产生核磁共振信号。处于高能级的核（激发核）可通过非辐射途径损失能量而恢复至基态，此过程称为弛豫过程。弛豫是保持核磁信号有固定强度必不可少的过程，它可以引起谱线加宽。弛豫过程存在两种形式：

① 自旋-晶格弛豫。它是指自旋核与环境交换能量的过程。所谓晶格是泛指包含有自旋核的整个自旋分子体系。在液体中组成晶格的原子和分子都在进行平移、振动、转动，由于运动而形成瞬息万变具有各种频率的交变磁场。如果其中之一的频率与某一自旋核的进动频率相等，也就是说，在高能态上的核附近有使它跃迁到低能态的磁场，处于高能态上的磁核把能量转移给这个交变磁场，作为平移、振动、转动的热能传递到晶格中去，核自身弛豫到低能态，就这一类磁核整体而言，总的能量下降。

一个自旋体系由于核磁共振破坏了原来的平衡，又借自旋-晶格弛豫而恢复平衡，这种由不平衡到平衡的过程所需要的时间称为自旋-晶格弛豫时间。弛豫时间越小，表示自旋-晶格弛豫过程的效率越高。液体的弛豫时间较小，约为几秒。固体分子的热运动受到限制，因而不能有效地产生自旋-晶格弛豫，有时弛豫时间可达几小时。

② 自旋-自旋弛豫。它是指自旋核与另一个同类自旋核交换能量的过程。当一个处于高能态的自旋核与一个低能态的自旋核互相接近时，如果这两个自旋核进动频率相同，那么这两个核是可以相互交换能量。高能态的核将能量传递给低能态的核，使后者跃向高能态，本身跃向低能态，但是体系中各种取向的核总数没有变化，体系总能量也未变化。

8.1.2 化学位移与磁屏蔽

尽管是相同的原子，处于不同的化合物中，原子核周围的原子结构会产生微小的差别，因而使得波谱的形式发生变化。这样，在相同条件下测得同种原子核的核磁共振波谱，由于原子的化学结合状态不同而产生的谱线位置变动、核的共振频率发生变化的现象称为化学位移。

化学位移的数值很小，要精确测出其绝对值比较困难，故采用相对化学位移来表示。1970年国际纯粹与应用化学联合会（IUPAC）建议化学位移采用 δ 表示，单位为 ppm。测定时，以某一标准物质的共振峰为原点，测出各峰与原点的距离，相对值精度可以达到 1Hz 以内。标准物可与样品混匀在溶剂中同时测定，称为内标准法；也可以把标准物放置在另一容器中测定，称为外标准法。一般采用内标准法。

如果外磁场 H_0 固定，则：

$$\delta = \frac{\nu_{样品} - \nu_{标准}}{\nu_{标准}} \times 10^6 \tag{8-7}$$

如果固定照射频率 ν_0，变化磁场强度（H），则：

$$\delta = \frac{H_{标准} - H_{样品}}{H_{标准}} \times 10^6 \tag{8-8}$$

以有机溶剂为溶剂的样品，常采用四甲基硅烷（TMS）为标准物。测量化学位移时，固体样品的谱峰很宽，需选择适当的溶剂配成溶液后再测定。

影响化学位移的因素主要有：

① 局部屏蔽效应。它是由核外电子云产生的。即核外电子在外加磁场的诱导下，产生与外加磁场方向相反的感应磁场，由于感应磁场的存在，原子核受磁场作用强度稍有下降。当被研究的氢核附近有电负性较大的原子或基团时，则氢核的电子云密度降低，抗磁屏蔽减

弱。影响程度与该原子或基团的电负性有关，相邻原子或基团电负性增大，去屏蔽效应增大。

② 磁各向异性。质子在分子中所处的空间位置不同，屏蔽作用不同。典型物质如苯环，苯环有 6 个电子形成大 π 键，在外加磁场诱导下，苯环的环电流产生感应磁场，在环的上下方，感应磁场的方向与外磁场方向相反，对外磁场有抗磁作用，屏蔽效应增大；在平行于苯环平面四周的空间，次级磁场的磁力线方向与外磁场一致，使得处于此空间的质子受场强作用增加，相当于一种去屏蔽效应。

③ 氢键效应。氢键对于质子化学位移的影响是非常敏感的，化学位移随氢键强度的变化而变化，氢键越强，化学位移值越大。但在不同溶剂中相差较大，并随其浓度、温度的不同而显著地变化。

④ 溶剂效应。在不同溶剂中，$^1H_1$ 化学位移是有变化的。溶剂的这种影响是通过溶剂的极性、形成氢键以及屏蔽效应而发生作用。

8.1.3 自旋耦合和自旋裂分

当采用高分辨率的核磁共振仪时，所得谱图在相应的化学位移处往往出现多重峰。比如在有机化合物的核磁共振谱中，如—CH_3、—CH 的吸收峰都不是单峰，而是复峰，前者是二重峰，后者是四重峰。谱线的这种精细结构是由磁核与磁核之间的相互作用引起能级裂分而产生的。比如—CH_3、—CH 上的氢原子核之间相互干扰。

将核自旋产生的核磁矩之间的相互干扰称为自旋-自旋耦合，简称自旋耦合。由自旋耦合而引起的谱线增多的现象称为自旋裂分或自旋分裂，并以耦合常数 J 表示其干扰强度的大小，单位为 Hz。

自旋-自旋耦合是通过成键电子对间接传递的，因此耦合的传递程度是有限的。在饱和烃类化合物中，自旋-自旋耦合效应一般只能传递到第三个单键，越过三个单键，耦合作用趋于零，峰不裂分。但在共轭体系化合物中，耦合左右可沿共轭链传递，往往在四个键以上也能观察到耦合现象。有些立体结构的化合物也有三个单键以上的耦合。

下面以乙醛为例，来具体说明自旋-自旋耦合裂分。在 CH_3CHO 分子中，CH_3 的三个 ^1H 用 H_A 表示，如图 8-1 所示。由于 C—C 单键快速旋转，三个 H_A 的化学环境是相同的，表现为一个化学位移。—CHO 中的质子 ^1H 用 H_B 表示，在静磁场 H_0 中 H_B 裂分为两种能量状态，自旋核 H_B 有两种取向，这两种取向的 H_B 质子通过成键电子会对 H_A 发挥磁效应。图 8-1 中单箭头表示电子的自旋方向，根据能量最低原理，在靠近质子的价电子时，倾向于质子呈自旋反平行。在 C—H 键上，碳附近的价电子必定与氢附近的价电子呈自旋反平行。根据洪德规则，一个碳原子上各个键轨道中的电子必定呈自旋平行，而 C—C 键上两个价电子又须

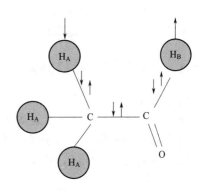

图 8-1　乙醛邻位质子的自旋耦合

是自旋反平行。如此继续，H_B 的自旋状态就能通过三个键的六个价电子对 H_A 发挥磁效应，影响 H_A 自旋状态的能量。同理，H_A 的自旋状态也对 H_B 发挥磁效应，影响 H_B 自旋状态的能量。当邻位碳上的质子间自旋方向相反时，能量双双降低；而自旋方向相同时，能量双双升高。

当 H_A 没有 H_B 耦合时，H_A 跃迁的能量变化是 ΔE；但当 H_A 有 H_B 耦合时，H_B 对 H_A 的磁效应作用产生一个局部磁场 ΔH。如果核 H_A 的磁矩与外磁场 H_0 同向，那么与外磁场同

向核 H_B 对 H_A 都会产生局部磁场 $H_0+\Delta H$；与外磁场反向核 H_B 对 H_A 都会产生局部磁场 $H_0-\Delta H$。这样甲基上的质子 H_A 就受到两个实受磁场，因此 H_A 有两个共振频率。由于每个 H_A 的状态可与 H_B 的两种状态耦合，因而发生能级的分裂。同理，甲基上的三个 ^1H 在静磁场中各有两种取向，它们对—CHO 中的 H_B 也要发挥磁效应，产生能级分裂。

虽然自旋耦合产生了谱线的裂分、谱线的精细结构，使得谱图复杂了，但是它更进一步反映了磁核之间相互作用的细节，可以提供相互作用的磁核的数目、类型及相对位置等信息，对于有机分子结构提供了更多的信息。

8.2 ^1H 核磁共振氢谱

^1H 是有机化合物中最常见的同位素，磁旋比 γ 较大，天然丰度接近 100%，核磁共振测定的绝对灵敏度是所有磁核中最大的。核磁共振氢谱（^1H NMR）也称为质子核磁共振谱，是发展最早、研究最多、应用最为广泛的核磁共振波谱，是有机物结构解析中最有用的核磁共振谱之一。

8.2.1 氢的化学位移

在核的各种磁屏蔽中，原子的屏蔽主要影响不同种类磁核的化学位移范围。通常将原子的屏蔽分成两项，表示为

$$\sigma_A = \sigma_A^D + \sigma_A^P \tag{8-9}$$

式中，σ_A^D 为抗磁项；σ_A^P 为顺磁项。不同轨道的电子对这两项的贡献不一样。由 Lamb 公式与分子抗磁项可知，对 ^1H 而言，核外电子所产生的抗磁屏蔽在各种屏蔽因素中起主导作用，其抗磁屏蔽可近似写为

$$\sigma_{HH}^D = 20 \times 10^{-6} \lambda \tag{8-10}$$

式中，λ 为氢的 1s 轨道上的有效电子数。完全屏蔽的氢原子 λ 接近 1，所以氢的局部抗磁屏蔽常数在 20×10^{-6} 范围内。

8.2.2 影响化学位移的因素

（1）诱导效应

核外电子云的抗磁性屏蔽是影响质子化学位移的主要因素。一个电负性强的原子或者基团键合于邻近的磁核上，由于吸电子效应，磁核上的有效电荷值 λ 下降，从而产生去屏蔽效应，使核的共振移向低场，化学位移 δ 值就增大；反之 δ 值就减小，如表 8-1 所示。

表 8-1 化合物中原子电负性对化学位移的影响

化合物	CH_3F	CH_3Cl	CH_3Br	CH_3I
δ	4.16	3.05	2.68	2.16
电负性	4.0	3.0	2.8	2.5
化合物	CH_3X	CH_3O	CH_3N	CH_3C
δ	2.2~4.3	3.3~4.1	2.2~3.0	0.85~1.2
电负性	2.5~4.0	3.5	3.0	2.5

随着甲基取代基电负性的减弱（F→I，F→C），甲基质子的化学位移也逐渐减小。取代基的共轭效应分为吸电子和供电子两种，前一种使 δ 增大，后一种使 δ 减小，这种现象主要发生在含 π 键的取代衍生物中。

由于—OH 和—OCH$_3$ 为供电子基团，氧原子可通过共轭向外推 p 电子，使得邻位碳上的电子云密度增大，屏蔽效应增强，化学位移向高场移动，δ 值减小；而—CHO、CH$_3$CO—为吸电子基团，使得邻位碳上的氢表现为顺磁去屏蔽，化学位移向低场移动，δ 值增大。

（2）共轭效应

共轭效应是由原子间电负性不同，引起分子中电子密度分布不均衡，并通过共轭 π 键传递，而且不论距离远近，作用贯穿整个共轭体系的一种电子密度效应。共轭效应可以一直沿着共轭键传递而不会明显削弱，不像诱导效应削弱得那么快，取代基相对距离的影响不明显。在共轭效应中，供电子基使 δ 减小，吸电子基使 δ 增大。

例如，在单取代烯烃中，大部分取代基特别是具有正共轭（供电子）效应的供电子取代基，如羟基、醚基、氨基使同碳质子的位移值大于邻碳质子；而一些具有负共轭（吸电子）效应的吸电子取代基，如羰基、硝基、氰基的影响相反，如图 8-2 所示。

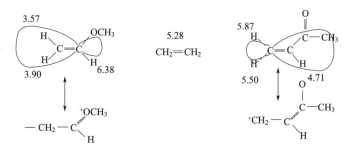

图 8-2　共轭效应

（3）轨道杂化效应

有机结构中碳原子的轨道杂化方式会对质子的化学位移造成影响。碳碳单键是由碳原子的 sp^3 杂化轨道重叠而成的，而碳碳双键和三键分别是由 sp^2 和 sp 杂化轨道形成的。s 电子是球形对称的，离碳原子近，而离氢原子较远，杂化轨道中 s 成分越多，成键电子越靠近碳核，离质子越远，对质子的屏蔽作用越小。

sp^3、sp^2 和 sp 杂化轨道中的 s 成分依次增加，成键电子对质子的屏蔽作用依次减小，δ 值应依次增大。实际测得乙烷、乙烯和乙炔的质子 δ 值分别为 0.88ppm、5.26ppm 和 1.88ppm，乙烯与乙炔的次序颠倒了。这是因为下面将要讨论的非球形对称的电子云产生的各向异性效应，它比杂化轨道对质子化学位移的影响更大。

（4）磁各向异性效应

在分子中，质子与某一基团的空间关系有时会影响质子的化学位移，这种效应称为各向异性效应。它是通过空间而起作用的，其特征是有方向性。在含有芳环、双键、三键、醛基等基团的化合物中，常由于各向异性效应的影响而产生不同的屏蔽效应。其他烃类、酮类、酯类、羰酸和肟类化合物也会出现不同程度的各向异性效应的影响。

① 乙炔。炔类氢比较特殊（乙炔的化学位移 δ＝1.88ppm），它的化学位移介于烷烃氢和烯烃氢之间。乙炔是直线型构型，三键上的 π 电子云绕轴线对称。如果此轴的方向与外加磁场的方向相同，则键上的 π 电子垂直于外加磁场循环，因而感应磁场的方向与外加磁场相

反。而乙炔质子是沿着磁场的轴方向排列的，所以由循环的π电子感应出的磁场线起着抗磁屏蔽的作用（见图8-3）。因此乙炔氢的吸收峰出现在高场。含有—C≡N基的化合物在外加磁场的作用下也产生同样的效应。

② 双键。烯烃氢的化学位移出现在低场，一般δ＝4.5～8.0ppm。双键的π电子云垂直于双键平面，在外磁场的作用下，π电子云产生各向异性的感应磁场。所以处在双键平面上、下的氢受到抗磁屏蔽效应的影响，在较高的磁场发生共振；而处于双键平面内的氢受到顺磁去屏蔽效应的影响，在较低的磁场发生共振。羰基（C＝O）的屏蔽效应如图8-4所示。

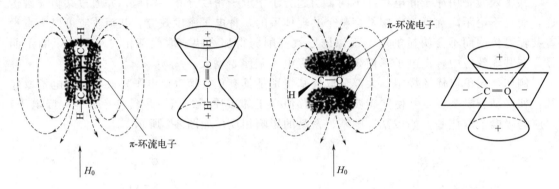

图 8-3　炔键的屏蔽效应　　　　　　　　　图 8-4　羰基（C＝O）的屏蔽效应

例如，对于以下两个化合物：

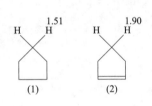

化合物（2）中的—CH$_2$—刚好坐落在双键平面上，处于顺磁去屏蔽区，所以相比于化合物（1）在较低的磁场共振，δ值较大。

羰基 —C＝O 所引起的各向异性效应的情况和双键类似。电子在分子平面两侧环流，造成平面上、下两个屏蔽增强的圆锥区域，圆锥区域以外都是去屏蔽区，圆锥角以内的区域处于抗磁屏蔽区。醛基质子在去屏蔽区，所以化学位移处于低场（δ＝7.8～10.5ppm）。

除了上述的链烯和醛基以外，酮、酯、羧基和肟等都会产生各向异性效应。在图8-3中（＋）区域的质子受到抗磁屏蔽效应，因此δ值较小，而在（－）区域的质子受到顺磁去屏蔽效应，因此δ值较大。

③ 单键。碳-碳单键的价电子是σ电子，也能产生各向异性效应，但与π电子云环流所产生的各向异性效应相比，要弱得多。碳-碳键的键轴就是去屏蔽圆锥体的轴，见图8-5。因此当碳上的氢逐个被烷基取代后，剩下的氢受到越来越强的去屏蔽效应，而使共振信号移向低场。

环己烷的平展氢和直立氢受环上的碳-碳单键各向异性效应的影响并不完全相同。如图8-6所示，C$_1$上的平展氢和直立氢受C$_1$—C$_6$和C$_1$—C$_2$键的影响是相同的，但受C$_2$—C$_3$和C$_5$—C$_6$键的影响却是不同的。平展氢处在去屏蔽区，化学位移在低场，δ＝1.6ppm；而直立氢处在屏蔽区，化学位移移向高场，δ＝1.15ppm。环上每个碳都有这两种氢，情况完全一样，所以按理应该出现两组质子的共振信号。但在室温下，由于构象的快速互变，每个氢在平展位置和直立位置两种状态之间快速变更，实际上得到的是平均值δ＝1.37ppm的单峰。当温度降得很低（例如－89℃），使两种构象互变的速度远低于两峰应有的间距（约1Hz）时，谱图上才出现两个单峰：平展氢 δ＝1.6ppm，直立氢 δ＝1.15ppm。随着温度逐渐上升，两个峰逐渐接近，最后在－66.3℃合并成单峰。因此，在一般情况下，非固定架环己烷上质子的共振信号是两个信号平均的结果;固定架环已烷中(互变受阻),同碳上的平展氢与直立氢之间化学位移一般相差0.1~0.7ppm。

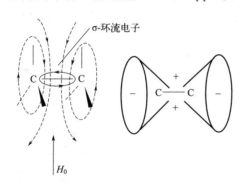

图8-5 碳-碳单键的屏蔽效应

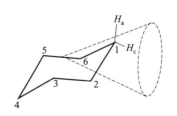

图8-6 环己烷碳-碳单键的屏蔽效应

④ 芳环。芳香分子上的π电子可以在碳环平面内的回路上自由运动,当外磁场与芳香平面垂直时,π电子便绕磁场方向以拉莫尔进动频率旋进,每个电子产生的电流是 $i = e\omega/(2\pi)$。芳环上有6个π电子,所以原子间的总电流 $I = 3e^2H/(2\pi m_e)$。假定电流在一个圆形电路中流动,圆形电路的半径等于C—C键长 a,这个电流的磁效应等于圆中心的磁矩,大小为

$$\mu = 3eHa^2/(2mc^2) \tag{8-11}$$

图8-7可定性地表示这种环形电流的屏蔽作用。磁矩的方向与外磁场的方向相反,所以环中心处的感应磁场方向与外磁场相反,环的上、下方为屏蔽区(以正号表示),其他区域为去屏蔽区(以负号表示),二者交界处屏蔽作用为零。这一点可以说明为什么苯环氢的δ值(7.25ppm)比乙烯氢的δ值(4.60ppm)大。

(5) 氢键和范德华效应

氢键能使质子在较低场发生共振,例如,酚和酸类的质子δ值在10ppm以上。由于分子间氢键的形成与样品的浓度、溶剂的性质有关,所以氢键质子的化学

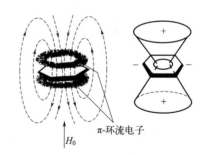

图8-7 苯环的屏蔽效应

位移可在一个相当大的范围内变动。关于氢键的理论研究目前仍在发展之中,但现有实验结果证明,无论是在分子内还是在分子间形成的氢键都使氢核受到去屏蔽作用而向低场移动。

当两个原子相互靠近时,受到范德华力作用,电子云相互排斥,导致原子核周围的电子云密度降低,屏蔽效应减弱,谱线向低场方向移动,这种效应称为范德华效应。这种效应与相互影响的两个原子之间的距离密切相关,当两个原子相隔0.6nm(即范德华半径之和)时,该作用对化学位移的影响约为0.5ppm,距离为0.2nm时影响约为0.2ppm,当原子间的距离大于0.25nm时可不考虑。

8.2.3 质子化学位移与分子结构的关系

在有机化合物中,95%以上质子的化学位移在0~10ppm的范围内,当有羟基存在时,往往可形成稳定的分子内氢键,使羟基的信号超过 $\delta = 10$ ppm,甚至达到 $\delta = 18$ ppm,顺磁环电流产生的负屏蔽效应则使被影响质子的化学位移大于 $\delta = 20$ ppm。此外,一些化合物中个别基团的质子处于芳香大环体系的正屏蔽区,共振位移高于TMS($\delta < 0$)。

利用图 8-8 可估计各种化学环境质子的特征化学位移。其中以饱和烷烃和硅烷烃类共振吸收最高，取代烷烃随着取代基电负性的增强逐渐向低场移动，双键和芳香质子的吸收更低，熟记这些基团化学位移的大致范围有助于对图谱的解析和对未知化合物结构的确证。

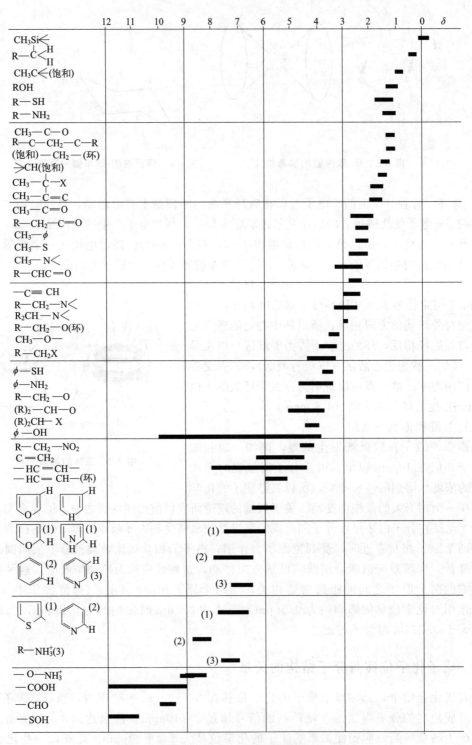

图 8-8　质子化学位移棒状图

8.2.4 氢谱的定量分析原理

^{1}H-NMR 谱上信号峰的强度正比于峰面积,在 NMR 谱上可以用积分线的高度反映信号强度,各信号的峰强度之比等于相应的质子数之比。^{1}H-NMR 谱的这一特征有利于对所测聚合物直接进行定量分析,而不必像其他光谱方法一样作标准曲线或标定操作。

CH_3—$(CH_2)_n$—CH_3 的 ^{1}H-NMR 谱如图 8-9 所示,利用其可以计算得到分子式中的 n 值。图中化学位移为 1.2ppm 的峰为亚甲基上的质子峰,化学位移为 0.9ppm 的峰为端甲基上的质子峰,两种质子峰积分线的高度比为 8:1。由于每一条分子链含有两个端甲基,即每一条链含有 6 个甲基质子,因此每条分子链含有 48 个亚甲基质子,分子式可写作 CH_3—$(CH_2)_{24}$—CH_3,由此可以计算得到其分子量。

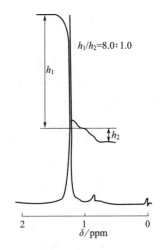

图 8-9 用 ^{1}H-NMR 积分线的高度测定低分子聚乙烯的分子量

8.3 ^{13}C 核磁共振谱

自然界存在着两种碳的同位素,^{12}C 和 ^{13}C。^{12}C($I=0$) 没有核磁共振现象,^{13}C($I=1/2$) 同氢核一样,有核磁共振现象,并可提供有用的核磁共振信息。但 ^{13}C 在自然界的丰度仅为 1.1%,磁旋比只有 ^{1}H 的 1/4,在 NMR 谱中,^{13}C 的信号强度还不到 ^{1}H 的 1/5700,所以长时间以来,无法用测定氢谱的方法满意地测定和利用碳谱。自从傅里叶变换技术应用于 ^{13}C 核磁共振信号的测定以来,碳谱的研究和应用才迅速发展起来。如今碳谱已成为有机高分子化合物结构分析中最常用的工具之一,尤其在检测无氢官能团,如羰基、氰基、季碳等以及研究高分子链的结构、形态、构象与构型等方面,碳谱具有氢谱所无法比拟的优点。

8.3.1 碳谱的谱图特点

在核的各种磁屏蔽当中,原子的屏蔽主要影响不同种类磁核的化学位移范围。与 ^{1}H 不同,对于 ^{13}C、^{19}F、^{31}P 等核,原子的屏蔽中顺磁项是主要的,其与原子序数的关系如下:

$$\sigma_A = 3.19 \times 10^{-5} Z^{4/3} \tag{8-12}$$

从式 (8-12) 可知,原子序数越大,σ_A 越大,化学位移范围越宽。例如,^{13}C、^{19}F 和 ^{31}P 的化学位移比 ^{1}H 大 1~2 个数量级。因此碳的化学位移范围较宽,对化学环境有微小差异的核也能区别,这对鉴定分子结构更为有利。

在分子结构中,碳原子通常与氢原子连接,它们可以互相耦合,这种 ^{13}C—^{1}H 键耦合常数的数值很大,一般在 125~250Hz。因为 ^{13}C 天然丰度很低,这种耦合并不影响 ^{1}H 谱,但在碳谱中是主要的。为将 ^{13}C 与 ^{1}H 间的耦合全部去除,通常采用质子噪声去耦技术,即在测碳谱时,以一相当宽的频带(包括样品中所有氢核的共振频带)照射样品,则每个碳原子仅出现一条共振谱线,因此最常见的碳谱均属于宽带全去耦谱。在去耦的同时,有核核欧沃豪斯效应（NOE效应），能使去耦磁核共振峰的强度增强三倍。此外，在^{13}C核磁共振谱中，随结构的不同，磁核的弛豫时间可以相差很大，短的只有几毫秒，长的可以到几百秒。用傅里叶变换核磁共振技术测定碳谱时，^{13}C弛豫时间的长短会影响到信号的强弱，因此^{13}C的弛豫时间可以用来分析有机分子的结构。在碳谱中，纵向弛豫作用是主要的，不同碳原子的纵向弛豫时间互不相同，故对峰高的影响不一样；加之进行质子噪声去耦时产生的不同核极化效应也不同，因此峰高不能定量地反映碳原子数量。

分子有不同的构型、构象时，δ_C比δ_H更为敏感。碳原子是分子的骨架，分子间碳核的相互作用比较小，不像处在分子边缘上的氢原子，分子间氢核的相互作用比较大。所以对于碳核，分子内的相互作用显得更为重要，如分子的立体异构、链节运动、序列分布、不同温度下分子内的旋转、构象的变化等，在碳谱的δ_C值及谱线形状上常有所反映，这对于研究分子结构及分子运动、动力学和热力学过程都有重要的意义。和氢谱一样，碳谱的化学位移δ_C也是以TMS或某种溶剂峰为基准的。

8.3.2 ^{13}C的化学位移

影响^{1}H化学位移的各种结构因素基本上也影响^{13}C的化学位移，但因为^{13}C核外有p电子，p电子云的非球状对称性质使^{13}C的化学位移主要受顺磁屏蔽的影响。顺磁屏蔽的强弱取决于碳的最低电子激发态与电子基态的能量差，差值愈小，顺磁屏蔽项愈大，^{13}C的化学位移值也愈大。此外，就取代基的影响而言，任何取代基对^{13}C化学位移的影响并不只限于与之直接相连的碳原子，而要延伸好几个碳原子。顺磁屏蔽的存在使得从理论上解释化学位移更趋复杂，但从应用的角度来看，各种类型的^{1}H和^{13}C的化学位移值从高场到低场基本上是平行的（卤代烃除外）。图8-10为各类含碳官能团中^{13}C的化学位移。

8.4 核磁共振谱的解析

（1）氢核磁共振谱的解析

在解析氢核磁共振谱图时要具体分析和综合利用化学位移值δ、自旋耦合与裂分、各峰面积之比这三种信息来推测化合物中所含的基团以及基团之间的连接顺序、空间排布等，最后提出分子的可能结构并加以验证。具体解析步骤如下。

① 根据分子式计算化合物的不饱和度；

② 测量曲线信号峰的积分面积，进而确定各峰组对应的质子数目；

③ 根据每一个峰组的化学位移值、质子数目以及峰组裂分的情况推测出对应的结构单元；

④ 计算剩余的结构单元和不饱和度；

⑤ 将结构单元组合成可能的结构式；

⑥ 对所有可能的结构进行指认，排除不合理的结构；

⑦ 如果依然不能得出明确的结论，则需借助其他波谱分析方法，如紫外或红外光谱以及碳核磁共振谱等。

另外，在解析谱图时要注意将杂质峰、溶剂峰和旋转边带等非样品峰区分出来。注意分子中OH、NH、SH等活泼氢产生的信号，它们多数能形成氢键，化学位移值不固定，随

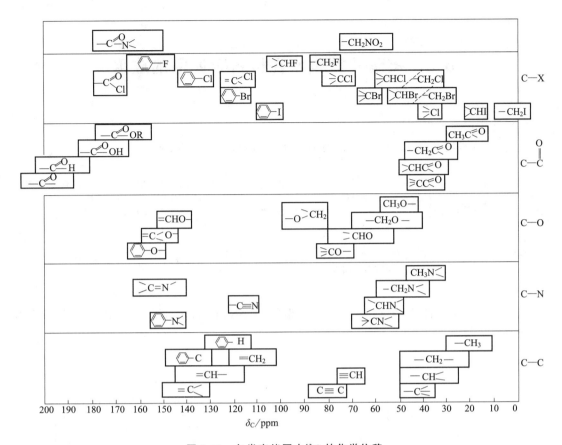

图 8-10 各类官能团中 ^{13}C 的化学位移

测定条件在一定区域内变动；在溶液中亦会发生交换反应，尤其可与重水中的氢快速交换，使原来由活泼氢产生的吸收峰消失。解谱时还要注意不符合一级谱图的情况，在许多情况下，由于相互耦合的两种质子化学位移值相差很小，不能满足 $\Delta\nu/J > 6$ 的条件，因此裂分峰形不完全符合 $n+1$ 规律。

(2) 碳核磁共振谱的解析

碳谱在解析时有其特殊性，由于碳谱通常都为质子噪声去耦谱，因此化学位移值 δ 对碳谱的解析至关重要。另外，可充分利用碳谱近似计算公式辅助解谱。解析步骤如下。

① 按化学位移值分区确定碳原子类型。碳谱按化学位移值一般可分为下列三个区，根据这三个区域可大致归属谱图中各谱线的碳原子类型。

饱和碳原子区（$\delta < 100$ppm）：饱和碳原子若不直接和杂原子（O、S、N、F 等）相连，其化学位移值一般小于 55ppm。

不饱和碳原子区（$\delta = 90 \sim 160$ppm）：烯碳原子和芳碳原子在这个区域出峰，当其直接与杂原子相连时，化学位移值可能会大于 160ppm。叠烯的中央碳原子出峰位置也大于 160ppm。炔碳原子在其他区域出峰，其化学位移值范围为 70～100ppm。

羰基或叠烯区（$\delta > 150$ppm）：该区域的基团中碳原子的 δ 值一般大于 160ppm。其中酸、酯和酸酐的羰基碳原子在 160～180ppm 出峰，酮和醛在 200ppm 以上出峰。

② 对碳谱的各谱线进行归属。通过上一步骤，可确定各谱线所属的碳原子类型，为进一步明确各谱线的归属和判断分子的结构，可采用碳谱的近似计算公式（尤其适用于分子中含有较为接近的基团或骨架的情况），在必要时还可以采用参照氢谱辅助解析的方法。

8.5 核磁共振技术在材料研究中的应用

(1) 结构定性分析

① 单体结构与聚合反应分析。聚丙烯酸茚满酯的合成路线如下。

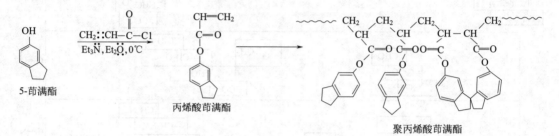

合成单体丙烯酸茚满酯（IdA）及其均聚物 [poly(IdA)] 的 ^{1}H NMR 谱与 ^{13}C NMR 谱分别如图 8-11 和图 8-12 所示。

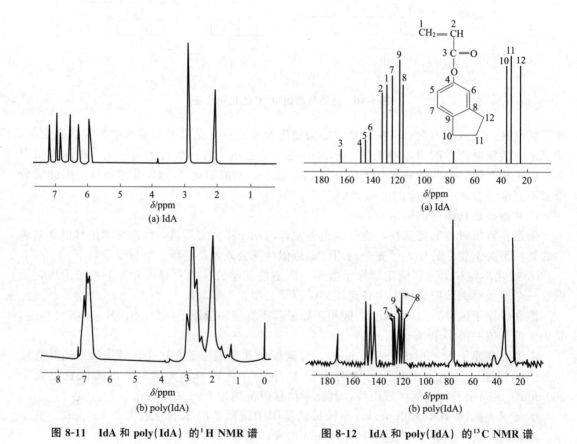

图 8-11　IdA 和 poly(IdA) 的 ^{1}H NMR 谱　　图 8-12　IdA 和 poly(IdA) 的 ^{13}C NMR 谱

IdA 的双键质子特征吸收峰在 ^{1}H NMR 谱中出现在 5.8~6.5ppm，双键 C 原子在 ^{13}C NMR 谱中的特征振动吸收峰出现于 127.8ppm 和 132.1ppm。IdA 均聚后双键加成为聚丙烯酸主链结构，在聚合物的 ^{1}H NMR 谱和 ^{13}C NMR 谱中双键质子和 C 原子的特征吸收峰消失，形成的聚丙烯酸主链结构中的质子特征吸收出现于 1.0～3.4ppm，C 原子的特征吸收出现在 30～40ppm 和 110～130ppm。通过特征基团吸收峰的出现和消失，可以判断聚合反应的机理和过程。由于羰基限制了侧基的自由旋转，大分子链显示出立体异构，^{13}C NMR 中 C-7、C-8 和 C-9 振动吸收峰出现裂分。

②聚合物类型的鉴定。图 8-13 为聚乙烯-1-己烯共聚物、聚乙烯-1-丙烯共聚物和聚乙烯-1-丁烯共聚物的 ^{13}C NMR 谱。这些结构含有相似的基团，只是侧基结构不同，用红外光谱很难准确区分三个共聚物，而利用 ^{13}C NMR 谱对结构变化敏感的特点，很容易区分三种共聚物。

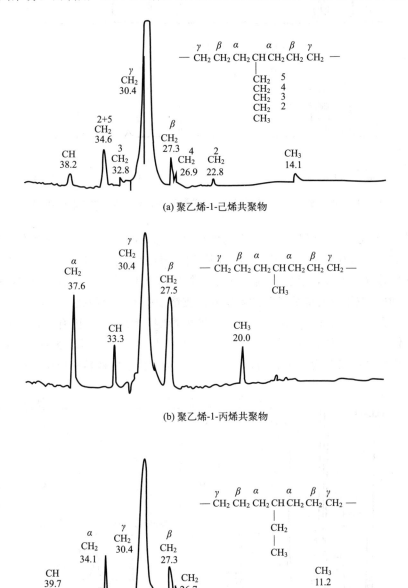

图 8-13　聚乙烯-1-己烯共聚物、聚乙烯-1-丙烯共聚物和聚乙烯-1-丁烯共聚物的 ^{13}C NMR 谱

③ 聚合物异构体鉴别。图 8-14 为聚异戊二烯的两种几何异构体的 ^{13}C NMR 谱，测试条件为溶剂 C_6D_6，浓度 10%，温度 60℃，50.3MHz。由图可见，甲基碳及亚甲基 C-1 的共振峰对几何异构是非常敏感的，而亚甲基 C-4 对双键取代基的异构体很不敏感。

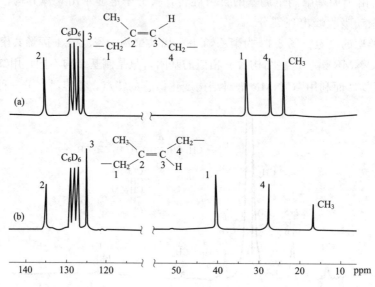

图 8-14 顺式聚异戊二烯 (a) 和反式聚异戊二烯 (b) 的 ^{13}C NMR 谱

④ 聚合物的支化分析。红外光谱测得的低密度聚乙烯的支化度为一平均值，用红外光谱难以测定支链的长度与其分布，而用 NMR 谱则可很好地解决这一问题。不同接枝链长的 C 原子共振峰化学位移存在差异，事实也确实如此。图 8-15 为低密度聚乙烯的 ^{13}C NMR 谱，图中 $\delta=30$ppm 的主峰对应于聚乙烯分子中的亚甲基。支链上受屏蔽效应较大的是 C-1 及 C-2，其余的支链受 ^{13}C 屏蔽效应不明显。β 碳比 α 碳受屏蔽的影响要大些。分析有关峰的相对强度，便可得出各种支链的分布，如表 8-2 所示。图 8-15 中没有发现甲基或丙基支链，从而推出短支链是由聚合过程中的"回咬"现象引起的，而长支链则是由分子内链转移所引起的。

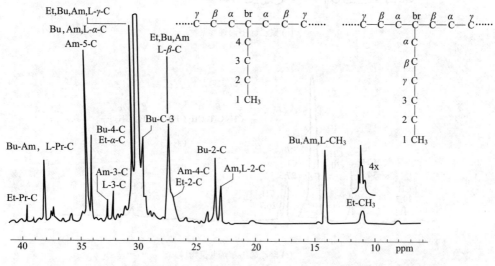

图 8-15 低密度聚乙烯的 ^{13}C NMR 谱（溶剂 1,2,4-三氯苯，浓度 5%，110℃）

表 8-2 低密度聚乙烯的支链分布

支链类型	每 1000 个主链碳中的支链数
—CH_3（Me）	0.0
—CH_2CH_3（Et）	1.0
—$CH_2CH_2CH_3$（Pr）	0.0
—$CH_2CH_2CH_2CH_3$（Bu）	9.6
—$CH_2CH_2CH_2CH_2CH_3$（Am）	3.6
—hexyl 及长支链（L）	5.6
总数	19.8

⑤ 聚烯烃立构规整度及序列结构的研究。聚合物的立构规整度将影响其结晶结构，并最终影响其性能。聚合物的立体异构分为等规立构、间规立构和无规立构。

等规立构的排列以 m（meso）表示，其相邻的两个链节排列次序为：

$$\begin{array}{c} R \quad H_A \quad R \\ | \quad | \quad | \\ \quad H_B \end{array}$$

间规立构的排列以 r（racemic）表示，其相邻的两个链节排列次序为：

$$\begin{array}{c} R \quad H_A \\ | \quad | \\ H_B \quad R \end{array}$$

在间规立构结构中，亚甲基上的质子 H_A 与 H_B 所处的化学环境完全一样，在 ^1H NMR 谱中成为单一的共振峰。在等规立构体中，H_A 与 H_B 所处的化学环境不一样，在 ^1H NMR 谱中出现分裂的峰。

图 8-16 为聚甲基丙烯酸甲酯的 ^1H NMR 谱。其中图 8-16（a）的分子式表示了三元序列中的不同排列方式，图 8-16（b）的 NMR 谱表示了各种序列结构中 ^1H 的化学位移。化学位

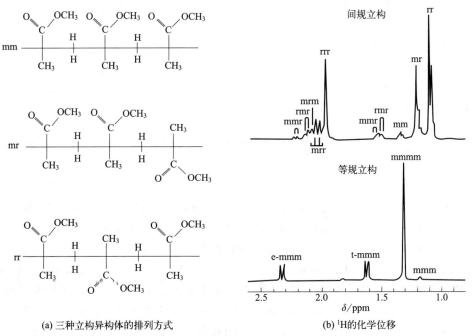

(a) 三种立构异构体的排列方式　　(b) ^1H 的化学位移

图 8-16　聚甲基丙烯酸甲酯的 ^1H NMR 谱

移在1.1~1.4ppm之间的峰对应于α甲基。间规立构体三元序列的亚甲基为位于约2ppm的单峰［图8-16（b）中（1）］，而等规立构体的亚甲基分裂成位于1.6ppm附近及位于2.3ppm附近的四重峰［图8-16（b）中（2）］。

用^{13}C NMR谱还可以计算聚甲基丙烯酸甲酯（PMMA）中不同规整度链节长度的比例。表8-3列出了PMMA的各种δ_C值。表8-4列出了PMMA的三单元和五单元单体链节的分布。

表8-3 聚甲基丙烯酸甲酯^{13}C NMR谱中的δ_C值   单位：ppm

构型	C=O	—CH$_2$	OCH$_3$	—C—	CH$_3$
等规立构	174.63	52.36	49.36	43.92	16.50
		51.05		44.71	18.24
	175.61	52.62			20.86
间规立构	174.93	51.26	49.36	43.93	16.50
	175.80	53.30		44.17	18.15
	175.06	52.61		43.93	16.50
无规立构	174.93	50.61	49.31	44.17	18.06
	175.80	53.34			

表8-4 聚甲基丙烯酸甲酯的三单元和五单元单体链节的分布

五单元	三单元	羰基	（羰基）	2-甲基	季碳	五单元[①]	三单元[①]
mmmm		0.010				0.003	
mmmr	mm	0.018	0.051	0.051	0.060	0.020	0.005
rmmr		0.023				0.032	
mmrm	mr	0.106				0.020	
rmrm			0.367	0.374	0.361	0.064	0.359
mmrr		0.261				0.064	
rmrr	mr					0.210	
mrrm		0.037				0.032	
mrrr	rr	0.191	0.582	0.575	0.576	0.210	0.586
rrrr		0.355				0.343	

① 当$\rho_m=0.235$时的积分分布值。

（2）定量分析

① 高聚物分子量的测定。图8-17（a）为化合物聚丙二醇的^{1}H NMR谱，图8-17（b）为加弛豫试剂Eu(DPM)$_3$后的^{1}H NMR谱。可在谱图上标出各峰的归属，并求出此聚合物的分子量。图8-17（a）中基本上可以分为两组峰，在较低场的一组峰归属为—CH$_2$—、—CH—和—OH基团的吸收，在较高场的一组峰归属为—CH$_3$。由于结构中有异构体存在，实际上图谱是比较复杂的。在图8-17（b）中，由于加入位移试剂，—OH峰向低场位移到$\delta=7.0$ppm，端基上的—CH—峰位移到$\delta=5.17$ppm，端基上的—CH$_2$—峰向低场位移到$\delta=4.17$ppm，链节上的—CH$_2$—、—CH—基团基本上没有位移，端基上的甲基向低场位移

到 $\delta=1.83$ ppm，主链上的甲基基本上没有位移。把端基甲基的积分面积 E 和主链上甲基的积分面积 I 进行比较，很容易得到化合物聚丙二醇的数均分子量 M_n。

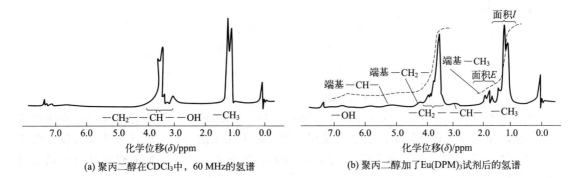

图 8-17 聚丙二醇的 ^{1}H NMR 谱

② 共聚物组成的定量测定。乙二醇-丙二醇-甲基硅氧烷共聚物的结构式为：

$$\text{+OCH}_2\text{CH}_2\text{+}_l\text{+OCH}_2\text{CH+}_m\text{+O-Si+}_n$$
$$\text{CH}_3\quad\text{CH}_3\quad\text{CH}_3$$

其 ^{1}H NMR 谱见图 8-18。其三元共聚物的 ^{1}H NMR 谱峰的归属见表 8-5。

表 8-5 乙二醇-丙二醇-甲基硅氧烷共聚物 ^{1}H NMR 谱峰的归属

δ/ppm	归属	峰积分值
0.1	Si—CH$_3$	$S_{0.1}$
1.17	OCH$_2$CH$_2$—CH$_3^*$	$S_{1.17}$
3.2~3.8	OCH$_2^*$CH$_2^*$CH$_3$	$S_{3.2\sim3.8}$
3.68	OCH$_2^*$CH$_2^*$O	$S_{3.68}$
1.3, 2.07	添加剂或杂质	

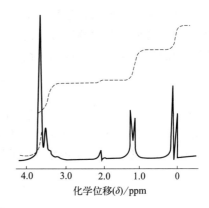

图 8-18 乙二醇-丙二醇-甲基硅氧烷共聚物的 ^{1}H NMR 谱

定量计算如下：

$$\begin{cases} \dfrac{\frac{1}{2}\times S_{0.1}}{S_{1.17}}=\dfrac{n}{m} \\ \dfrac{S_{3.2\sim3.8}-S_{3.68}}{S_{3.68}\times 3/4}=\dfrac{l}{m} \\ l+m+n=1 \end{cases}$$

解上面的方程组，求出三者的含量为乙二醇:丙二醇:甲基硅氧烷=45%:43%:12%。

③ 共聚物端基分布的测定。氧化乙烯与氧化丙烯共聚形成共聚物，共聚物具有两种端基结构，且随两组分比例不同，共聚物端基的组成及分布不同，共聚反应示意如下：

$$n\text{CH}_2\text{—CH}_2\text{—O} + m\text{CH}_2\text{—CHCH}_3\text{—O} \longrightarrow \text{—(OCH}_2\text{CH}_2\text{)}_n\text{—(OCHCH}_2\text{)}_m\text{—}$$
$$\quad\quad\quad\text{PEG}\quad\quad\quad\quad\quad\text{PPG(CH}_3\text{)}$$

含有端基：

伯醇端基　　　　伯醇端基

在氧化乙烯与氧化丙烯共聚物的 ^{1}H NMR 谱中，端基的共振峰与主链的共振峰往往重叠在一起，无法分别计算端基的含量。采用三氟乙酐酯化生成三氟乙酯的方法却可以方便地利用 ^{19}F NMR 谱区分两种三氟乙酯（伯酯或仲酯）。如下式，伯醇与仲醇很容易与三氟乙酐反应，生成三氟乙酯。

聚醚聚醇的两种三氟乙酯（伯酯及仲酯）可以用 ^{19}F NMR 谱加以区别，如图 8-19 所示。由图可知，与伯醇及仲醇反应后的三氟甲基的 ^{19}F 共振峰被分裂成间隔为 0.5ppm 的两部分。根据它们的积分强度比，可以算出原来共聚物中伯醇端基占整个端基的比例为：

$$\text{伯醇}\% = \frac{[I_1]}{[I_1] + [I_2]} \tag{8-13}$$

式中，$[I_1]$ 及 $[I_2]$ 分别为与伯醇及仲醇反应的三氟乙酯中 ^{19}F 的积分强度。图 8-19 中（a）、（b）和（c）三种不同共聚样品的伯醇端基含量分别为 76%、64% 和 20%。在上述样品测试中发现，根据共聚物的分子量可以在很宽的范围内得到准确的端基分布计算值。

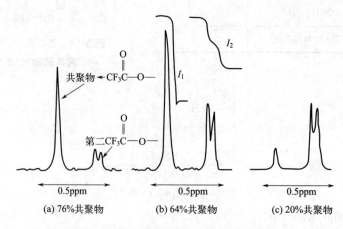

图 8-19　^{19}F NMR 研究共聚物端基含量

第3篇
物相结构研究

在材料科学领域，相是指具有特定的结构和性能的物质状态。材料中原子的排列方式决定了晶体的相结构，原子排列方式的变化导致了相结构的变化。材料的物理、化学性能与材料的相组成有直接的对应关系。人们可以通过改变生产工艺及后续热处理来获得不同的相组成，并实现可控的相变。材料的相结构对于性能起着决定性作用，理解材料的物相结构有助于全面理解某种材料。物相分析是指利用衍射分析的方法探测材料的晶格类型和晶胞常数，从而确定材料的相结构。物相分析对于研究材料的相结构与性能的关系和研究相转变过程具有重要的意义。

(1) 衍射的概念与原理

衍射是入射波受晶体内周期性排列的原子的作用，产生相干散射的结果。无论入射波是电磁波还是物质波，它们的衍射波都遵循着共同的衍射几何和强度分布规律。衍射理论是一切物相分析的理论基础。

① X射线衍射产生的物理原因。X射线与物质作用时发生散射作用，主要是电子与X射线相互作用的结果。物质中的核外电子可分为两大类：外层原子核弱束缚的电子和内层原子核强束缚的电子。X射线光子与不同的核外电子作用会产生不同的散射效应。X射线光子与外层原子核弱束缚电子作用后，这些电子将被撞离原运行轨道，同时携带光子的一部分能量而成为反冲电子，入射的X光子损失部分能量，造成在空间各个方向的X射线光子的波长不同，位相也不存在确定的关系，因此是一种非相干散射。而X射线与内层原子核强束缚电子相互作用后却可以产生相干增强的衍射。具体的机制需要从三个层次来理解。

电子对X射线的弹性散射：X射线光子与内层原子核强束缚的电子作用后产生弹性散射，其机制如下。电子受X射线电磁波的交变电场作用将在其平衡位置附近产生受迫振动，而且振动频率与入射X射线相同（也可以理解为X射线与束缚较紧的内层电子碰撞，光子将能量全部传递给电子）；根据经典电磁理论，一个加速的带电粒子可向四周发射电磁波，所以上述受迫振动的电子本身已经成为一个新的电磁波源，向各方向辐射被称为散射波的电磁波，由于受迫振动的频率与入射波一致，因此发射出的散射电磁波频率和波长也和入射波相同，即散射是一种弹性散射，没有能量损失。

原子对X射线的散射：由于每个原子含有数个电子，每个原子对X射线的散射是多个电子共同作用的结果。理论推导表明，一个原子对入射波的散射相当于$f(\sin\theta/\lambda)$个独立电子处在原子中心的散射，即可以将原子中的电子简化为集中在原子中心的独立电子集合体，只是其电子数不再是Z，而是$f(\sin\theta/\lambda)$。

晶体对X射线的相干衍射：将以上原子对X射线的散射推广到晶体的层次，当电磁波照射到晶体中时被晶体内的原子散射，散射的波好像是从原子中心发出的一样，即从每一个原子中心发出一个圆球面波。原子在晶体中是周期排列的，使得在某些方向散射波的相位差等于波长的整数倍，散射波之间干涉加强，形成相干散射，从而出现衍射现象。相干散射波虽然只占入射能量的极小部分，但由于它的相干特性而成为X射线衍射分析的基础。

② 电子衍射产生的物理原因。电子衍射是周期性排列的晶体结构对电子发生弹性散射的结果。理解电子衍射需要从电子与原子的相互作用开始。

卢瑟福散射理论：可以用卢瑟福散射理论来简单地理解电子与原子的相互作用，这个理论忽略了核外电子对核的屏蔽效应，可近似地描述电子的弹性散射和非弹性散射。

入射电子受带正电的核吸引而偏转，受核外电子排斥而向反方向偏转，由于电子的质量与核相比很小，可以认为当电子受原子核的散射作用时，原子核基本固定不动，电子不损失能量，发生弹性散射。相反，核外电子对入射电子发生散射时，由于二者质量相同，入射电子的能量会转移给核外电子，损失部分能量，波长发生改变，因此发生的是非弹性散射。电子在物质中的弹性散射比非弹性散射大 Z 倍，原子序数 Z 越大，弹性散射部分就越重要；反之，非弹性散射就越重要。

晶体对电子的衍射作用：以上描述的是电子受一个原子的散射，事实上当电子与晶体物质作用时，电子受到原子集合体的散射。在弹性散射的情况下，各原子散射的电子波波长相同，原子在晶体中是周期排列的，使得在某些方向散射波的相位差等于波长的整数倍，散射波之间干涉加强，形成相干散射，从而出现衍射现象。

电子受到样品的弹性散射是电子衍射图和电子显微成像的物理依据，它可以提供样品晶体结构及原子排列的信息。与 X 射线相比，电子受样品强烈散射这一特点（电子衍射强度比 X 射线高 $10^6 \sim 10^8$ 倍）使得在透射电镜（TEM）中可以在原子尺度上看到结构的细节。

(2) 物相分析手段

物相分析不仅包括对材料物相的定性分析，还包括定量分析各种不同的物相在组织中的分布情况。主要的物相分析手段有三种：X 射线衍射、电子衍射及中子衍射。其共同的原理是：利用电磁波或运动电子束、中子束等与材料内部规则排列的原子作用产生相干散射，获得材料内部原子排列的信息，从而重组出物质的结构。

① X 射线衍射。用 X 射线照射晶体，晶体中的电子受迫振动产生相干散射，同一原子内各电子散射波相互干涉形成原子散射波，各原子散射波相互干涉，在某些方向上一致加强，即形成了晶体的衍射线，衍射线的方向和强度反映了材料内部的晶体结构和相组成。X 射线衍射分析物相较为简便快捷，适用于多相体系的综合分析，也能对尺寸在微米量级的单颗晶体材料进行结构分析。但由于无法实现对 X 射线的有效聚焦，X 射线衍射的方法还不能在更为微观的层次对材料进行结构分析，电子衍射恰好弥补了这一不足。

② 电子衍射。电子衍射分析立足于运动电子束的波动性。入射电子被样品中的各个原子弹性散射，相互干涉，在某些方向上一致加强，形成了衍射波。由于电子与物质的相互作用比 X 射线强 4 个数量级，电子束又可以在电磁场作用下会聚得很细小，所以特别适合测定微细晶体或亚微米尺度的晶体结构。

依据入射电子的能量大小，电子衍射可分为高能电子衍射和低能电子衍射。低能电子衍射（LEED）以能量为 $10 \sim 500 \mathrm{eV}$ 的电子束照射样品表面，产生电子衍射。由于入射电子能量低，因而低能电子衍射给出的是样品表面 $1 \sim 5$ 个原子层的（结构）信息，故低能电子衍射是分析晶体表面结构的重要方法，应用于表面吸附、腐蚀、催化、外延生长、表面处理等材料表面科学与工程领域。

高能电子衍射（HEED）入射电子的能量为 $10 \sim 200 \mathrm{keV}$。由于原子对电子的散射能力远高于其对 X 射线的散射能力（高 10^4 倍以上），电子穿透能力差，因而透射式高能电子衍射只适用于对薄膜样品的分析。高能电子衍射的专用设备为电子衍射仪，但随着透射电子显微镜的发展，电子衍射分析多在透射电子显微镜上进行。与 X 射线衍射分析相比，透射电子显微镜具有可实现样品选定区域电子衍射（选区电子衍射），并可实现微区样品结构（衍射）分析与形貌观察相对应的特点。

③ 中子衍射。与 X 射线、电子受原子的电子云或势场散射的作用机理不同，中子受物质中原子核的散射，所以轻重原子对中子的散射能力差别比较大，中子衍射有利于测定材料中轻原子的分布。

总之，这三种衍射法各有特点，应视分析材料的具体情况做选择。

第 9 章　X 射线衍射

20 世纪 50 年代以前的 X 射线衍射（XRD）分析，绝大部分是利用粉末照相法，用底片把试样的全部衍射花样同时记录下来，该方法具有设备简单、价格便宜，在试样非常少的情况下（1mg）也可以进行分析的优点，但存在拍照时间长（几个小时）、衍射强度依靠照片黑度来估计的缺点。近几十年，利用各种辐射探测器（计数器）和电子线路依次测量 2θ 角处的衍射线束的强度和方向的 X 射线衍射仪法已相当普遍，目前 X 射线衍射仪广泛用于科研与生产中，并在各主要测试领域中取代了照相法，与照相法相比，衍射仪法需要较少的样品，且具有测试速度快、强度测量精确度高、能与计算机联用、实现分析自动化等优点。

9.1　X 射线衍射仪工作方式

（1）连续扫描法

在进行定性分析工作时常使用此法，即利用计数率仪和记录设备连续记录试样的全部衍射花样。实验方法是：使探测器以一定的角速度和试样以 2∶1 的关系在选定的角度范围内进行自动扫描，并将探测器的输出与计数率仪连接，获得 I-2θ 衍射图谱，如图 9-1 所示，纵坐标通常表示每秒的脉冲数。从图谱中可以很方便地看出衍射线的峰位、线形和强度。连续扫描方式速度快、工作效率高，一般用于对样品的全扫描测量，对强度测量的精度要求不高，对峰位置的准确度和角分辨率要求也不太高，可选择较大的发散光阑和接收光阑，使计数器扫描速度较快以节约实验时间。

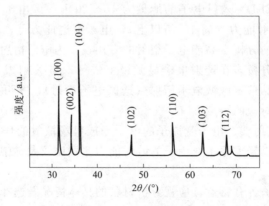

图 9-1　X 射线衍射谱

(2) 步进扫描法

此法又称阶梯扫描法，当需要准确测量衍射线的峰形、峰位置和累积强度时采用，适用于定量分析。其步骤是：把计数器放在衍射线附近的某角度处，以足够的时间测量脉冲数，脉冲数除以计数时间即为某角度的衍射角度；然后再把计数器向衍射线移动很小的角度，重复上述操作，也就是探测器以一定的角度间隔（步长）逐步移动，对衍射峰强度进行逐点测量。步进扫描法可以采用定时计数法或定数计数法。

9.2 X射线衍射物相分析方法

XRD 物相分析可确定材料由哪些相组成（即物相定性分析或称物相鉴定）和确定各组成相的含量（常以体积分数或质量分数表示，即物相定量分析）。

9.2.1 定性分析

(1) 定性分析原理

X 射线衍射线的位置取决于晶胞参数（晶胞形状和大小），也即取决于各晶面间距，而衍射线的相对强度则取决于晶胞内原子的种类、数目及排列方式。每种晶态物质都有其特有的晶体结构，因而 X 射线在某种晶体上的衍射必然反映出带有晶体特征的特定的衍射花样。光具有一个特性，即两个光源发出的光互不干扰，所以对于含有 n 种物质的混合物或含有 n 相的多相物质，它们各自的衍射花样互不干扰而是机械地叠加，即当材料中包含多种晶态物质，它们的衍射谱同时出现，不互相干涉（各衍射线位置及相对强度不变），只是简单叠加。于是在衍射谱图中发现与某种物相相同的衍射花样，就可以断定试样中包含这种物相，这就如同通过指纹进行人的识别一样，自然界中没有衍射谱图完全一样的物质。

(2) X 射线衍射物相定性分析的基本步骤

① 制备待分析物质样品，用衍射仪获得样品衍射图谱；

② 确定各衍射线 d 值及相对强度 I/I_1 值（I_1 为最强线强度），确定三强峰；

③ 检索粉末衍射卡片（PDF 卡片）。

PDF 卡片检索有三种方式：

a. 检索纸质卡片；b. 计算机光盘卡片库检索；c. 专用软件辅助检索。

物相分析是繁重而又耗时的工作。自 20 世纪 60 年代中期，开始了计算机辅助检索的研究工作。用计算机控制的近代 X 射线衍射仪一般都配备有自动检索软件（如 MDI Jade、EVA 软件），通过图形对比方式检索多物相样品中的物相。需要指出的是，至今的计算机自动检索软件亦未十分成熟，有时也会出现给出一些似是而非的候选卡片，需要人工判定结果的情况。

(3) 核对 PDF 卡片与物相判定

将衍射花样全部 d-I/I_1 值与检索到的 PDF 卡片核对，若一一吻合，则卡片所示相即为待分析相。检索和核对 PDF 卡片时以 d 值为主要依据，以 I/I_1 值为参考依据。如果检测的衍射花样是多相物质的，其各组成相衍射花样简单叠加，这就带来了多物质分析（与单相物质相比）的困难：检索用的三强峰不一定属于同一相，而且还可能发生一个相的某线条与另一相的某线条重叠的现象。因此，多相物质定性分析时，需要将衍射线条轮番搭配、反复尝试，比较复杂。

9.2.2 定量分析

X射线衍射物相定量分析的任务是根据混合相试样中各相物质的衍射线的强度来确定各相物质的相对含量。随着衍射仪的测量精度和自动化程度的提高，近年来定量分析技术有很大进展。

（1）定量分析原理

从衍射线强度理论可知，多相混合物中某一相的衍射强度，随该相的相对含量的增加而增高。但由于试样的吸收等因素的影响，一般某相的衍射线强度与其相对含量并不成线性的正比关系，而是曲线关系，如图9-2所示。

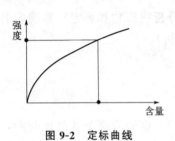

图9-2 定标曲线

如果用实验测量或理论分析等方法确定了该关系曲线，就可从实验测得的衍射强度算出该相的含量，这是定量分析的理论依据。虽然照相法和衍射仪法都可用来进行定量分析，但因用衍射仪法测量衍射强度比用照相法方便简单、速度快、精确度高，而且现在衍射仪的普及率已经很高，因此定量分析的工作基本上都用衍射仪法进行。为此下面以衍射仪的强度公式为基础进行讨论。

衍射线的积分强度公式，即：

$$I_m = e^{-2M} A(\theta) P q \frac{\cos\theta}{2} d\theta \mid G \mid^2 F_{hkl}^2 \frac{e^4}{m^2 c^4 R^2} \left(\frac{1+\cos^2\theta}{2} \right) I_0 \tag{9-1}$$

式中，多晶体作用项 $q \frac{\cos\theta}{2} d\theta$ 与参与衍射的试样体积 V 有关，可以用 MV 表示，其中 M 为系数。另外，若试样为平板状的单相多晶体，其吸收因子 $A(\theta) = \frac{1}{\mu}$，其中 μ 为试样的线吸收系数。则衍射线的积分强度公式变为：

$$I_m = e^{-2M} P \frac{MV}{\mu} \mid G \mid^2 F_{hkl}^2 \frac{e^4}{m^2 c^4 R^2} \left(\frac{1+\cos^2 2\theta}{2} \right) I_0 \tag{9-2}$$

这个公式虽是从单相物质导出的，但只要做适当修改，就可应用于多相物质。假设试样由几个相均匀混合而成，μ 为混合试样的线吸收系数，其中第 j 相所占的体积分数为 ν_j，则上式中的 V 换成第 j 相的体积 $V_j = \nu_j V$，则第 j 相的某条衍射线强度：

$$I_j = e^{-2M} P \frac{\nu_j MV}{\mu} \mid G \mid^2 F_{hkl}^2 \frac{e^4}{m^2 c^2 R^2} \left(\frac{1+\cos^2 2\theta}{2} \right) I_0 \tag{9-3}$$

若令 $B = I_0 \frac{Me^4}{m^2 c^2 R^2} V$，$C_j = \frac{e^{-2M} P \mid G \mid^2 F_{hkl}^2 (1+\cos^2 2\theta)}{2}$ 则 I_j 表示为：

$$I_j = B C_j \frac{\nu_j}{\mu} \tag{9-4}$$

这里 B 是一个只与入射光束强度 I_0 及受照射的试样体积 V 等实验条件有关的常数；而 C_j 只与第 j 相的结构及实验条件有关，当该相的结构已知，实验条件选定之后，C 为常数，并可计算出来。

在实际应用时，常以第 j 相的质量分数 ω_j 来代替体积分数 ν_j，这是因为 ω_j 比 ν_j 容易测量。若设混合物的密度为 ρ，质量吸收系数为 $\mu_m = \frac{\mu}{\rho}$，参与衍射的混合试样的质量和体积

分别为 W 和 V，而第 j 相的对应物理量分别用 ρ_j、$(\mu_m)_j$、W_j 和 V_j 表示，这时，

$$\nu_j = \frac{V_j}{V} = \frac{1}{V} \times \frac{W_j}{\rho_j} = \frac{W\omega_j}{V\rho_j} = \rho \frac{\omega_j}{\rho_j}, \quad \mu = \mu_m \rho = \rho \sum_{j=1}^{n} (\mu_m)_j \omega_j \tag{9-5}$$

混合物的质量吸收系数是组成相的质量吸收系数的加权平均值。

将式（9-5）代入式（9-4）得

$$I_j = BC_j \frac{\omega_j / \rho_j}{\sum_{j=1}^{n} (\mu_m)_j \omega_j} \text{ 或 } I_j = BC_j \frac{\omega_j / \rho_j}{\mu_m} \tag{9-6}$$

该公式直接把第 j 相的某条衍射线强度与该相的质量分数 ω_j 联系起来，是定量分析基本公式。

（2）直接对比法

这种方法只适用于待测试样中各相的晶体结构为已知的情况，此时与 j 相的某衍射线有关的常数 C_j 可直接由公式算出来。假设试样中有 n 相，则可选取一个包含各个相的衍射线的较小角度区域，测定此区域中每个相的一条衍射线强度，共得到 n 个强度值，分属于 n 个相，然后定出这 n 条衍射线的衍射指数和衍射角，算出它们的 C_j，于是可列出下列方程组：

$$I_1 = BC_1 \frac{\nu_1}{\mu}, \ I_2 = BC_2 \frac{\nu_2}{\mu}, \ I_3 = BC_3 \frac{\nu_3}{\mu}, \ I_n = BC_n \frac{\nu_n}{\mu}, \ \nu_1 + \nu_2 + \nu_3 + \cdots + \nu_n = 1$$

$$\tag{9-7}$$

这个方程组有 $(n+1)$ 个方程，而其中未知数为 ν_1、ν_2、ν_3、$\cdots$、ν_n 和 μ，也是 $(n+1)$ 个，因此可解，各相的体积分数可求得。这种方法应用于两相系统时特别简便，有

$$I_1 = BC_1 \frac{\nu_1}{\mu}, \ I_2 = BC_2 \frac{\nu_2}{\mu}, \ \nu_1 + \nu_2 = 1 \tag{9-8}$$

解之可得：

$$\nu_1 = \frac{I_1 C_2}{I_1 C_2 + I_2 C_1}, \ \nu_2 = \frac{I_2 C_1}{I_1 C_2 + I_2 C_1} \tag{9-9}$$

（3）外标法

外标法是用对比试样中待测的第 j 相的某条衍射线和纯 j 相（外标物质）的同一条衍射线的强度来获得第 j 相含量的方法，原则上它只能应用于两相系统。

设试样中所含两相的质量吸收系数分别为 $(\mu_m)_1$ 和 $(\mu_m)_2$，则有

$$\mu_m = (\mu_m)_1 \omega_1 + (\mu_m)_2 \omega_2 \tag{9-10}$$

根据式（9-6），所以有

$$I_1 = BC_1 \frac{\omega_1 / \rho_1}{(\mu_m)_1 \omega_1 + (\mu_m)_2 \omega_2} \tag{9-11}$$

因 $\omega_1 + \omega_2 = 1$，故

$$I_1 = BC_1 \frac{\omega_1 / \rho_1}{\omega_1 [(\mu_m)_1 - (\mu_m)_2] + (\mu_m)_2} \tag{9-12}$$

若以 $(I_1)_0$ 表示纯的第 1 相物质（$\omega_2 = 0$，$\omega_1 = 1$）的某衍射线的强度，则有

$$(I_1)_0 = BC_1 \frac{1/\rho_1}{(\mu_m)_1} \tag{9-13}$$

于是

$$I_1 / (I_1)_0 = \frac{\omega_1 (\mu_m)_1}{\omega_1 [(\mu_m)_1 - (\mu_m)_2] + (\mu_m)_2} \tag{9-14}$$

由此可见，在两相系统中若各相的质量吸收系数已知，则只要在相同实验条件下测定待测试样中某一相的某条衍射线强度 I_1（一般选择最强线来测量），然后再测出该相的纯物质的同一条衍射线强度 $(I_1)_0$，就可以算出该相的质量分数 ω_1。但 $I_1/(I_1)_0$ 一般无线性正比关系，而呈曲线关系，这是由样品的基体吸收效应所造成的。但若系统中两相的质量吸收系数相同（例如两相相同的同素异构体）时，则 $I_1/(I_1)_0 = \omega_1$，这时该相的含量 ω_1 与 $I/(I_1)_0$ 呈线性正比关系。

（4）内标法

当试样中所含物相数 $n > 2$，而且各相的质量吸收系数又不相同时，常需往试样中加入某种标准物质（称为内标物质）来帮助分析，这种方法称为内标法。

设试样中有 n 个相，它们的质量为 W_1，W_2，…，W_n，总质量 $W = \sum_1^n W_i$，在试样中加入标准物质作为第 s 个相，它的质量为 W_s。如果以 ω_j 表示待测的第 j 相在原试样中的质量分数，又以 ω'_j 表示它在混入标准物质后的试样中的质量分数，而用 ω_s 表示标准物质在它混入后的试样中的质量分数，则

$$\omega'_j = \frac{W_j}{W + W_s} = \frac{W_j}{W}\left(1 - \frac{W_s}{W + W_s}\right) = \omega_j(1 - \omega_s) \tag{9-15}$$

根据式（9-6），可得混入标准物质后第 j 相和标准物质的强度公式：

$$I_j = BC_j \frac{\omega'_j/\rho_j}{\sum_1^n (\mu_m)_j \omega'_j + \omega_s(\mu_m)_s} \tag{9-16}$$

$$I_s = BC_s \frac{\omega_s/\rho_s}{\sum_1^n (\mu_m)_j \omega'_j + \omega_s(\mu_m)_s} \tag{9-17}$$

将式（9-16）和式（9-17）相比，可得

$$I_j/I_s = \frac{C_j}{C_s} \times \frac{\omega'_j \rho_s}{\omega_s \rho_j} = \frac{C_j}{C_s} \times \frac{(1-\omega_s)\rho_s}{\omega_s \rho_j} \omega_j \tag{9-18}$$

由于在配制试样时，可以控制质量 W 和加入的内标物质的质量 W_s，使得 ω_s 保持常数，于是可写为 $I_j/I_s = C\omega_j$，其中 $C = \frac{C_j}{C_s} \times \frac{(1-\omega_s)\rho_s}{\omega_s \rho_j}$ 为常数。式（9-18）即为内标法的基本公式，它说明待测的第 j 相的某一衍射线强度与标准物质的某衍射线强度之比是该相在原试样中的质量分数 ω_j 的直线函数。

由于常数 C 难以用计算方法定准，因此实际使用内标法时也是先用实验方法作出定标曲线，再进行分析。先是配制一系列标准样品，其中包含已知量的待测相 j 和恒定质量百分比 ω_s 的标准物质；然后用衍射仪测量对应衍射线的强度比，作出 I_j/I_s 与 ω_j 的关系曲线（定标曲线）。在分析未知样品中的第 j 相含量时，只要在试样加入相同百分比的标准物质，然后测量出相同线条的强度比 I_j/I，查对定标曲线即可确定未知样品中第 j 相的含量。必须注意，在制作定标曲线与分析未知样品时，标准物质的质量分数 ω_s 应保持恒定，通常取 ω_s 为 0.2 左右；而测量强度所选用的衍射线，应选取内标物质以及第 j 相中衍射角相近、衍射强度也比较接近的衍射线，并且这两条衍射线应该不受其他衍射线的干扰，否则情况将变得更加复杂化，影响分析精度的提高。对于一定的分析对象，在选取何种物质作为内标物质时，必须考虑到这些问题。除此之外，内标物质必须化学性能稳定、不受研磨影响、衍射线数目适中及分布均匀。

(5) K 值法

内标法的缺点是常数 C 与标准物质的质量分数 ω_s 有关，钟（F. H. Chung）对内标法作了改进，消除了这一缺点，并改称为基体冲洗法，由于名称不易理解，现在多称为 K 值法。K 值法实际上也是内标法的一种，它与传统的内标法相比，不用绘制定标曲线，因而免去了许多繁复的实验，使分析手续更为简化。其所用的公式是从内标法的公式演化而来的，令 $\omega_j' = \omega_j(1-\omega_s)$，根据式（9-18），进而变化可得

$$I_j/I_s = \frac{C_j}{C_s} \times \frac{\rho_s}{\rho_j} \times \frac{\omega_j'}{\omega_s} = \frac{C_j}{C_s} \times \frac{\rho_s}{\rho_j} \times \frac{1-\omega_s}{\omega_s} \times \omega_j \tag{9-19}$$

式中，I_j 和 I_s 分别是加入内标物质 s 后，试样中第 j 相和内标物质 s 选定的衍射线的强度；ω_j 和 ω_j' 则分别是内标物质加入以前和以后，试样中第 j 相的质量分数；ω_s 是内标物质加入以后内标物质的质量分数。在式（9-19）中若令 $K_s^j = \frac{C_j}{C_s} \times \frac{\rho_s}{\rho_j}$，则

$$I_j/I_s = K_s^j \frac{1-\omega_s}{\omega_s}\omega_j \quad \text{或} \quad I_j/I_s = K_s^j \frac{\omega_j'}{\omega_s} \tag{9-20}$$

如果已知 K_s^j，又测定了 I_j 和 I_s，则通过式（9-20）可算出 ω_j 和 ω_j'。（因加入的内标物质的质量分数 ω_s 是已知的）从 K_s^j 的表达式可知，它是一个与第 j 相和 s 相含量无关，也与试样中其他相的存在与否无关的常数，而且它与入射光束强度 I_0、衍射仪圆的半径 R 等实验条件也无关。它是一个只与 j 相和 s 相的密度、结构及所选的是哪条衍射线有关。X 射线的波长也会影响 K_s^j 的值，因为 X 射线波长的变化会影响衍射角，从而影响角因子，也就影响 C_j、C_s 和 K_s^j。可见当 X 射线波长选定不变时，K_s^j 是一个只与 j 和 s 两相有关的特征常数，由于这个常数通常以字母 K 来表示，故通常称为 K 值法。

从 1978 年开始，国际衍射数据中心（ICDD）发表的 PDF 卡片上开始附加有 RIR 值，这就是通常所讲的 K 值，这给使用 PDF 卡片进行物相定量计算带来了方便。

9.3　MDI Jade 6 在材料物相分析中的应用

Jade 是一个用于处理 X 射线衍射数据的软件，其主要功能还有

① 物相检索：通过建立 PDF 文件索引，可以实现物相检索；

② 图谱拟合：可以按照不同的峰形函数对单衍射峰或全衍射谱进行拟合，拟合过程是结构精修和晶粒尺寸、微观应变、残余应力计算等功能的必要步骤；

③ 计算晶粒尺寸和微观应变：适合晶粒尺寸小于 100nm 时的晶粒尺寸计算，如果样品中存在微观应变，也可以计算出来；

④ 计算残余应力：利用某 θ 角对应的 (hkl) 晶面的单衍射峰，可以计算残余应力；

⑤ 物相定量计算：通过 K 值法、内标法和绝热法可以计算物相在多相混合物中的质量分数和体积分数；

⑥ 晶胞精修：对样品中单个相的晶胞参数精修，完成点阵常数的精确计算；

⑦ 全谱拟合精修：基于"Rietveld"方法的全谱拟合结构精修，包括晶体结构、原子坐标、微结构和择优取向的精修。

当 Jade 6 安装完成后，点击图标进入 Jade 6 工作窗口（图 9-3）。如果软件使用过，

那么进入 Jade 时会显示最近一次关闭 Jade 前窗口中显示的文件，此时窗口内的菜单栏和工具栏都是亮的；如果没有使用过，那么窗口内的菜单栏和工具栏都是暗的。

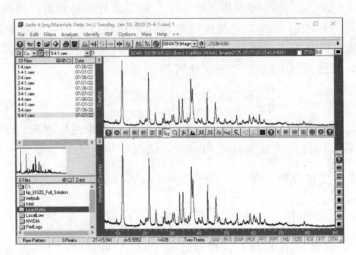

图 9-3　Jade 6 工作窗口

9.3.1　Jade 6 的菜单栏

① 菜单「File」：用于数据的输入和输出。

a. "Patterns" 子菜单：打开一个读入文件的对话窗口，在这里可以选择读入文件的格式、显示读入文件所在的目录、读入文件的缩略图。双击对话窗口内的文件，文件所代表的图谱将出现在 Jade 软件的工作窗口中。

b. "Thumbnails" 子菜单：显示文件所在目录下所有文件所代表 XRD 衍射谱的缩略图。双击对话窗口内的文件，文件所代表的图谱将出现在 Jade 软件的工作窗口中；在图谱缩略图左上角 "□" 内打 "√"，可以同时读入多个衍射谱。

c. "Save" 子菜单：选择 "Primary Pattern as *.txt" 命令，将当前窗口中显示的图谱数据以文本格式（*.txt）保存，以方便用其他作图软件处理，比如 Origin。该命令保存的是窗口中显示的图谱，如果窗口中显示的是某一个衍射谱的一部分，那么保存的只有那么一部分。

保存前注意设置显示为全部衍射谱（Full Range）（点击菜单「View」→ "Zoom Window" 子菜单→ "Full Range" 命令进行设置）。

② 菜单「Edit」：主要用于图谱的复制（copy）、粘贴（paste）和参数（preferences）设置。

"Preferences" 子菜单：设置显示、仪器、报告和个性化参数。

③ 菜单「Fileters」：主要用来校准、校正衍射峰角度、峰位，去除异常衍射峰。

④ 菜单「Analyze」：主要用来寻峰和峰形拟合设置。

⑤ 菜单「Identify」：主要用于物相检索的参数设置。

⑥ 菜单「PDF」：主要用于粉末衍射卡片的相关设置。

"Setup" 命令：这个命令的作用是导入 ICDD PDF 卡片索引。在 Jade 做物相检索前，必须将 ICDD PDF 卡片库导入 MDI Jade 软件。

⑦ 菜单「Options」：主要用来做一些计算。
⑧ 菜单「View」：主要进行衍射谱的显示设置。
⑨ Jade 6 的工具栏：Jade 6 的操作通常通过工具栏快速键实现。鼠标对工具栏内快捷键的操作，左右键的功能是不同的，右键打开一个对话窗口对操作的内容进行设定，左键执行设定内容。表 9-1 列举了工具栏中常用的快捷键所代表的功能。

表 9-1 工具栏中的快捷键及其功能

常用工具栏		手动工具栏	
	打开文件		手动寻峰
	寻峰		计算峰面积
	平滑图谱	B.E	编辑背景线
	图谱拟合	D.E	删除衍射峰
BG	扣除背景		手动拟合
S/M	物相检索		
	检索 PDF 卡片		
图谱调整工具栏		图谱标定工具栏	
	调整图谱标记高度		调整显示图谱标记大小
	多谱显示时，调整图谱间距	n	图谱标记是否显示 d 值
	调整图谱适合窗口大小	%	显示 I_1/I 的比值
	调整图谱高度	h	显示 hkl 指数
	调整图谱的显示范围	#	给予衍射峰编号
	左右移动图谱	l	是否显示峰位
	取消上一次操作	v	调整标记方向

9.3.2 寻峰

寻峰就是把衍射谱中的峰位标定出来，鉴别出衍射谱的某个起伏是否是一个真正的衍射峰。每一个衍射峰都可以用许多数据来说明，如峰高、峰面积、半高宽、对应的物相、衍射面指数、由半高宽计算出来的晶粒尺寸等等，这些数据在样品的研究过程中用来计算可以得到样品的一些信息。

(1) 寻峰步骤

鼠标右键单击常用工具栏中的寻峰" "快捷键，打开寻峰设置对话窗口（图 9-4），由于主要目的是对物相进行标定，因而对寻峰的参数设置一般不做修改，点击"Apply"进行寻峰，寻峰完毕后，点击"Report"查看寻峰结果。Jade 是按一定的数学计算方法来标定峰，一般来说，是按数学上的"二阶导数"是否为 0 来确定一个峰是否存在。因此，只要符合这个条件的衍射谱上的起伏都会被判定为峰，而有些衍射峰不是那么精确地符合这个条件，因而被漏掉，所以在寻峰之前，一般只做一次"平滑"处理，以减少失误。

鼠标右键点击图谱平滑快捷键" "，打开平滑参数设置对话窗口（图 9-5），可选择二

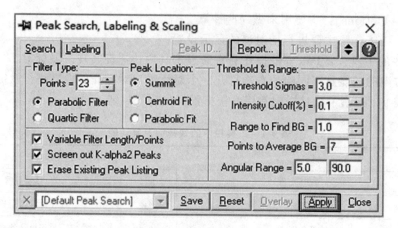

图 9-4　寻峰设置窗口

次函数拟合或四次函数拟合，一般选用二次函数拟合。数据平滑的原理是将连续多个数据点求和后取平均值作为数据点的新值，因此，每平滑一次，数据就会失真一次，一般采用 9～15 点平滑为好。设置好平滑参数后，点击"Close"关掉设置对话窗口，再点击一次平滑快捷键"　"对图谱进行平滑。

此外，在做 X 射线衍射过程中，由于样品的荧光效应获得的图谱具有背景，在寻峰的过程中一般要扣除背景。鼠标右键单击"　"按钮，弹出扣除背景设置对话窗口，如图 9-6 所示。

图 9-5　图谱平滑设置窗口

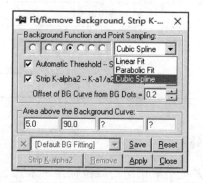

图 9-6　扣除背景设置窗口

在此，可选择扣除背景线的线形，线形一般选择"Cubic Spline"，此时在测得图谱底部出现一条背景线，如图 9-7 所示，鼠标左键单击"　"扣除背景。如果需要在扣除背景时进行调整，鼠标右键点击手动扣除背景键"　"，拖动线上的圆点对背景线进行调整并扣除。另外，在此还可以设置是否扣除 $K_{\alpha 2}$ 的影响（Strip K-alpha2-K_{a_1}/K_{a_2} Ratio 2.0），如果选择了该项，在扣除背景的同时会扣除 $K_{\alpha 2}$ 的影响。$K_{\alpha 2}$ 的影响是由 X 射线衍射本身造成的，现在 X 射线衍射仪采用的都是 K 系辐射，K 系辐射中包括了两小系，即 K_{α} 和 K_{β} 辐射，由于二者的波长相差较大，K_{β} 辐射一般通过"石墨晶体单色器"或"滤波片"被仪器滤掉了，接收到的只有 K_{α} 辐射。但是，K_{α} 辐射中又包括两种波长差很小的 $K_{\alpha 1}$ 和 $K_{\alpha 2}$ 辐射，它们的强度比一般情况下是 2/1。

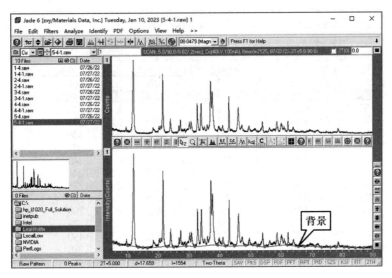

图 9-7　扣除背景线

在寻峰之后，一定要仔细检查是否有漏掉的衍射峰，并用手动工具栏中的手动寻峰"![]"来增加漏判的峰（鼠标左键在峰下面单击）或清除误判的峰（鼠标右键单击）。

（2）寻峰报告

寻峰完成之后，就可以输出和查看"寻峰报告"了，通过寻峰设置对话窗口中"Report"按钮查看寻峰结果，并可以通过"Labeling"设置衍射峰的标记，如图 9-8 所示。

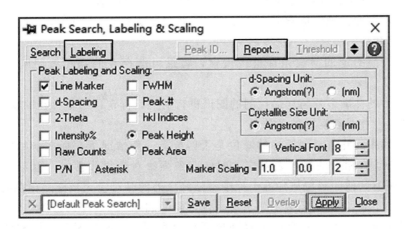

图 9-8　查看寻峰报告窗口

通过点击菜单「Report」→"Peak Search Report"命令同样可以查看寻峰报告，如图 9-9 所示。点击"Save"报告保存为"样品名.IDE"，这是一个纯文本文件，图中的峰面积可用于计算相的相对含量。

9.3.3　物相检索

（1）物相检索的基本原理

对物相进行定性分析是 Jade 6 的主要功能。物相定性分析的基本原理是基于 XRD 衍射的基本理论：

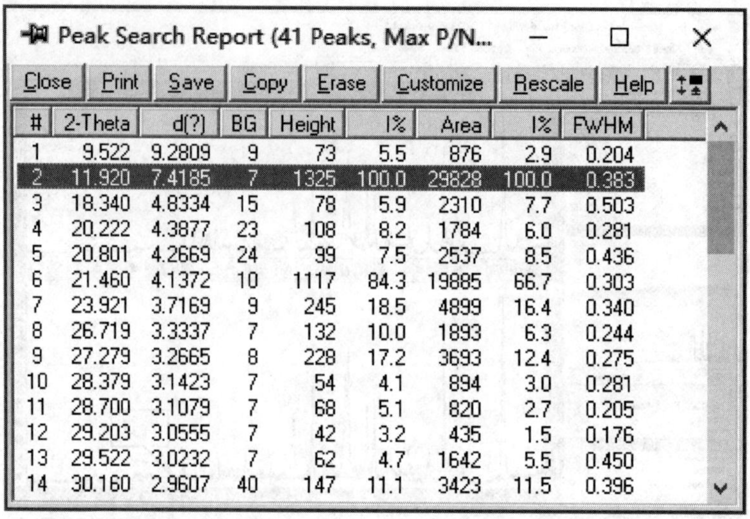

#	2-Theta	d(?)	BG	Height	I%	Area	I%	FWHM
1	9.522	9.2809	9	73	5.5	876	2.9	0.204
2	11.920	7.4185	7	1325	100.0	29828	100.0	0.383
3	18.340	4.8334	15	78	5.9	2310	7.7	0.503
4	20.222	4.3877	23	108	8.2	1784	6.0	0.281
5	20.801	4.2669	24	99	7.5	2537	8.5	0.436
6	21.460	4.1372	10	1117	84.3	19885	66.7	0.303
7	23.921	3.7169	9	245	18.5	4899	16.4	0.340
8	26.719	3.3337	7	132	10.0	1893	6.3	0.244
9	27.279	3.2665	8	228	17.2	3693	12.4	0.275
10	28.379	3.1423	7	54	4.1	894	3.0	0.281
11	28.700	3.1079	7	68	5.1	820	2.7	0.205
12	29.203	3.0555	7	42	3.2	435	1.5	0.176
13	29.522	3.0232	7	62	4.7	1642	5.5	0.450
14	30.160	2.9607	40	147	11.1	3423	11.5	0.396

图 9-9 寻峰报告

① 任何一种物相都有其特征的衍射谱；

② 任何两种物相的衍射谱不可能完全相同；

③ 多相样品的衍射峰是各物相的机械叠加。

（2）物相检索的步骤

通过检索 ICDD PDF 卡片库，将所测样品的图谱与 PDF 卡片库中的“标准卡片”进行对照，就能标定出检测样品中的全部物相，物相检索的步骤包括：

① 指定检索条件：确定检索哪个卡片库（有机还是无机、矿物还是金属等等）、样品中可能存在的元素等；

② 计算机按照给定的检索条件进行检索，将最可能存在的物相按照匹配率从高到低排列；

③ 把列表中的标准卡片与样品检测的图谱进行对照，标定出一定存在的物相。

（3）判断一个相是否存在的条件

① 标准卡片中的峰位与测量峰的峰位是否匹配。一般情况下，标准卡片中出现峰的位置，样品谱中必须有相应的峰与之对应。即使三条强线对应得非常好，也不能确定存在该相，样品中必须有其他的峰位与标准卡片中三强峰之外的峰对应，当样品存在明显的择优取向时除外（比如单晶），此时需要另外考虑择优取向的问题。

② 标准卡片的峰强比与样品峰的峰强比要大致相同。一般情况下，检测样品的峰强比与标准卡片有所出入，因此，峰强比在标定物相的过程中仅作参考。

③ 检索出来的物相包含的元素在样品中必须存在。如果检索出一个 FePt 相，但样品中根本不可能存在 Pt 元素，则即使其他条件完全吻合，也不能确定样品中存在该相，此时可考虑样品中存在与 FePt 晶体结构大体相同的某相。如果不能确定样品中的元素，最好先做元素分析。

此外，在对样品物相进行标定的过程中可能没有标准卡片与之相对应，或者检索到的卡片成分与检测样品不相符，这时候要考虑实验设备误差，以及绘图软件在作图时是否存在错误。可以把样品的衍射谱平移一定角度与标准卡片按照以上 3 条进行比对，如果能对得上，也可以确定样品中存在标准卡片所代表的物相。对于绝大多数的检测样品，一般参考“特征峰"来确定物相，而不要求全部峰都能一一对应，在样品检测过程中可能部分衍射峰检测不出来。

（4）Jade 中物相检索的几种情况

① 不知道样品任何信息的检索。打开 XRD 衍射谱"5-4-1.raw"，扣除背景，平滑衍射谱，鼠标右键点击"S/M"按钮，打开检索条件设置对话窗口，如图 9-10 所示。点击标签"Advanced"中的"Reset"按钮，使用默认设置，然后点击标签"General"，去掉"Use Chemistry Filter"选项前的对号"√"，同时选择 PDF 子库，检索对象选择为主相（S/M Focus on Major Phases），如图 9-11 所示，再点击"OK"按钮，进入"Search/Match Display"窗口。

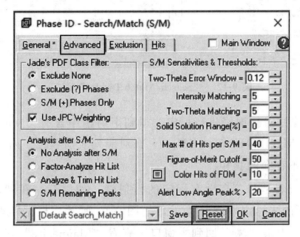

图 9-10　检索条件设置对话窗口

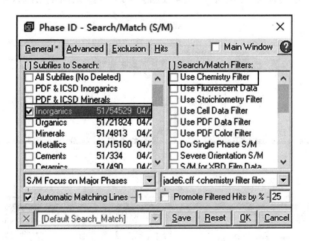

图 9-11　检索的卡片库设置

"Search/Match Display"窗口分为三块，如图 9-12 所示。最上面是全谱显示窗口，可以观察全部 PDF 卡片的衍射线与测量谱的匹配情况；中间是放大窗口，可观察局部匹配的细节，通过右边的按钮可调整放大窗口的显示范围和放大比例，以便观察得更加清楚；最下面是检索列表，从上至下列出最可能的物相，一般按"FOM"由小到大的顺序排列，FOM是匹配率的倒数，数值越小，表示匹配性越高。

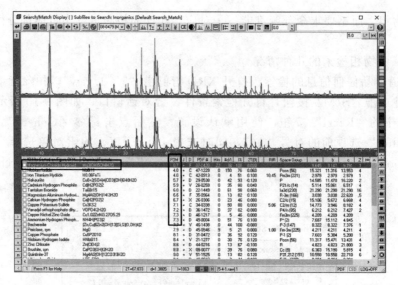

图 9-12 "Search/Match Display" 窗口

根据"三强峰"原则对衍射峰进行标定，得到衍射谱中含有"Magnesium Chloride Hydroxide Hydrate"相 $Mg_3(OH)_5Cl \cdot 4H_2O$，在对应列表前"□"内打"√"，然后点击图标"✖"清除列表中不存在的物相。

点击图标"囚"查看是否存在没有标定的衍射峰，如果有，在列表中"双击"峰强比较高的，比如 43.020°的未标定峰进行检索，如图 9-13 所示，根据匹配度的高低在"Magnesite"相前打"√"，点击"■"回到主窗口，查看"Magnesite"其他谱线是否和检测谱线相对应；也可以点击其他角度的未标定峰进行检索，直到所有衍射峰都被标定，所有物相都检索出来。

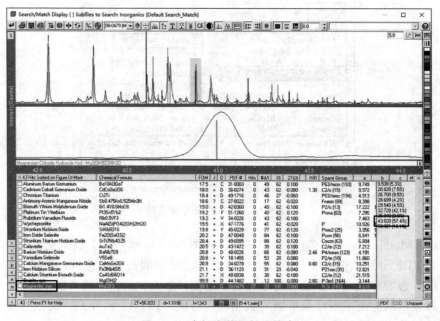

图 9-13 未标定的衍射峰检索

或者点击"⏎"回到主窗口,点击"⛰"选择未标定的衍射峰,然后点击"%"进行检索,根据匹配度的高低在"Magnesite"相前打"√",然后点击图标"⊗"清除列表中不存在的相,此时所有衍射峰都被标定,所有物相都检索出来,如图9-14所示。

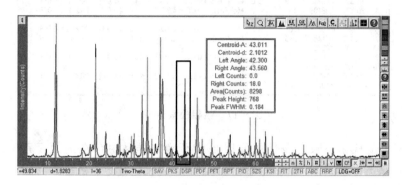

图 9-14 所有物相的检索结果

点击"⏎"回到主窗口(图9-15),点击"2"查看检索到的所有物相的简要说明,如图9-16所示。点击菜单「Report」→"Peak Id（Extended）"命令查看检索结果,点击"Export"按钮将输出一个"*.ide"的文档,如图9-17所示,列表中列出了所有衍射峰所对应的物相。

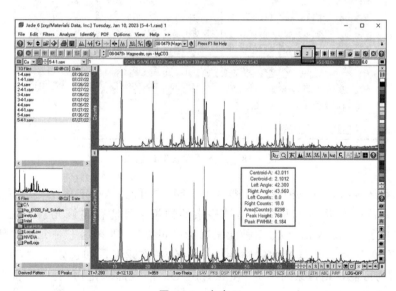

图 9-15 主窗口

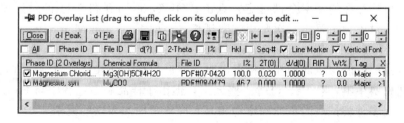

图 9-16 物相简要说明

#	2-Theta	d(?)	Height	Height%	Phase ID	d(?)	I%	(h k l)	2-Theta	Delta
1	9.539	9.2641	73	5.6						
2	11.920	7.4185	1307	100.0	Mg3(OH)5Cl!4H2O	7.4176	100.0	(1 0 0)	11.921	0.001
3	18.359	4.8284	79	6.0	Mg3(OH)5Cl!4H2O	4.8248	4.0	(-1 0 2)	18.373	0.014
4	20.239	4.3840	107	8.2	Mg3(OH)5Cl!4H2O	4.3757	6.0	(-2 0 2)	20.278	0.038
5	20.820	4.2631	98	7.5						
6	21.460	4.1372	1104	84.5	Mg3(OH)5Cl!4H2O	4.1262	75.0	(1 0 1)	21.518	0.058
7	23.940	3.7140	243	18.6	Mg3(OH)5Cl!4H2O	3.7070	14.0	(2 0 0)	23.986	0.046
8	26.701	3.3359	126	9.6						
9	27.279	3.2665	220	16.8	Mg3(OH)5Cl!4H2O	3.2577	14.0	(-2 0 3)	27.354	0.076
10	27.776	3.2092	25	1.9						
11	28.380	3.1422	52	4.0	Mg3(OH)5Cl!4H2O	3.1378	6.0	(0 1 0)	28.421	0.041
12	28.700	3.1079	60	4.6						

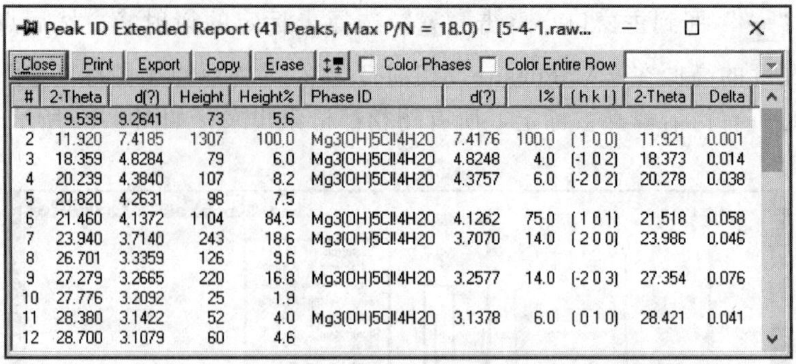

图 9-17　物相检索结果

② 限定条件的检索。限定条件的原因是已经确定样品中存在的“元素”或化学成分。在图 9-11 中，点击标签“General”，在“Use Chemistry Filter”选项前打上“√”，打开一个元素周期表对话窗口（图 9-18）。

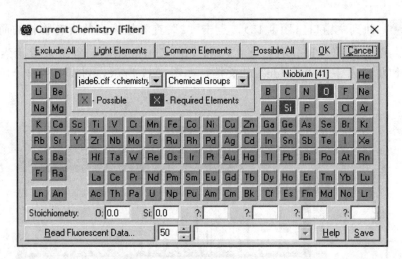

图 9-18　元素周期表对话窗口

在化学元素选定时，有三种选择，即“不可能”“可能”“一定存在”。“不可能”就是不存在，也就是不选该元素；“可能”就是被检索的物相中可能存在该元素，也可以不存在该元素，比如选择了“Li、Mn、O”三种元素都为“可能”，则在这三种元素的任意组合中去检索；“一定存在”表示了被检索的物相中一定存在该元素，如选定了“Fe”为“一定存在”，而“O”为可能，则检索对象为“Fe”和“O”的全部氧化物相。“可能”的标记为蓝色，“一定存在”的标记为绿色。

将样品中可能存在的元素全部选定，点击“OK”，返回到图 9-11 的对话窗口，此时可以依次选择检索对象为主要相、次要相或微量相（S/M Focus on Major Phases，S/M Focus on Minor Phases 或 S/M Focus on Trace Phases）。

此检索方法一般能将全部物相都检索出来，然后根据三强峰原则对谱线进行标定。有些情况下，虽然材料中不含有 Fe、O 等一些元素，但由于样品制备过程中与 Fe 制品接触或者可能被氧化，在多种尝试后尚不能确定物相时，应当考虑加入这些元素。

在列表右边的按钮中，上下双向箭头⇕用来调整标准线的高度，左右双向箭头⇔则可调整标准线的左右位置，这个功能在合金的物相分析中很有用。固溶原子的半径与溶质原子半径不同，导致晶格畸变，造成固溶体的晶胞参数与标准卡片的谱线对比有所偏移；合金在热处理后发生晶型转变，当晶型转变不彻底，两种晶型同时存在导致衍射峰展宽或者新晶型衍射峰与原晶型衍射峰对应角度不同，此时通过调整标准线的左右位置可以有效地进行物相标定。

9.3.4 图谱拟合及结晶度计算

衍射峰一般都可以用一种"钟罩函数"来表示，拟合的意义就是把测量的衍射曲线表示为一种函数形式。在做"结晶度计算""物相质量分数""点阵常数精确测量""晶粒尺寸和微观应变测量""残余应力测量"等工作前，都要经过"扣背景"→"图形拟合"的步骤。常用工具栏中的拟合命令是将全衍射谱拟合，但有时因为窗口中衍射峰太多，计算受阻而不能进行，此时，需要用到手工拟合按钮。

样品的"结晶度"即样品中物相结晶的完整程度。结晶完整的晶体，晶粒较大，内部质点的排列比较规则，衍射线强、尖锐且对称，衍射峰的半高宽接近仪器测量的宽度；结晶度差的晶体，往往是晶粒过于细小，晶体中有位错等缺陷，使衍射线峰形宽而弥散。结晶度越差，衍射能力越弱，衍射峰越宽，直到消失在衍射背景之中。

X射线总的散射强度，或者说除康普顿散射外的相干散射强度，不管晶态和非晶态的数量比如何，总是一个常数。因此，从100%的非晶态标样或100%的晶体标样着手，用以下的一个计算公式都可以求得结晶度：

$$结晶度 = \frac{1 - 全部非晶峰的强度}{100\% 完全非晶态标样的散射强度} \times 100\%$$

或者

$$结晶度 = \frac{试样全部晶体衍射峰的强度}{100\% 完全晶态标样的散射强度} \times 100\%$$

Jade软件中，没有采用标样，由一个样品就能计算出结晶度，采用了一个简单的计算公式：

$$结晶度 = \frac{衍射峰强度}{总强度} \times 100\%$$

例如，一个样品的衍射谱中，晶体部分的衍射强度与非晶体的散射强度之和为100，而所有衍射峰的强度之和为75，那么结晶度为75%。

单衍射谱的拟合及结晶度计算步骤如下：

① 读取XRD衍射谱"4-4-1.raw"，扣除衍射背景，一般同时要扣除$K_{\alpha 2}$；
② 做一次图谱平滑，使谱线变得光滑一些，便于精确拟合；
③ 进行物相检索；
④ 点击常用工具栏中的拟合快捷键"<u>灬</u>"，Jade软件开始做"全谱拟合"，如图9-19所示。

拟合是一个复杂的数学计算过程，需要较长的时间，在拟合过程中，放大窗口上部出现一条红线，红线的光滑度表示了拟合的程度，如果红线出现很大的起伏，说明拟合得不好，需要进一步拟合，可以点击"拟合"按钮重新拟合一次。在菜单栏的下面显示了拟合的进程，其中$R = \cdots$，表示拟合的误差，R值越小，表示拟合得越好。在拟合过程中，有时因为窗口中的峰数太多，拟合进行不下去，会出现"Too Many Profiles in Zoom Window！"的

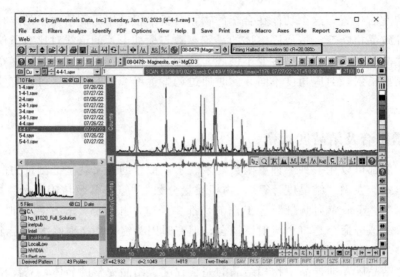

图 9-19　全谱拟合窗口

提示，此时，需要缩小角度范围，或者进行人工拟合。

拟合结束后，点击菜单「View」→"Reports & Files"子菜单→"Peak Profile Reports"命令输出拟合结果；或者点击菜单「Analyze」→"Fit Peak Profile"命令显示拟合设置对话窗口，点击"Report"输出拟合结果；鼠标右键点击常用工具栏中的拟合快捷键"▲"，显示拟合设置对话窗口，在窗口中点击"Report"按钮同样可输出拟合结果。

从输出结果（图 9-20）中可以查询检测样品物相的"结晶度"和"非晶峰"，Jade 6 默认衍射峰半高宽的角度大于 3°为非晶峰，如果没有非晶峰，"结晶度"显示为"100％"或者为"？"。

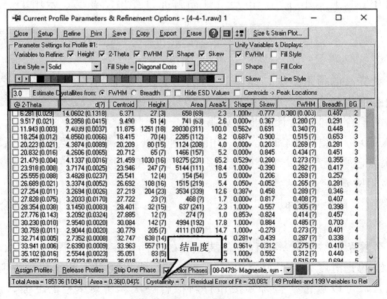

图 9-20　拟合结果

9.3.5 RIR法计算物相质量分数

从1978年开始，ICDD发表的PDF卡片上开始附加有RIR值，这就是通常所讲的K值。它是将样品与Al_2O_3（刚玉）按1∶1的质量分数混合后，测量样品最强峰的积分强度/刚玉最强峰的积分强度，可写为$K_{Al_2O_3}^A = \dfrac{K^A}{K^{Al_2O_3}} = \dfrac{I_A}{I_{Al_2O_3}}$，称为以刚玉为内标时A相的$K$值。

通过XRD衍射谱对物相质量分数进行计算存在以下问题：

（1）PDF卡片上RIR值的不确定性

① 目前很多物相都有多个PDF卡片与之对应，而且同一物相的PDF卡片中，有的有RIR值，有的没有。有两个原因：一是先有PDF卡片，后来才有人提出在PDF卡片上加上RIR值，因此，较老的PDF卡片上都没有RIR值；二是有些物相结构过于复杂，或者变化较大，RIR值不确定，因此也没有RIR值。

② 有些有RIR值的同一物相其PDF卡片上所标RIR值不相同。这可能是PDF卡片出版先后问题，也可能是可信度的问题，应尽可能选择那些编号较新、可信度较高的PDF卡片上的RIR值数据。

③ 无论选择哪个卡片上的RIR值，都只能作为一个参考。因为，影响RIR值的因素较多，任何物相的RIR值并非单一确定。

（2）定量分析的方法的不可靠性

① 定量分析的困难在于衍射峰的强度并非随物相的相对含量线性地变化。也就是说，在含量与强度之间有一个比例因子，而这个因子的计算是非常困难的。目前采用的方法有内标法、K值法、绝热法、直接对比法、外标法、联立解方程法、增量法、无标法。这里多种方法都含有"标"，即需要将"标准物相"掺入待测样品，或先用标来制作定标直线。

② 严格的定量分析应当使用内标法或K值法，需要自己来测量RIR值。

③ 一般情况下，要找到"纯物相"很困难，要在待测样品中加入标准样品并使其均匀化也很困难，因此研究不使用"标"的定量分析方法。但是，也只有在特定的条件下才能使用不带标的方法，比如在Jade中提到的方法。这种方法适用于块体合金样品，要求样品中不含有任何非晶相和未知相，而且每一相的RIR值已知，但这个已知的RIR值选用的也是PDF卡片上的RIR值数据，导致最终计算结果会有偏差。

综合以上原因，通过XRD衍射谱计算物相的质量分数准确性欠佳，为"半定量"计算方法。现举例说明RIR法计算物相质量分数过程：

① 读取XRD衍射谱"5-4-1.raw"。

② 扣除背底。

③ 物相检索。右键点击常用工具栏上检索PDF卡片的快捷方式""，弹出检索设置对话窗口，选择PDF卡片子库，进行检索，如图9-21所示。标定的衍射谱中包含物相"Magnesium Chloride Hydroxide Hydrate"和"Magnesite"，在物相前打"√"，点选"↵"返回主界面。

④ 图谱拟合。鼠标右键点击常用工具栏上图谱拟合快捷键"⋀"，点击"Fit All Peaks"，也可以手动进行图谱拟合。

⑤ 定量分析。点击菜单「Options」→ "Easy Quantitative from Profile-Fitted Peaks"子菜单→ "Calc Wt%"命令，得到物相含量的计算结果，在窗口中按照选定的显示方式进行显示，如图9-21所示。

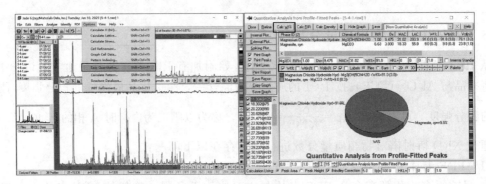

图 9-21 物相定量分析

9.3.6 晶体点阵常数计算

晶体的点阵常数与很多因素有关。在对一种合金的物相检索时，可能会发现，很难精确地将衍射谱与 PDF 卡片标准谱对应起来，角度位置上总有那么一点点差异。因为合金通常情况下都是固溶体，固溶体中溶入了异类原子，而这些异类原子的原子半径与基体的原子半径存在差异，从而导致了晶格畸变，使得晶体点阵常数发生变化。另外，点阵常数还与温度有关，多数材料会发生随着温度升高点阵常数变大的现象，当然，掺杂的原因也可以使点阵常数变化。必须指出的是，这种点阵常数变化通常是很微小的，一般反映在 $10^{-2} \sim 10^{-3}$ nm 的数量级上，如果仪器的误差足够大或者计算的误差足够大，完全可以把这种变化掩盖或看不见。

点阵常数计算的误差来源于多方面。在点阵常数的精确计算之前，必须校正仪器的角度系统误差，Jade 使用标准样品绘制一条随衍射角变化的角度补正曲线来校正。当该曲线制作完成后，保存到参数文件中，以后测量所有的样品都使用该曲线消除仪器的系统误差。

（1）角度补正曲线的绘制

标准样品必须是无晶粒细化、无应变（宏观应变或微观应变）、无畸变的完全退火态的样品，一般采用 NIST-LaB$_6$、Si-640 作为标准样品。

① 鼠标左键点击"🗀"，读入文件"CaF$_2$.MDI"，假设此样品为标准样品，以其 XRD 衍射谱绘制角度补正曲线；

② 扣除背景，进行"物相检索"和"图谱拟合"，见图 9-22；

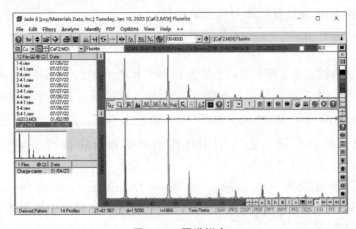

图 9-22 图谱拟合

③ 鼠标右键点击""进行设置，点击"Calibrate"，角度补正曲线就绘制完毕，点击"Save Curve"，保存绘制好的角度补正曲线，这里提示输入曲线的名称，见图9-23；

④ 点击"External"按钮，显示绘制的角度补正曲线，并点击"Apply"按钮应用，见图9-24。

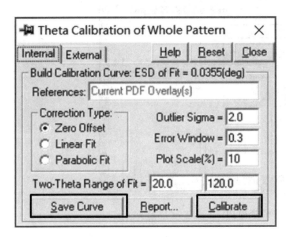

图 9-23　绘制角度补正曲线

图 9-24　载入补正曲线

(2) 计算晶体点阵常数

① 读入 XRD 衍射谱文件"CaF_2.MDI"；

② 鼠标右键点击"　"按钮，弹出角度修正设置对话窗口，或者点击菜单「Analyze」→"Theta Calibration"命令也可以弹出角度修正设置对话窗口，选中绘制的角度补正曲线"＜35-0816＞Fluorite，syn-CaF_2（01/10/23）"并点击"Apply"应用，如图 9-25 所示；

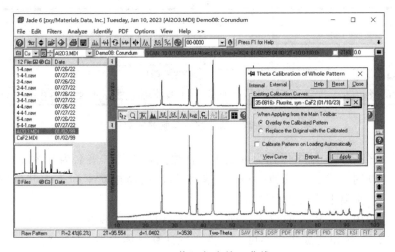

图 9-25　载入角度补正曲线

③ 再点击"　"即可转化为补正后的衍射谱；

④ 扣除背景，进行"物相检索"和"图谱拟合"；

⑤ 点击菜单「Options」→ "Cell Refinement"命令打开晶胞精修对话窗口（图 9-26），点击 "Refine" 开始晶胞精修，晶胞参数的初始值会根据 "Fluorite" 的 ICDD 卡片自动调整，如图 9-27 所示；

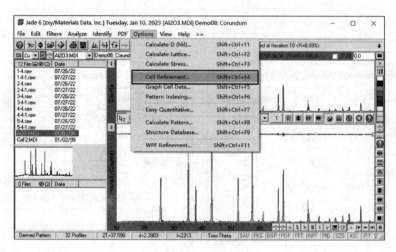

图 9-26　晶胞精修窗口

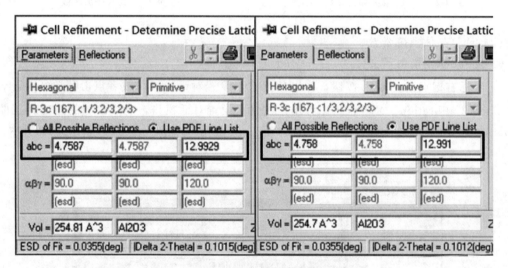

图 9-27　精修前后晶胞的常数

⑥ 观察并保存结果，结果保存为纯文本文件格式，文件扩展名为 "*.abc"；

如果需要计算同一样品中其他某相的点阵常数，在物相检索列表中其他物相名称前面 "□" 中打 "√"，重复上面的步骤即可。

如果测量过程中存在较大的误差，或者晶体结构发生了变化，导致点阵常数变化非常大，此时 "Refine" 按钮变成灰色不可用，需要先计算晶体类型（Calc）。

⑦ 点击 "Reflections" 标签，给出精密化后的点阵常数的数值，如果其中有带 "×" 的数据，表示数据不准确，不予采信，如图 9-28 所示。

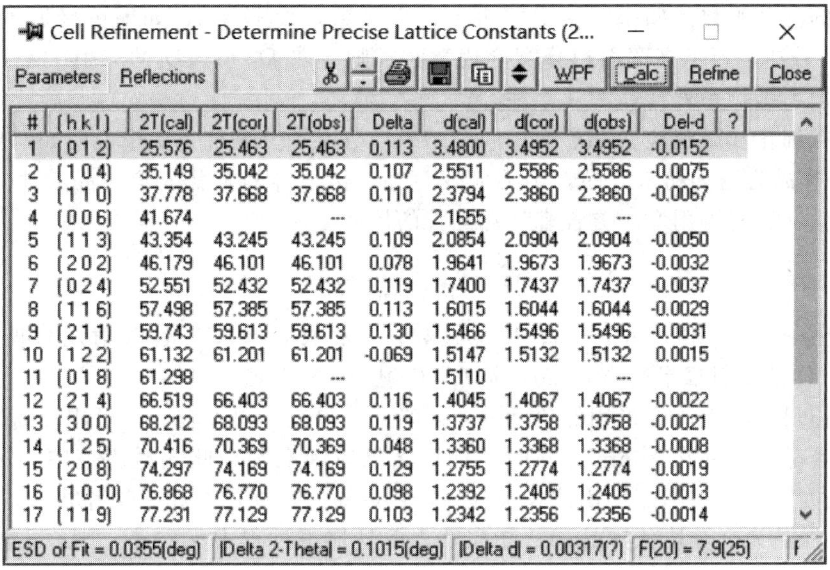
Cell Refinement - Determine Precise Lattice Constants (2...

Parameters　Reflections　WPF　Calc　Refine　Close

#	(h k l)	2T(cal)	2T(cor)	2T(obs)	Delta	d(cal)	d(cor)	d(obs)	Del-d	?
1	(0 1 2)	25.576	25.463	25.463	0.113	3.4800	3.4952	3.4952	-0.0152	
2	(1 0 4)	35.149	35.042	35.042	0.107	2.5511	2.5586	2.5586	-0.0075	
3	(1 1 0)	37.778	37.668	37.668	0.110	2.3794	2.3860	2.3860	-0.0067	
4	(0 0 6)	41.674		---		2.1655		---		
5	(1 1 3)	43.354	43.245	43.245	0.109	2.0854	2.0904	2.0904	-0.0050	
6	(2 0 2)	46.179	46.101	46.101	0.078	1.9641	1.9673	1.9673	-0.0032	
7	(0 2 4)	52.551	52.432	52.432	0.119	1.7400	1.7437	1.7437	-0.0037	
8	(1 1 6)	57.498	57.385	57.385	0.113	1.6015	1.6044	1.6044	-0.0029	
9	(2 1 1)	59.743	59.613	59.613	0.130	1.5466	1.5496	1.5496	-0.0031	
10	(1 2 2)	61.132	61.201	61.201	-0.069	1.5147	1.5132	1.5132	0.0015	
11	(0 1 8)	61.298		---		1.5110		---		
12	(2 1 4)	66.519	66.403	66.403	0.116	1.4045	1.4067	1.4067	-0.0022	
13	(3 0 0)	68.212	68.093	68.093	0.119	1.3737	1.3758	1.3758	-0.0021	
14	(1 2 5)	70.416	70.369	70.369	0.048	1.3360	1.3368	1.3368	-0.0008	
15	(2 0 8)	74.297	74.169	74.169	0.129	1.2755	1.2774	1.2774	-0.0019	
16	(1 0 10)	76.868	76.770	76.770	0.098	1.2392	1.2405	1.2405	-0.0013	
17	(1 1 9)	77.231	77.129	77.129	0.103	1.2342	1.2356	1.2356	-0.0014	

ESD of Fit = 0.0355(deg)　|Delta 2-Theta| = 0.1015(deg)　|Delta d| = 0.00317(?)　F(20) = 7.9(25)

图 9-28　晶体点阵常数

9.3.7　晶粒尺寸及微观应变计算

由于粉末多晶衍射仪使用的是多晶粉末样品，因此，其衍射谱不是由一条一条的衍射线组成，而是由具有一定宽度的衍射峰组成，每个衍射峰下面都包含了一定的面积。如果把衍射峰简单地看作是一个三角形，那么峰的面积等于峰高乘以一半高处的宽度。这个半高处的宽度即“半高宽”或“半峰宽”，英文写法是“full width at half maximum”（FWHM）。如果采用的实验条件完全一样，那么，测量不同样品在相同衍射角的衍射峰的 FWHM 应当是相同的，这种由实验条件决定的衍射峰宽度称为“仪器宽度”。仪器宽度并不是一个常数，它随衍射角有所变化，一般随衍射角变化表现为抛物线形。

有些情况下，会发现衍射峰变得比常规的要宽。有多种因素会引起这种峰形变宽，主要的两种：一种是样品的晶粒比常规样品的晶粒小（对合金样品，严格地称为亚晶粒尺寸），导致倒易球变大，衍射峰加宽；另一种是材料被加工或冷热循环等，在晶粒内部产生了微观的应变。当然，还有晶体内的位错、孪晶等因素造成的峰形变宽和峰形不对称，在此不再赘述。

仪器本来有个峰形宽，晶体细化和微观应变会导致峰形更宽。要计算晶粒尺寸或微观应变，首先应当从测量的宽度中扣除仪器宽度，得到晶粒细化或微观应变引起的真实加宽。但是，这种峰形加宽效应不是简单的机械叠加，而是它们形成的卷积。所以，得到一个样品的衍射谱以后，要从中解卷积，得到样品由晶粒细化或微观应变引起的加宽 FW（S）。解卷积的过程非常复杂，但是，由于事先绘制了半高宽补正曲线，并已保存了下来，解卷积的过程，Jade 按下列公式进行计算：

$$\mathrm{FW}(S)^D=\mathrm{FWHM}^D-\mathrm{FW}(I)^D$$

式中，D 为反卷积参数，可以定义为 1～2 之间的值；FWHM 为半高宽；$\mathrm{FW}(I)^D$ 为某衍射峰的测量半高宽。一般情况下，衍射峰图形可以用柯西函数或高斯函数来表示，或者是它们二者的混合函数。如果峰形更接近于高斯函数，设 $D=2$；如果更接近于柯西函数，则取 $D=1$。另外，当半高宽用积分宽度代替时，则应取 $D=1$。D 的取值大小影响实验结果的单值，但不影响系列样品的规律性。

因为晶粒细化和微观应变都产生相同的结果，故必须分三种情况来说明如何分析。

① 如果样品为退火粉末样品，则无应变存在，衍射峰的宽化完全由晶粒比常规样品的晶粒小而产生。这时可用谢乐方程来计算晶粒的尺寸。

$$\text{Size} = \frac{K\lambda}{\text{FWHM}\cos\theta}$$

式中，Size 表示晶体尺寸，nm；K 为常数，一般取 $K=1$；λ 是 X 射线的波长，nm；FWHM 是试样某衍射峰半高宽，rad；θ 则是衍射角，rad。

计算晶体尺寸时，一般采用低角度的衍射峰，如果晶体尺寸较大，可用较高衍射角的衍射峰来代替。晶粒尺寸在 30nm 左右时，计算结果较为准确，此式适用范围为 1~100nm。晶体尺寸超过 100nm 的不能使用此式来计算，可以通过其他的照相方法计算。

② 如果样品为合金块状样品，结晶完整，而且加工过程中无破碎，则峰形的宽化完全由微观应变引起。

$$\text{Strain}\left(\frac{\Delta d}{d}\right) = \frac{\text{FW}(S)}{4\tan\theta}$$

式中，Strain 表示微观应变，它是应变量与面间距的比值，用百分数表示；Δd 为应变量，d 为晶面间距；θ 为衍射角。

③ 如果样品中同时存在以上两种因素，需要同时计算晶粒尺寸和微观应变，情况就变得复杂了。因为这两种峰形加宽效应不是简单的机械叠加，而是它们形成的卷积。使用与前面解卷积类似的公式解出两种因素的大小，由于同时要求出两个未知数，因此靠一条谱线不能完成。一般使用 Hall 方法：测量两个以上衍射峰的半高宽加宽 FW（S），由于晶体尺寸与晶面指数有关，所以要选择同一方向衍射面，如（111）和（222），或（200）和（400）。以 $\sin\theta/\lambda$ 为横坐标，作 FW（S）$\cos\theta/(\lambda-\sin\theta/\lambda)$ 图，用最小二乘法作直线拟合，直线的斜率为微观应变的两倍，直线在纵坐标上的截距即为晶体尺寸的倒数。

Jade 软件用来计算晶粒尺寸和微观应变的步骤如下：

（1）绘制仪器半高宽补正曲线

在晶粒尺寸计算之前，必须校正好仪器的半高宽。Jade 使用标准样品来绘制一条随衍射角变化的半高宽曲线，当该曲线绘制完成后，保存到参数文件中，以后测量所有的样品都使用该曲线所表示的半高宽作为仪器宽度。

标准样品必须是无晶粒细化、无应力（宏观应力或微观应力）、无畸变的完全退火态样品，一般采用 NIST-LaB$_6$、Si-640 作为标准样品。

① 鼠标左键点击 "▨"，读入文件 "Al$_2$O$_3$.MDI"，假设此样品为标准样品，以其 XRD 衍射谱绘制半高宽补正曲线；

② 扣除背景，进行 "物相检索" 和 "图谱拟合"；

③ 点击菜单「Analyze」→ "FWHM Curve Plot" 命令，绘制半高宽补正曲线，如图 9-29 所示；

④ 点击菜单「File」→ "Save" 子菜单→ "FWHM Curve of Peaks" 命令，然后点击 "OK" 按钮，保存绘制的半高宽补正曲线，如图 9-30 所示；

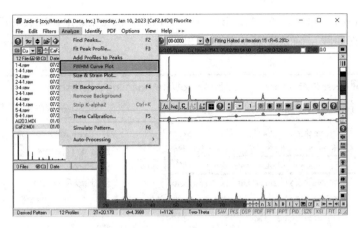

图 9-29　绘制半高宽补正曲线

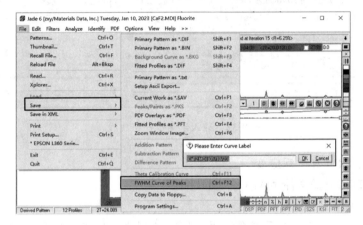

图 9-30　保存半高宽补正曲线

⑤点击菜单「Edit」→"Preferences"子菜单→"Instrument"命令，打开设备参数窗口，可以查看绘制的半高宽补正曲线，如图 9-31 所示；

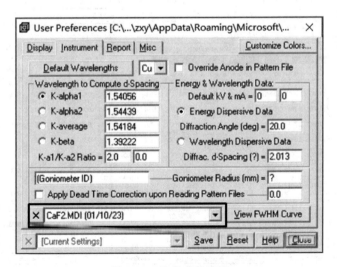

图 9-31　设备参数窗口

⑥点击"Report"标签,在"Estimate Crystallite Size from FWHM's"前打钩,载入绘制的半高宽补正曲线,确认即可,如图 9-32 所示。

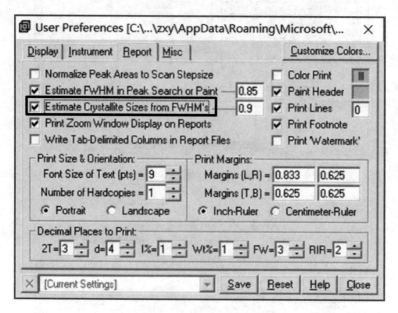

图 9-32　载入半高宽补正曲线

(2) 计算晶粒尺寸和微观应变

① 读入 XRD 衍射谱文件"Al_2O_3.MDI";

② 进行图谱拟合;

③ 点击"Report"按钮查看拟合结果,XS(Å)这一栏表示各晶面的晶粒尺寸,点击"Size & Strain Plot"按钮,就可以显示微观应变和晶粒尺寸的关系,如图 9-33 和图 9-34 所示。

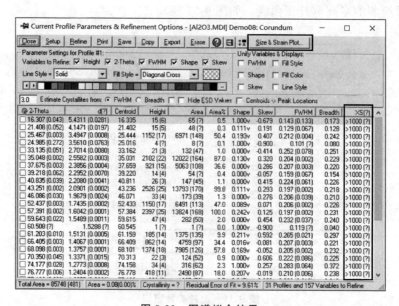

图 9-33　图谱拟合结果

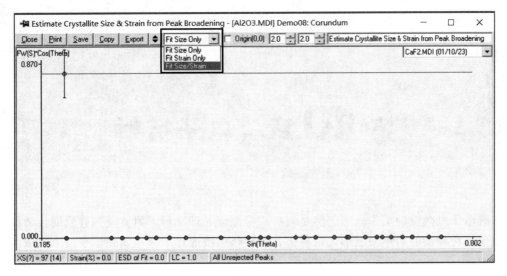

图 9-34　计算晶粒尺寸和微观应变

使用这种方法计算的是平均晶粒尺寸，实际上，不同晶面的面间距是不同的，计算结果是各衍射方向晶粒尺寸的平均。如果需要计算单一晶面的晶粒尺寸，可以点击窗口手动工具栏中的计算峰面积快捷键"🔺"。

点击窗口手动工具栏中的计算峰面积快捷键"🔺"，然后在峰的下面选择适当背景位置画一横线，所画横线和峰曲线所组成部分的面积被显示出来，这一功能同时显示了峰位、峰高、半高宽和晶粒尺寸（需点击菜单「Edit」→"Preferences"命令，在弹出的窗口中"Report-Estimate Crystallite Size from FWHM Values"前面"□"中打"√"）。画峰时，注意要适当选择好背景位置，一般以两边与背景线能平滑相接为宜，如图 9-35 所示。

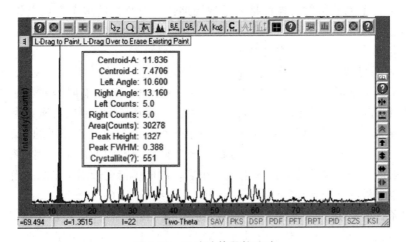

图 9-35　手动计算晶粒尺寸

如果要分别计算多个晶面的晶粒尺寸，上述步骤③打开的列表中显示了各晶面的晶粒尺寸（XS）。

第 10 章 电子衍射

透射电子显微镜的工作原理仍然是阿贝成像原理,即平行入射波受到有周期性特征物体的散射作用在物镜的后焦面上形成衍射谱,各级衍射波通过干涉重新在像平面上形成反映物特征的像。

入射波的波长决定了结构分析的能力。只有晶面间距大于 $\lambda/2$ 的晶面才能产生衍射,换言之,只有入射波的波长小于 2 倍的晶面间距才能产生衍射。一般的晶体晶面间距与原子直径在一个数量级,即为十分之几纳米,光学显微镜显然无法满足这种要求,因此无法对晶体的结构进行分析,而透射电子显微镜的电子束波长很短,完全满足晶体衍射的要求,如 200kV 加速电压下电子束波长为 0.0251nm。因此根据阿贝成像原理,在电磁透镜的后焦面上可以获得晶体的衍射谱,故透射电子显微镜可以作物相分析;在物镜的像面上可以形成反映样品特征的形貌像,故透射电子显微镜可以作组织分析。

(1) 电子衍射和 X 射线衍射的共同点

电子衍射的原理和 X 射线衍射类似,是以满足布拉格方程作为产生衍射的必要条件。两种衍射技术得到的衍射花样在几何特征上也大致相似,多晶的电子衍射花样是一系列不同半径的同心圆环,单晶的衍射花样由排列呈现周期性、对称性的多个斑点组成,而非晶体的衍射花样只有一个漫散的中心斑点。

(2) 电子衍射和 X 射线衍射的不同点

电子和 X 射线与物质作用后散射规律不同,物质对电子的散射作用比对 X 射线的散射作用大约强 1 万倍。电子衍射束的强度有时和透射束一样,电子衍射有时需要考虑二次衍射。另外,X 射线散射强度和原子序数的平方(Z^2)成正比,重元素原子的散射能力强,材料中如存在原子序数差异大的原子时,轻元素的原子衍射信号可能会被重元素原子的衍射信号所掩盖。电子散射强度约与 $Z^{4/3}$ 成正比,电子衍射分析技术在轻元素鉴别上优于 X 射线衍射分析技术。由于电子的散射能力强,穿透能力比 X 射线弱很多,故电子衍射适用于微晶、表面、薄膜的晶体结构测定。电子波的波长($10^{-3} \sim 10^{-2}$nm)比 X 射线波长(0.05~0.25nm)短得多,在同样满足布拉格条件时,电子的衍射角 θ 很小,约为 10^{-2}rad;而 X 射线满足条件产生衍射时,其衍射角最大可接近 $\pi/2$。由于电子衍射角 θ 很小,几乎平行于入射电子束的晶面才发生电子衍射,一个晶带的晶面才能同时满足衍射条件,形成衍射斑。此外,由于电子波的波长短,采用埃瓦尔德图解分析时,埃瓦尔德球半径($1/\lambda$)很大,在透射束附近,埃瓦尔德球面可近似地看成是平面,从而也可认为电子衍射产生的衍射斑点大致分布在一个二维倒易截面内。这一结果使晶体产生的衍射花样能比较直观地反映晶体内各晶面的位向,给分析带来不少方便。

电子衍射经常采用薄膜样品,由于薄膜样品的倒易点阵会沿着薄膜厚度方向延伸成杆,增加了倒易球和埃瓦尔德球相交的机会,所以稍微偏离布拉格条件也可发生衍射。电子衍射灵敏度高，能把几十纳米大小的微小晶体显微像和衍射分析对应结合，便于微观物相晶体结构分析。由于显微像和衍射分析有机结合的突出优点，电子衍射分析技术广泛应用于材料研究中。但电子衍射精准度远不如 X 射线衍射，还不能像 X 射线衍射一样广泛地测定未知晶体结构，而且透射样品制备比较复杂。

10.1 衍射斑的形成理论

10.1.1 布拉格衍射公式

无论是电子衍射还是 X 射线衍射，衍射几何是相同的，其基础都是布拉格衍射规律。考虑到电子与晶体之间的弹性散射，设电子束的波长为 λ，电子束入射方向与晶面的夹角，即掠射角为 θ，晶面间距为 d，n 为整数，则产生衍射的条件是：

$$2d\sin\theta = n\lambda \tag{10-1}$$

此即经典的布拉格衍射公式。埃瓦尔德利用作图法对布拉格衍射公式进行了描述，根据埃瓦尔德作图方法，式（10-1）可以变换为：

$$2\frac{1}{\lambda}\sin\theta = \frac{n}{d} \tag{10-2}$$

在式（10-2）中，可以把 n/d 看作一个广义的面间距倒数。即设想把晶面间距 d 分成 n 等份，在等分处插入假想晶面，这些假想晶面间的距离即为广义的面间距。

如图 10-1 所示，以 $1/\lambda$ 为半径作一个球，此即埃瓦尔德球（又称反射球），把试样放在球的中心，考虑面间距为 d/n 的晶面簇 CDEF。OA、OB 分别为电子束的入射和衍射方向，从图中的几何关系可知，有：

$$|AB| = 2|OA|\sin\theta = 2\frac{1}{\lambda}\sin\theta \tag{10-3}$$

可见，当 $|AB| = n/d$ 时，式（10-2）与式（10-3）相同，即满足布拉格衍射条件。采用埃瓦尔德作图法可以这样描述布拉格衍射条件：以电子束入射方向与反射球交点 A 作为原点，作一个与晶体结构直接相关的矢量 AB，当矢量 AB 的端点与反射球相交时，则满足布拉格衍射条件；否则，不符合产生衍射的条件。可见在判断能否产生衍射方面，埃瓦尔德作图法比布拉格衍射公式更加直观。

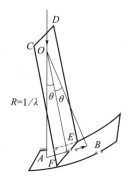
图 10-1 埃瓦尔德作图法

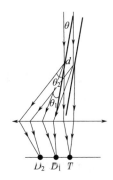
图 10-2 光程差与多级衍射

10.1.2 衍射谱形成的物理本质

在布拉格衍射公式或埃瓦尔德作图法中,只考虑了一级衍射的情形,即衍射角等于掠射角,给出的结论是:当入射电子束波长 λ 和晶体面间距 d 一定时,要形成衍射极大,掠射角 θ 必须满足式(10-1)。布拉格衍射公式是某些特定方向形成衍射极大的必要条件,而不是充要条件。

根据光的衍射理论可知,在某衍射方向,如两束光的光程差等于波长的整数倍时,将发生干涉,如图 10-2 所示。当 $\theta_1 = \theta$ 时,在 θ 方向的光程差为 $\delta = 2d\sin\theta$,如在此方向发生干涉,则有:$2d\sin\theta = n\lambda$,此即布拉格衍射公式。假设此时的衍射光构成第一级衍射极大,则形成距离透射斑 T 最近的衍射斑 D_1。假设在 θ_2 方向的光程差为 $\delta = d(\sin\theta_2 + \sin\theta)$,当 $d(\sin\theta_2 + \sin\theta) = n'\lambda$ 时(n' 为整数),也将发生干涉。如果 $n' = 2n$,则构成第二级衍射极大,在同一方向上形成次近邻衍射斑 D_2,依此类推,从而在某一个倒易方向形成一系列的衍射斑。

10.1.3 点阵消光

所谓消光是指在满足布拉格衍射条件的某些衍射方向,由于晶体点阵对称或结构平移对称的影响而不出现衍射极大的现象。一般包括点阵消光和结构消光两种情形。

倒易点阵的分布是与晶体原胞对应的,在晶体学或衍射物理中,人们更习惯采用布拉维晶胞来处理各类相关的问题,从而人为地造成消光,即点阵消光。可以采用如下简便方法来确定晶体产生衍射时,晶面布拉维指数所必须满足的条件。满足条件的晶面产生衍射,而不满足条件的晶面对应的衍射将消光。

① 确定晶体的布拉维晶胞及其包含的阵点;
② 确定布拉维原胞中阵点的附加平移表达式;
③ 把表达式中的 a、b、c 分别换成 h、k、l,把附加平移矢量换成整数;
④ 置换后的表达式即为晶体产生衍射时,晶面指数所必须满足的条件。

参照图 10-3 可知,在面心立方点阵的布拉维晶胞中存在三个式(10-4)所示的附加平移矢量,即:

$$\begin{cases} \dfrac{a}{2} + \dfrac{b}{2} = r_1 \\ \dfrac{b}{2} + \dfrac{c}{2} = r_2 \\ \dfrac{c}{2} + \dfrac{a}{2} = r_3 \end{cases} \quad (10\text{-}4)$$

用米勒指数 h、k、l 置换式(10-4)中的 a、b、c,同时用整数 m、n、p 置换三个附加平移矢量 r_1、r_2、r_3,可得:

$$\begin{cases} \dfrac{h}{2} + \dfrac{k}{2} = m \\ \dfrac{k}{2} + \dfrac{l}{2} = n \\ \dfrac{l}{2} + \dfrac{h}{2} = p \end{cases} \quad (10\text{-}5)$$

整理后，可得：

$$\begin{cases} h+k=2m \\ k+l=2n \\ l+h=2p \end{cases} \tag{10-6}$$

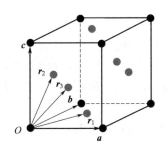

图 10-3 面心立方点阵布拉维晶胞

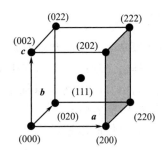

图 10-4 面心立方晶体的倒易点阵

此即面心立方晶体产生衍射的条件。从式（10-6）可知只有米勒指数全部为奇数或全部为偶数时，才出现衍射，而那些奇偶混合的衍射斑不会出现。因此在 $h>0$、$k>0$、$l>0$ 范围内，低指数的衍射斑为：(000)、(200)、(020)、(002)、(220)、(022)、(202)、(222)、(111)，这些倒易阵点构成一个本身结构为体心立方的倒易点阵，如图 10-4 所示。

同样的道理，可以知道体心立方晶体出现衍射时米勒指数的特征。对于体心立方晶体，其布拉维晶胞存在的附加平移矢量为：

$$\frac{a}{2}+\frac{b}{2}+\frac{c}{2}=r \tag{10-7}$$

参照上述方法可得其出现衍射的条件为：

$$h+k+l=2n \tag{10-8}$$

可见只有米勒指数之和为偶数的晶面才能产生衍射，这些倒易阵点构成一个面心立方的倒易点阵。表 10-1 列出了常见晶体结构的衍射消光条件。

表 10-1 常见晶体结构的衍射消光条件

晶体结构	衍射斑点的消光条件
简单立方	对指数没有限制，都能产生衍射
bcc（体心立方）	$h+k+l=$ 奇数
fcc（面心立方）	h、k、l 奇偶混合
hcp（密排六方）	$h+2k=3n$ 且 l 为奇数
NaCl 型结构	h、k、l 奇偶混合
bct（体心四方）	$h+k+l=$ 奇数
金刚石型结构	h、k、l 全为偶数且 $h+k+l$ 不能被 4 整除或 h、k、l 奇偶混合

根据点阵消光规律确定的倒易点阵与其相应的布拉维点阵类型之间存在如下关系：
① 倒易点阵与对应的晶体点阵所属的晶系是相同的；
② 倒易点阵与相应晶体点阵二者的布拉维晶胞特征，除了面心立方与体心立方倒易互换以外，其余是相同的。

因此根据上述关系①，即倒易点阵与对应的晶体点阵所属的晶系是相同的，可知正交晶系的倒易点阵仍然是正交的，而底心单斜晶体的倒易点阵仍然为单斜的；根据上述关系②，可知正交面心晶体具有正交体心倒易点阵、正交体心晶体具有正交面心倒易点阵，而底心单斜晶体具有底心单斜倒易点阵。

10.1.4 结构消光

结构消光的来源是晶体中的某些对称操作具有平移分量，此时只有垂直于对称元素的那些平面才能显示这类消光规律。晶体产生衍射时晶面指数所必须满足的条件可参照确定点阵消光条件的方法来确定，即在确定附加平移矢量表达式后，同样用 h、k、l 代替表达式中的 a、b、c，用整数代替平移矢量。

例如：某一立方晶体的滑移面为 (1，－1，0)，滑移分量为：

$$\frac{a}{2} + \frac{b}{2} + \frac{c}{2} = T \tag{10-9}$$

试确定该晶体产生衍射的条件。

解 考察消光规律的平面必须是滑移面 (1，－1，0) 的垂面 (hhl)。出现衍射的条件是：

$$\frac{h}{2} + \frac{h}{2} + \frac{l}{2} = n \tag{10-10}$$

即：

$$2h + l = 2n \tag{10-11}$$

所以衍射谱中出现诸如 (112)、(114)、(116)、(002) 等衍射斑，而 (111)、(113)、(115)、(001) 等斑点消失。

10.1.5 倒易点阵与衍射谱

电子衍射谱的形成与晶体的倒易点阵密切相关。通过前面的分析可知，考虑晶体点阵消光和结构消光后，可确定对应的倒易点阵。当电子波沿倒易空间的某一个方向 B 入射时，倒易空间与电子束入射方向 B 垂直的倒易面上的倒易阵点分布就是相应的电子衍射谱。

电子波的波长很短，使得埃瓦尔德球的半径相对于晶体的倒易矢量而言变得很大。假如晶体的面间距为 2Å，入射电子波波长为 0.025 Å，则对应的倒易矢量为 0.5Å^{-1}，埃瓦尔德球的半径为 40Å^{-1}，可见后者是前者的 80 倍，因此可以把埃瓦尔德球看作一个平面。参照图 10-1，可以设想把晶体置于点 O，在空间形成倒易点阵，此时埃瓦尔德球（又称反射球）将与晶体倒易点阵相交，那么分布在截交面上的倒易阵点即构成对应的衍射谱。

如果把倒易阵点看作是一个理想的几何点，则当这个点与埃瓦尔德球相交时方能产生衍射。虽然埃瓦尔德球的半径较大，但毕竟是一个球面，因此与理想阵点相交的概率较低。对于某一个特定的入射方向，只有严格满足布拉格衍射条件的几个特殊的阵点可以与反射球相交，而其他阵点稍有偏离，则衍射强度为零，这与实验结果不符。实验证明，晶体的倒易阵点不是一个理想的几何点，而是受晶体形状、结构以及缺陷等因素影响，在空间具有一定的体积和形状。一般说来，晶体在某一个方向的尺寸越小，则倒易阵点在该方向的尺寸越大。对于透射电镜样品，其厚度方向的尺寸远远小于其他方向的尺寸，因此倒易阵点在厚度方向被拉长为倒易杆，这极大地增加了倒易阵点与反射球相交的概率。

10.1.6 二次衍射

当电子束穿过晶体时，如果产生的衍射束较强，则相对于下部的晶体，该衍射束又可以作为新的入射束，在晶体中再次产生衍射，即二次衍射。当二次衍射束很强时，还可以作为入射束再次发生衍射，即所谓的多次衍射。如图 10-5 所示，电子束 0 入射到上部晶体中，经晶面 $(h_1k_1l_1)$ 后产生衍射束 1 和透射束 2，透射束 2 经物镜会聚，形成透射斑 T；衍射束 1 在传播过程中，遇到下部的晶体，经晶面 $(h_2k_2l_2)$ 后产生衍射束 3 和透射束 4，透射束 4 经物镜会聚，形成衍射斑 D，而衍射束 3 经物镜会聚后形成二次衍射斑 D_2。二次衍射或多次衍射所产生的附加斑点，增加了电子衍射谱识别和标定的难度。

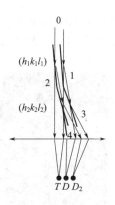

图 10-5 二次衍射

10.2 各种结构的衍射花样

材料的晶体结构不同，其电子衍射图存在明显的差异。

10.2.1 单晶材料的衍射花样

单晶材料的衍射斑点形成规则的二维网格形状（如图 10-6）；衍射花样与二维倒易点阵平面上倒易阵点的分布是相同的；电子衍射图的对称性可以用一个二维倒易点阵平面的对称性加以解释。与电子束入射方向平行的晶体取向不同，其与反射球相交得到的二维倒易点阵不同，因此衍射花样也不同。

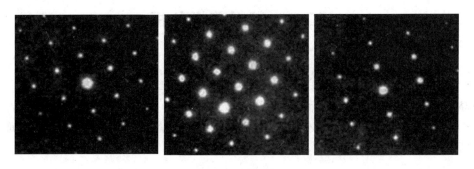

图 10-6 几种典型的单晶材料衍射斑花样

10.2.2 多晶材料的衍射花样

如果晶粒尺寸很小，且晶粒的结晶学取向在三维空间是随机分布的，任意晶面组 $\{hkl\}$ 对应的倒易阵点在倒易空间中的分布是等概率的，形成以倒易原点为中心，$\{hkl\}$ 晶面间距的倒数为半径的倒易球面。无论电子束沿任何方向入射，$\{hkl\}$ 倒易球面与反射球面相交的轨迹都是一个圆环形，由此产生的衍射束为圆形环线。所以多晶材料的衍射花样是一系列同心的环，环半径正比于相应的晶面间距的倒数。当晶粒尺寸较大时，参与衍射的晶粒数减少，使得这些倒易球面不再连续，衍射花样为同心圆弧线或衍射斑点，如图 10-7 所示。

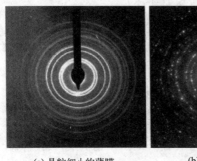

(a) 晶粒细小的薄膜　　　(b) 晶粒较大的薄膜

图 10-7　多晶薄膜的衍射花样　　　图 10-8　典型的非晶态材料衍射花样

10.2.3　非晶态物质的衍射花样

非晶态结构物质的特点是短程有序、长程无序，即每个原子的近邻原子的排列仍具有一定的规律，仍然较好地保留着相应晶态结构中所存在的近邻配位情况；但非晶态材料中原子团形成的这些多面体在空间的取向是随机分布的，非晶的结构不再具有平移周期性，因此也不再有点阵和单胞。由于单个原子团或多面体中的原子只有近邻关系，反映到倒易空间也只有对应这种原子近邻距离的一个或两个倒易球面，反射球面与它们相交得到的轨迹都是一个或两个半径恒定的，并且以倒易点阵原点为中心的同心圆环。由于单个原子团或多面体的尺寸非常小，其中包含的原子数目非常少，倒易球面也远比多晶材料的厚。所以，非晶态材料的电子衍射图只含有一个或两个非常弥散的衍射环，如图 10-8 所示。

10.3　衍射花样分析

10.3.1　单晶体结构分析

单晶衍射斑点具有明显的对称性和周期平移性，呈现正方形、平行四边形、正六边形等（图 10-6）。衍射斑点对称性反映材料的对称性，与材料的晶体结构有关，表 10-2 列出了衍射斑点特征与七大晶系的对应关系。

表 10-2　衍射斑点特征与七大晶系对应表

衍射斑点几何图形	晶系	衍射斑点几何图形	晶系
平行四边形	所有晶系	正方形	四方、立方
矩形	除了三斜之外的所有晶系	正六边形	六方、三方、立方
有心矩形	除了三斜之外的所有晶系		

单晶体结构分析的理论依据为：单晶电子衍射谱相当于一个倒易平面，每个衍射斑点与中心斑点的距离符合电子衍射的基本公式（$Rd=L\lambda$），从而可以确定每个倒易矢量对应的晶面间距和晶面指数；两个不同方向的倒易矢量遵循晶带定律（$hu+kv+lw=0$），因此可以确定倒易点阵平面（uvw）的指数，该指数也是平行于电子束入射方向的晶带轴的指数。

（1）已知晶体结构，需要确定晶面取向

这类工作的基本程序如下：

① 测量距离中心斑点最近的三个衍射斑点到中心斑点的距离 R。

② 测量所选衍射斑点之间的夹角 φ。

③ 根据公式 $Rd=L\lambda$，将测得的结果换算成面间距 d。

④ 因为晶体结构是已知的，将求得的 d 值与该物质的面间距表（如 PDF 卡片）相对照，得出每个斑点的晶面簇指数 $\{hkl\}$。

⑤ 确定离中心斑点最近的衍射斑点的指数。若 R_1 最短，则相应斑点的指数可以取等价晶面 $\{h_1k_1l_1\}$ 中的任意一个 $(h_1k_1l_1)$。

⑥ 确定第二个斑点的指数。第二个斑点的指数不能任选，因为它和第一个斑点间的夹角必须符合夹角公式。对立方晶系来说，两者的夹角可用式（10-12）求得：

$$\cos\varphi = \frac{h_1h_2+k_1k_2+l_1l_2}{\sqrt{(h_1^2+k_1^2+l_1^2)}\sqrt{(h_2^2+k_2^2+l_2^2)}} \tag{10-12}$$

在决定第二个斑点的指数时，应进行所谓尝试校核，即只有将 $(h_2k_2l_2)$ 代入夹角公式后求出的夹角和实测的一致时，$(h_2k_2l_2)$ 指数才是正确的，否则必须重新尝试。应该指出的是 $\{h_2k_2l_2\}$ 晶面簇可供选择的特定 $(h_2k_2l_2)$ 值往往不止一个，因此第二个斑点的指数也带有一定的任意性。

⑦ 确定了两个斑点后，其他斑点可以根据矢量运算法则求得：

$$(h_3k_3l_3)=(h_1k_1l_1)+(h_2k_2l_2)$$

⑧ 根据晶带定理，求晶带轴的指数，即零层倒易截面法线的方向：

$$[uvw]=g_{h_1k_1l_1}\times g_{h_2k_2l_2}$$

其中

$$u=k_1l_2-k_2l_1$$
$$v=l_1h_2-l_2h_1$$
$$w=h_1k_2-h_2k_1$$

下面用一个例子说明以上的标定程序。

[**例 10-1**] 已知纯镍的结构为面心立方（fcc），晶格常数 $a=0.3523\text{nm}$，相机常数为 $1.12\text{mm}\cdot\text{nm}$，根据衍射花样（图 10-9）确定晶面指数和晶体取向。

解

① 测量得各衍射斑点离中心斑点的距离为：$R_1=5.5\text{mm}$，$R_2=13.9\text{mm}$，$R_3=14.25\text{mm}$；夹角 $\varphi_1=82°$，$\varphi_2=76°$。

② 由 $Rd=L\lambda$ 算出 d：

$d_1=0.2038\text{nm}$，查表得晶面簇指数为 $\{111\}$；

$d_2=0.0805\text{nm}$，查表得晶面簇指数为 $\{331\}$；

$d_3=0.0784\text{nm}$，查表得晶面簇指数为 $\{420\}$。

③ 任意确定 $(h_1k_1l_1)$ 为 (111)。

④ 试选 $(h_2k_2l_2)$ 为 $(\bar{3}31)$。

由立方晶系夹角公式

$$\cos\varphi = \frac{h_1h_2 + k_1k_2 + l_1l_2}{\sqrt{(h_1^2 + k_1^2 + l_1^2)}\sqrt{(h_2^2 + k_2^2 + l_2^2)}} = \frac{(-3) + 3 + 1}{\sqrt{3}\sqrt{19}} = 0.1324$$

解得 $\varphi = 83.388°$，符合实测值，其他指数不符合夹角要求。

⑤ 根据矢量预算得

$$(h_3k_3l_3) = (h_1k_1l_1) + (\bar{h}_2\bar{k}_2\bar{l}_2) = (111) + (3\bar{3}\bar{1}) = (4\bar{2}0)$$

⑥ 由晶带定律可求得晶带方向为

$$[111] \times [\bar{3}31] = [\bar{1}\bar{2}3]$$

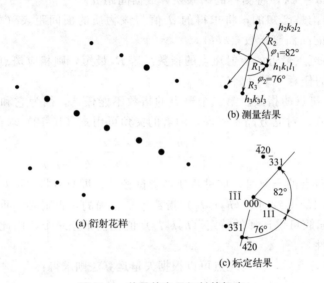

图 10-9　单晶镍电子衍射的标定

(2) 对未知结构进行物相鉴定

一张电子衍射图能列出三个独立的方程（两个最短的倒易矢量长度和它们之间的夹角），而一个点阵单胞的参数有六个独立变量（a，b，c，α，β，γ）；从另一个角度来看，一张电子衍射图给出的是一个二维倒易面，无法利用二维信息唯一地确定晶体结构三维单胞参数，因此从一张电子衍射图上无法得到完整的晶体结构信息。为了得到晶体的三维倒易点阵需要绕某一倒易点阵方向倾转晶体，得到包含该倒易点阵方向的一系列衍射图，由它们重构出整个倒易空间点阵。

具体操作时，应在几个不同的方位摄取电子衍射花样，保证能测出长度最小的 8 个 R 值。根据公式 $Rd = L\lambda$，将测得的距离换算成面间距 d；查 PDF 卡片和各 d 值都相符的物相即为待测的晶体。因为电子显微镜的精度所限，很可能出现几张卡片上 d 值均和测定的 d 值相近，此时应根据待测晶体的其他资料例如化学成分、处理工艺等来排除不可能出现的物相。

(3) 标准花样对照法

以上介绍的衍射花样的标定是建立在计算基础上的，实际操作过程中常常用到另外一种经验方法——标准花样对照法，即将实际观察、记录到的衍射花样直接与标准花样对比，写出斑点的指数并确定晶带轴的方向。所谓标准花样就是各种晶体点阵主要晶带的倒易截面，它可以根据晶带定理和相应晶体点阵的消光规律绘出。一个熟练的电镜工作者，对常见晶体的主要晶带标准衍射花样是熟悉的。因此，在观察样品时，一套衍射斑点出现（特别是当样品的材料已知时），基本可以判断是哪个晶带的衍射斑点。应注意的是，在摄取衍射斑点图像时，应尽量将斑点调得对称，即通过倾转使斑点的强度对称均匀，这时表明晶带轴与电子束平行，这样的衍射斑点特别是在晶体结构未知时更便于和标准花样比较。在系列倾转摄取不同晶带斑点时，应采用同一相机常数，以便对比。综上所述，标准花样对比法是一种简单易行而又常用的方法，可以达到事半功倍的效果。

（4）单晶花样出现大量斑点的原因

在实际观察单晶花样时，可看到大量强度不等的斑点，如果按照严格符合布拉格衍射方程或埃瓦尔德图解才能发生衍射的理论，不能圆满解释这种现象，而可用以下四点来说明。

① 由于实际样品有确定的形状和有限的尺寸，因而它们的衍射点在空间上沿晶体尺寸较小的方向会有扩展，扩展量为该方向上实际尺寸的倒数。晶体在电子束入射方向很薄，衍射点（倒易点）在这个方向拉长成倒易杆。当与精确的布拉格衍射条件存在偏差时，只要扩展后的倒易点接触埃瓦尔德球面，就将产生衍射。

② 电子束有一定的发散度，这相当于倒易点不动而入射电子束在一定角度内摆动。

③ 薄晶体试样弯曲，相当于入射电子束不动而倒易点阵在一定角度内摆动。

④ 另外，当加速电压不稳定时，入射电子束波长并不单一，埃瓦尔德球面实际上具有一定的厚度，也会使衍射机会增多。

所有这些都增大了与反射球面相截的可能性，因此只要被衍射的单晶试样足够薄，就可得到有大量衍射斑点的电子衍射谱。

10.3.2 多晶体结构分析

如前所述，完全无序的多晶体的衍射花样为一系列同心环。根据电子衍射基本公式 $Rd = L\lambda$，得：

$$R = \frac{L\lambda}{d}$$

$L\lambda$ 为相机常数，环半径正比于相应的晶面间距的倒数，即：

$$R_1 : R_2 : \cdots : R_j : \cdots = \frac{1}{d_1} : \frac{1}{d_2} : \cdots : \frac{1}{d_j} : \cdots \tag{10-13}$$

式（10-8）反映了 R 的比值与各种晶体结构的晶面间距的关系。

根据结构消光原理，不同结构有各自不同的消光条件，因而其参与衍射的等同晶面组也不相同。表现在衍射花样上，由于每个衍射环对应一种等同晶面组，所以衍射环半径之比的规律不同。每种结构显示出自己的特征衍射环，这是鉴别不同结构类型晶体的依据。

立方晶系结构是材料科学研究中最常碰到，也是最简单的，以这一晶系为例讨论结构与衍射花样的关系。立方晶体的晶面间距：

$$d = \frac{a}{\sqrt{h^2 + k^2 + l^2}} = \frac{a}{\sqrt{N}} \tag{10-14}$$

式中，a 为点阵常数；$N = h^2 + k^2 + l^2$。将式（10-14）代入式（10-13），于是得：

$$R_1 : R_2 : R_3 : \cdots = \sqrt{N_1} : \sqrt{N_2} : \sqrt{N_3} : \cdots$$

或

$$R_1^2 : R_2^2 : R_3^2 : \cdots = N_1 : N_2 : N_3 : \cdots \tag{10-15}$$

因为 N 都是整数，所以立方晶体的电子衍射花样中各个衍射环半径的平方比值一定满足整数比。

立方晶系包括四种不同类型的常见结构，各类结构根据消光条件产生衍射的指数如下：

简单立方结构：100，110，111，200，210，220，221，…
体心立方结构：110，200，112，220，310，222，312，…
面心立方结构：111，200，220，311，222，400，…
金刚石立方结构：111，220，311，400，331，422，…

相应地，各种结构的衍射花样中，衍射环半径平方之比遵循如下规律：

简单立方结构：1：2：3：4：5：6：8：9：10：11…
体心立方结构：2：4：6：8：10：12：14：16：18…
面心立方结构：3：4：8：11：12：16：19：20：24…
金刚石立方结构：3：8：11：16：19：24：27…

因此在测量了衍射环的半径，并对其平方之比进行对照后，就可以确定晶格类型。多晶衍射花样的分析是非常简单的。其基本程序如下：

① 测量环的半径 R。

② 计算 R_i^2 及 R_i^2/R_1^2。其中 R_1 为直径最小的衍射环的半径，找出最接近的整数比规律，由此确定了晶体的结构类型，并可写出衍射环的指数。

③ 根据 $L\lambda$ 和 R_i 值可计算出不同晶面簇的 d_i。根据衍射环的强度确定 3 个强度最大的衍射环的 d 值，借助索引就可找到相应的 ASTM 卡片。全面比较 d 值和强度，就可最终确定晶体是什么物相。

[**例 10-2**] 图 10-10 是某多晶材料衍射谱示意图，试确定该多晶材料的晶体结构并标定衍射谱。

解

① 测量各环的半径 R，并计算各环半径的平方 R^2 以及 R_i^2/R_1^2，结果列于表 10-3。

② 参照不同晶体结构多晶衍射环 R_i^2/R_1^2 的比值规律，可知表中 R_i^2/R_1^2 的比值接近体心立方多晶衍射环对应的比值，因此可以判断该多晶具有体心立方的晶体结构。表中还标出了各衍射环对应的反射晶面的面指数。

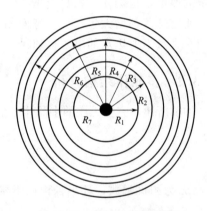

图 10-10 多晶材料衍射谱

表 10-3 多晶环测量及计算结果

参数	1	2	3	4	5	6	7
R/mm	11.0	16.0	18.5	22.5	25.0	27.0	28.5
R^2/mm^2	121.0	256.0	342.3	506.3	625.0	729	812.3
R_i^2/R_1^2	1	2.1	2.83	4.18	5.16	6.02	6.72
(hkl)	110	112	200	220	031	222	123

10.3.3 孪晶电子衍射谱的标定

孪晶是由不同位向的两部分晶体（基体和孪晶）组成的，因此其衍射谱是由两套不同晶带轴的单晶衍射谱叠加而成。由于两部分晶体互为孪晶，没有必要区分哪一套斑点是孪晶的，哪一套斑点是基体的。

设孪晶面的面指数为(pqr)，其法向指数为$[uvw]$，孪晶衍射斑在基体坐标中的指数为(hkl)，对应的孪晶衍射斑点指数为$(h'k'l')$，则有：

$$\begin{bmatrix} h' \\ k' \\ l' \end{bmatrix} = \begin{bmatrix} \bar{h} \\ \bar{k} \\ \bar{l} \end{bmatrix} + \frac{2}{pu+qv+rw} \begin{bmatrix} pu & pv & pw \\ qu & qv & qw \\ ru & rv & rw \end{bmatrix} \begin{bmatrix} h \\ k \\ l \end{bmatrix} \tag{10-16}$$

对于立方晶系，p、q、r与u、v、w对应相等，则上式可简化为：

$$\begin{cases} h' = \bar{h} + \dfrac{2p}{p^2+q^2+r^2}(ph+qk+rl) \\ k' = \bar{k} + \dfrac{2q}{p^2+q^2+r^2}(ph+qk+rl) \\ l' = \bar{l} + \dfrac{2r}{p^2+q^2+r^2}(ph+qk+rl) \end{cases} \tag{10-17}$$

由晶体学可知，对于面心立方结构，其孪晶面为$(pqr)=\{111\}$，代入式（10-17）可得：

$$\begin{cases} h' = \bar{h} + \dfrac{2}{3}p(ph+qk+rl) \\ k' = \bar{k} + \dfrac{2}{3}q(ph+qk+rl) \\ l' = \bar{l} + \dfrac{2}{3}r(ph+qk+rl) \end{cases} \tag{10-18}$$

对于体心立方结构，其孪晶面为$(pqr)=\{112\}$，代入式（10-17）可得：

$$\begin{cases} h' = \bar{h} + \dfrac{1}{3}p(ph+qk+rl) \\ k' = \bar{k} + \dfrac{1}{3}q(ph+qk+rl) \\ l' = \bar{l} + \dfrac{1}{3}r(ph+qk+rl) \end{cases} \tag{10-19}$$

由式（10-18）和式（10-19）可知：当$ph+qk+rl=3n$时，斑点指数为(hkl)的孪晶斑点在基体倒易点阵中的位置是从基体斑点$(-l,-k,-h)$位移$2n<111>$距离（指面心立方）或$n<112>$距离（指体心立方）而与另一基体斑点重合。因此在体心、面心晶体中，如果孪晶斑点与基体斑点重合，则孪晶斑点指数(hkl)与孪晶面指数(pqr)满足$ph+qk+rl=3n$的关系。下面分两种情形讨论孪晶电子衍射谱的标定过程。

（1）当入射电子束与孪晶面平行时孪晶衍射谱的标定

这种衍射谱具有一个很明显的特征，即孪晶衍射谱和基体衍射谱有一列共有的衍射斑点，并且具有两套明显的衍射谱，可以把其中一套定为基体的衍射谱，相应地，另外一套即为孪晶的衍射谱。图 10-11 为面心结构的$M_{23}C_6$孪晶电子衍射谱示意图，下面讲述这类孪晶衍射谱的标定方法。

① 首先确定其中一套为基体衍射斑点，如图 10-11 中平行四边形所示，另一套为孪晶衍射斑点。为了区分，把孪晶衍射斑点用空心圆圈表示，共有斑点仍用实心圆圈表示，如10-11（b）所示。

② 按本节前述方法标定基体衍射谱，标定结果如图 10-11（a）所示。

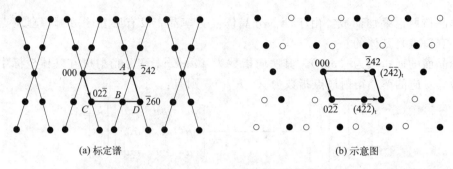

(a) 标定谱   (b) 示意图

图 10-11 $M_{23}C_6$ 孪晶的电子衍射谱

③ 确定孪晶参数。对于立方晶系而言,重合斑点指数与孪晶面指数存在关系:$ph+qk+rl=3n$,而面心立方的孪晶面指数只存在四种可能,即:(1, 1, 1)、(-1, 1, 1)、(1, -1, 1)、(1, 1, -1)。对于重合斑点 (-2, 4, 2),依次与孪晶面指数相乘,积依次为:4、8、-4、0,所以符合条件的孪晶面指数为 (1, 1, -1)。

④ 根据孪晶斑点在基体坐标中的位置 (hkl),求出孪晶斑点指数 $(h^tk^tl^t)$。

以图 10-11 (a) 中 A 斑点为例,已知该斑点在基体坐标中的指数为 (-2, 4, 2),且 $ph+qk+rl=3n=0$,则根据式 (10-18) 可得:

$$\begin{cases} h^t = \bar{h} + \dfrac{2}{3}p(ph+qk+rl) = 2 \\ k^t = \bar{k} + \dfrac{2}{3}q(ph+qk+rl) = -4 \\ l^t = \bar{l} + \dfrac{2}{3}r(ph+qk+rl) = -2 \end{cases} \quad (10\text{-}20)$$

由于 B 斑点位于 C、D 斑点之间的 1/3 处,由此可计算出 B 斑点在基体坐标中的指数为 (-4/3, 14/3, -2/3),同样道理,可得 B 斑点孪晶指数为 (4, -2, -2)。

⑤ 根据矢量加和法则,可标定出其他孪晶斑点指数。

(2) 当入射电子束与孪晶面不平行时孪晶衍射谱的标定

这类孪晶谱的标定比较复杂,特别是发生二次衍射时出现一些附加斑点,更容易使人迷惑而得出错误的结论,标定时一定要十分谨慎。

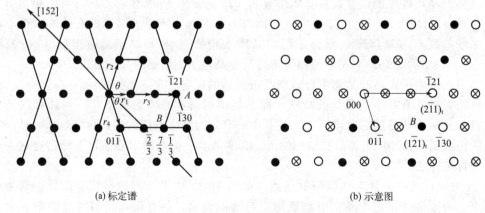

(a) 标定谱   (b) 示意图

图 10-12   α-Fe 孪晶电子衍射谱

图 10-12 是 α-Fe 孪晶电子衍射谱及其标定谱图示意图。仅从图 10-12（a）来看，可以画成一些由 r_1 和 r_2 构成的规则平行四边形。通过测量可知，$r_1=6.25$mm，$r_2=10.83$mm，其夹角为 73°，则 $R=r_2/r_1=1.733$。通过查找电子衍射谱特征表可知，符合体心立方（bcc）和面心立方（fcc）结构<113>晶带轴的衍射谱特征。通过计算可得相应的晶格常数分别为 4.98Å、9.96Å，后者正好符合 $FeCr_2S_4$ 析出相的结构特点。但结合形貌观察，没有发现任何析出相，而只有孪晶条纹，所以认为是析出相 $FeCr_2S_4$ 的衍射谱显然是一个错误的结论。

仔细分析该衍射谱，可以发现可以划分为两套平行的四边形网络，如图 10-12（a）所示，把其中一套定义为基体衍射谱，并用空心圆圈表示；另一套用黑色实心圆圈表示，为孪晶衍射斑点；剩下的斑点为二次衍射附加斑点，用带"×"的圆圈表示，见图 10-12（b）。则有：$r_3=18.75$mm，$r_4=6.25$mm，其夹角为 73°，通过计算可知其晶格常数为 2.866Å，因此为 α-Fe 沿晶带轴 [311] 的电子衍射谱。

① 根据 bcc 结构 [311] 晶带轴衍射谱特征标定基体衍射谱，如图 10-12（b）所示。

② 确定孪晶参数。同理对于立方晶系而言，重合斑点指数与孪晶面指数存在关系：$ph+qk+rl=3n$，对于重合斑点 A（-1，2，1），有 $-p+2q+r=3n$。而体心立方的孪晶面指数为 $\{112\}$，列出所有可能的晶面指数依次代入上式，可知有 (1，1，2)、(-1，2，1)、(-2，1，-1) 等多个晶面符合条件。此时必须要用迹线来确定孪晶面指数。

把孪晶迹线画于衍射谱中，可测出其方向为 [1，-5，2]。由孪晶面和倒易面的交线可求出只有 (112) 面与该倒易面的交线为 [1，-5，2]，因此孪晶面为 (112)。

③ 根据孪晶斑点在基体坐标中的位置 (hkl)，求出孪晶斑点指数 $(h'k'l')$。计算方法与上例相同，这里不再赘述，标定结果见图 10-12（b）。

10.3.4　超点阵花样

在无序的晶体结构（如体心立方、面心立方、金刚石结构）中，结构因子的存在会造成某些晶面的衍射线消失，称为结构消光。但当晶体为有序结构时，情况就会发生变化。在无序结构中，各个晶体阵点的原子类型是随机的，如在 $AuCu_3$ 的无序相 α 中，Au 原子和 Cu 原子随机地出现在各个阵点上，可以认为每个晶体阵点上出现 Au 原子的概率为 25%，而出现 Cu 原子的概率为 75%，记为 0.75Cu0.25Au [图 10-13（a）]，每个阵点上的原子散射因子为考虑了两种原子权重的混合因子，且所有阵点的散射因子 f 相同。有序相是指不同种类的原子分别占据晶格中不同的位置，在 $AuCu_3$ 有序相 α 中，Au 原子占据顶点位置而 Cu 原子位于面心位置 [图 10-13（b）]，因此各个阵点上的原子类型不同，原子散射因子分别为 Au 原子的散射因子 f_{Au} 和 Cu 原子的散射因子 f_{Cu}。这种在晶体点阵之上仍然存在原子有序分布的结构称为超点阵结构。

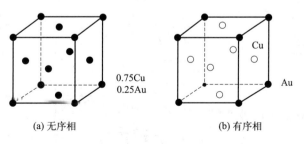

(a) 无序相　　　　　　(b) 有序相

图 10-13　$AuCu_3$ 无序相和有序相的晶胞结构

由于两种原子的散射因子不同，因此结构因子不为零，有衍射产生，只不过衍射强度很低。

图 10-14 为实际的电子束沿 $AuCu_3$ [001] 方向入射的衍射花样。在无序相中只有符合晶面指数全奇全偶，如（020）、（200）、（220）等的衍射斑点，而在有序相中出现了奇偶混杂的晶面衍射斑点，如（010）、（100）、（110），但这些超点阵斑点的强度相对正常斑点要弱很多。

(a) 无序相　　　　　　　　(b) 有序相

图 10-14　$AuCu_3$ 无序相和有序相沿 [001] 方向的衍射花样

10.3.5　高阶电子衍射谱的标定

已经知道，埃瓦尔德球（又称反射球）与倒易点阵截面上的倒易阵点分布即构成了常见的衍射花样。通常把入射电子束与反射球交点所在的倒易截面称为零阶倒易面。由于倒易阵点是拉长的倒易杆，与零阶倒易面平行的其他倒易面也可以与反射球相交截，从而在衍射谱上留下额外的衍射斑，这些斑点称为高阶劳厄斑，对应的倒易面称为高阶倒易面。表 10-4 列出了常见的高阶劳厄斑与零阶基本斑点组合形成的复合衍射花样，其下部对应地表示了反射球与倒易面相对的位置特征。

高阶劳厄斑指数 (hkl) 与晶带轴指数 [uvw] 之间满足如下关系：

$$hu+kv+lw=N \tag{10-21}$$

式中，N 为整数，称为高阶劳厄斑的阶次，其取值与晶体结构的消光条件有关，当 $N=0$ 时，式（10-21）即为常见的晶带定律。表 10-5 列出了常见晶体结构中高阶劳厄斑可能阶次 N 的取值。

表 10-4　高阶劳厄斑衍射谱类型及形成原理

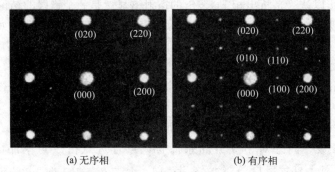

续表

平行等距	共边图形	特殊位置
4	5	6

表 10-5 沿晶带轴 [uvw] 的高阶劳厄斑 $hu+kv+lw=N$ 的取值

晶体结构	晶带轴 [uvw]	N 的取值
体心立方（bcc）	$u+v+w$ 为奇数	$N=\pm 1, \pm 2, \pm 3, \pm 4, \cdots$
	$u+v+w$ 为偶数	$N=\pm 2, \pm 4, \pm 6, \pm 8, \cdots$
面心立方（fcc）	u、v、w 奇偶混合	$N=\pm 1, \pm 2, \pm 3, \pm 4, \cdots$
	u、v、w 全奇或全偶	$N=\pm 2, \pm 4, \pm 6, \pm 8, \cdots$
密排六方（hcp）	u、v、w 任意	$N=\pm 1, \pm 2, \pm 3, \pm 4, \cdots$

高阶劳厄斑在衍射谱中的相对位置与高阶倒易阵点沿电子束入射方向在零阶倒易面上的投影位置是一致的，而同一倒易面簇各个倒易面上相对应的倒易阵点，除了在倒易面内有一个相对位移外，其分布规律是相同的。因此只要标定出一个高阶劳厄斑指数，就可以参照零阶劳厄斑的指数变化规律，把同一阶次的其他高阶劳厄斑指数确定下来。

高阶劳厄斑的标定过程比较复杂，下面用一个比较简单的例子来说明其标定过程。图 10-15 是某一面心立方晶体高阶劳厄斑的标定示意图。

① 首先确定高阶劳厄斑和零阶劳厄斑网格。包含透射斑（000）的网格作为零阶劳厄斑网格，如图 10-15 中黑色实心网络所示。

② 根据前面介绍的知识，标定零阶劳厄斑的指数。如图 10-15 所示，测得 $R_1=R_2=10\text{mm}$，它们之间的夹角为 90°，查面心立方晶体衍射谱特征表可知，满足这个条件的衍射谱为面心立方晶体 [001] 晶带轴的衍射谱，对应的衍射斑指数为（200）和（020）。

③ 由于晶带轴指数为奇偶混合的，参见表 10-4，可以取 $N=1$。由于高阶劳厄斑位于零阶劳厄斑网格中心位置，由此可推断由 R_1、R_2 组成的网格中的高阶劳厄斑指数（hkl）必定为：$h=1$，$k=1$。代入 $hu+kv+lw=N=1$ 可得 $l=1$。所以，该高阶劳厄斑的指数为（111）。当然此处也可以取 $N=-1$，那么高阶劳厄斑对应的指数为（1，1，-1）。

④ 考察零阶劳厄斑指数的特点可知，沿 R_1 方向，每越过一个网格，h 值增加 2，沿反方向则减小 2；而沿 R_2 方向，每越过一个网格，k 值增加 2，沿反方向减小 2。由此可标定其他高阶劳厄斑的指数，如图 10-15 所示。

10.3.6 菊池线

若试样厚度较大（100～150nm），且单晶又较完整时，在衍射图上除了衍射斑点外，还会有一系列平行且成对出现的亮暗线，亮线通过衍射斑点或在其附近，暗线通过透射斑点或

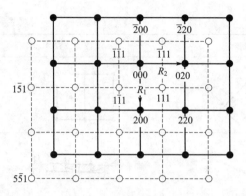

图 10-15　面心立方晶体高阶劳厄斑的标定

在其附近；当厚度再继续增加时，点状花样会完全消失，只剩下大量亮暗平行线对（图 10-16）。这些线对是菊池正士于 1928 年在云母的电子衍射花样中首次发现的，人们用发现者的名字称呼它为菊池线。

菊池线是晶体内一次非弹性散射电子再发生弹性散射的现象，产生的机理如下（见图 10-17）。由于样品的尺寸较厚，入射电子在晶体中运动的过程中遭受非弹性散射，散射强度随散射方向而变，此时犹如在晶体内部形成一个新的散射光源，光源的发射强度随方向变化而有所不同，在入射电子束周围低角度的散射波具有较高的强度，而高角度的散射波具有较低的强度，这些非弹性散射的电子构成了背底强度。对于一组特定的晶面，在散射光源两侧均有分布，每一侧分别会有一束散射光符合布拉格方程，发生衍射成为衍射光束，但这两束入射光的强度不同，$S_1 < S_2$，由于衍射束的强度等于入射束的强度，所以 $T_2 = S_2 > S_1$，$T_1 = S_1 < S_2$。

图 10-16　晶体衍射花样中的菊池线

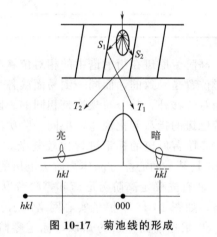

图 10-17　菊池线的形成

左侧菊池线的强度

$$I = I_B + T_2 - S_1 > I_B$$

其中 I_B 为背底强度。左侧菊池线强度比背景强度强，所以表现为亮的菊池线。

右侧菊池线的强度

$$I = I_B + T_1 - S_2 < I_B$$

其强度比背景强度弱，所以表现为暗的菊池线。

菊池线具有以下特点：hkl 菊池线对与中心斑点到 hkl 衍射斑点的连线正交，而且菊池线对的间距与上述两个斑点的距离相等；一般情况下，菊池线对的增强线在衍射斑点附近，减弱线在透射斑点附近。hkl 菊池线对的中线对应于 (hkl) 面与荧光屏的截线。两条中线的交点称为菊池极，为两晶面所属晶带轴与荧光屏的交点；倾动晶体时，菊池线好像与晶体固定在一起一样发生明显的移动，精度达 0.1°。

菊池花样随入射电子束相对于晶体的取向连续的变化，对晶体的转动非常敏感，所以可以被用来准确地确定晶体的取向，也可以用来测定偏离矢量 s。

第4篇
微观形貌研究

微观结构的观察和分析对于理解材料的本质至关重要。一部探索微观世界的历史，是建立在不断发展的显微技术之上的，从光学显微镜到电子显微镜，人们观测材料微观组织和形貌的能力不断提高，现在已经可以直接观测到原子的图像。

光学显微镜首先打开了人类的视野，使人们看到了神奇的微观世界，它的最高分辨率为 $0.2\mu m$，比人眼的分辨率提高了 500 倍。光学显微镜最先应用于医学及生物学方面，直接导致了细胞的发现；冶金及材料学工作者利用显微镜观察材料的显微结构，从而判断其性能及形成条件，使人们能够按照自己的意愿改变金属的性能或合成新的合金；光学显微镜在印刷电路板、半导体元件、生物、医学等领域都得到广泛的应用。

光在通过显微镜的时候会发生衍射，使物体上的一个点在成像的时候不会是一个点，而是一个衍射光斑。如果两个衍射光斑靠得太近，它们将无法被区分开来。所以使用可见光作为光源的显微镜的分辨率极限是 $0.2\mu m$。分辨率与照明源的波长直接相关，若要提高显微镜的分辨率，关键是要有短波长的照明源。紫外线的波长比可见光的短，在 $130\sim390nm$ 的范围。由于绝大多数样品物质都强烈地吸收短波长紫外线，因此，可供照明使用的紫外线限于波长 $200\sim250nm$ 的范围。这样，用紫外线作照明源，用石英玻璃透镜聚焦成像的紫外线显微镜分辨率可达 $100nm$ 左右，比用可见光作光源的显微镜提高了一倍。必须寻找一种波长短，又能聚焦成像的新型照明源，才有可能突破光学显微镜的分辨率极限。

1924 年，德国物理学家 de Broglie 鉴于光的波粒二象性提出这样一个假设：运动的实物粒子都具有波动性质。这个假设后来被电子衍射实验所证实，运动电子具有波动性使人们想到可以用电子作为显微镜的光源。1926 年 Busch 提出用轴对称的电场和磁场聚焦电子线。在这两个理论的基础上，$1931\sim1933$ 年 Ruska 等设计并制造了世界第一台透射电子显微镜（TEM）。1952 年，英国工程师 Charles Oatley 发明了用于组织形貌分析的扫描电子显微镜（SEM）。

1983 年，IBM 公司的两位科学家 Gerd Binnig 和 Heinrich Rohrer 发明了扫描隧道显微镜（STM）。扫描隧道显微镜依靠所谓的"隧道效应"工作。扫描隧道显微镜没有镜头，它使用一根探针，在探针和物体之间施加电压，如果探针距离物体表面大约在纳米级的距离上隧道效应就会起作用，电子会穿过物体与探针之间的空隙，形成一股微弱的电流，如果探针与物体的距离发生变化，这股电流也会相应地改变，这样，通过测量电流就可以探测物体表面的形状，其分辨率可以达到原子级别。如今，这项技术已经被推广到许多方面，改变微探针的性能，可以测量样品表面的导电性、导磁性等，现在已经形成了庞大的扫描探针显微镜（SPM）家族。

第 11 章 扫描电子显微镜

电子显微镜技术是显微技术的一个重要分支,是一门现代化的显微科学。光学显微镜的分辨率最高只能达到 200nm,有效放大倍数为 500~2000 倍。如果研究比 200nm 更小的结构,如物质的分子、原子等,光学显微镜便无能为力了。电子显微镜是利用电子束对样品放大成像的一种显微技术,包括扫描电子显微镜和透射电子显微镜两大类型,其分辨率最高达到 0.01nm,放大倍数高达 80 万~100 万倍,借助这种电镜能直接看到物质的超微结构。从第一台电镜问世至今,电子显微镜技术在各学科的应用研究取得了巨大的成就。

11.1 电子束与固体物质的相互作用

样品在电子束的轰击下会产生图 11-1 所示的各种信号。

(1) 背散射电子

背散射电子是被固体样品中的原子核反弹回来的一部分入射电子,其中包括弹性背散射电子和非弹性背散射电子。弹性背散射电子是指被样品中原子核反弹回来的,散射角大于 90°的那些入射电子,其能量没有损失(或基本上没有损失)。由于入射电子的能量很高,所以弹性背散射电子的能量能达到数千到数万电子伏。非弹性背散射电子是入射电子和样品核外电子撞击后产生的非弹性散射,不仅方向改变,能量也有不同程度的损失。如果有些电子经多次散射后仍能反弹出样品表面,这就形成非弹性背散射电子。非弹性背散射电子的能量分布范围很宽,从数十电子伏到数千电子伏。从数量

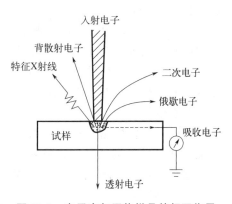

图 11-1 电子束与固体样品的相互作用

上看,弹性背散射电子远比非弹性背散射电子所占的份额多。背散射电子来自样品表层几百纳米的深度范围,由于它的产额能随样品原子序数增大而增多,所以不仅能用作形貌分析,但可以用来显示原子序数衬度,定性地用作成分分析。

(2) 二次电子

在入射电子束作用下被轰击出来并离开样品表面的样品核外电子叫作二次电子,是一种真空中的自由电子。由于原子核和外层价电子间的结合能很小,因此外层的电子比较容易和

原子脱离，使原子电离。一个能量很高的入射电子射入样品时，可以产生许多自由电子，这些自由电子中90%是来自样品原子外层的价电子。

二次电子的能量较低，一般不超过50eV，大多数二次电子只带有几个电子伏的能量。在用二次电子成像时，往往也会把极少量低能量的非弹性背散射电子一起收集进去，事实上这两者是无法区分的。二次电子一般都是在表层5～10nm深度范围内发射出来的，它对样品的表面形貌十分敏感，因此，能非常有效地显示样品的表面形貌。二次电子的产额和原子序数之间没有明显的依赖关系，所以不能用它来进行成分分析。

（3）吸收电子

入射电子进入样品后，经多次非弹性散射能量损失殆尽，最后被样品吸收。若在样品和地之间接入一个高灵敏度的电流表，就可以测得样品对地的信号，这个信号是由吸收电子提供的。可见，入射电子束和样品作用后，若逸出表面的背散射电子和二次电子数量越少，则吸收电子信号强度越大。若把吸收电子信号调制成图像，则它的衬度恰好和二次电子或背散射电子信号调制的图像衬度相反。

当电子束射入一个多元系的样品表面时，由于不同原子序数部位的二次电子产额基本上是相同的，则产生背散射电子较多的部位（原子序数大）其吸收电子的数量就较少，反之亦然。因此，吸收电子能产生原子序数衬度，同样也可以用来进行定性的微区成分分析。

（4）透射电子

如果被分析的样品很薄，那么就会有一部分入射电子穿过薄样品而成为透射电子。透射电子信号是由微区的厚度、成分和晶体结构来决定。透射电子中除了有能量和入射电子相当的弹性散射电子外，还有各种不同能量损失的非弹性散射电子，其中有些遭受特征能量损失的非弹性散射电子和分析区域的成分有关，因此，可以利用特征能量损失电子配合电子能量分析器来进行微区成分分析。详细的介绍见本书第12章透射电子显微镜部分。

（5）特征X射线

当样品原子的内层电子被入射电子激发或电离时，原子就会处于能量较高的激发状态，此时外层电子将向内层跃迁以填补内层电子的空缺，从而使具有特征能量的X射线释放出来。根据莫塞莱定律，如果用X射线探测器测到了样品微区中存在某一种特征波长，就可以判定这个微区中存在着相应的元素。详细的介绍见本书第2章X射线光谱分析。

（6）俄歇电子

在入射电子激发样品的特征X射线过程中，如果在原子内层电子能级跃迁过程中释放出来的能量并不以X射线的形式发射出去，而是用这部分能量把空位层内的另一个电子发射出去，这个被电离出来的电子称为俄歇电子。详细的介绍见本书第4章俄歇电子能谱部分。

11.2 各种信号的分辨率和作用区域

扫描电子显微镜分辨率的高低和检测信号的种类有关。电子束进入样品时将受到样品原子的散射作用，偏离原来的入射方向向外发散，所以随着电子束进入样品的深度不断增加，入射电子的分布范围不断增大，同时动能不断减小，直至减小为零，最终形成一个规则的作用区域。对于轻元素样品，入射电子经过许多次小角度散射，在尚未达到较大散射角之前即已深入样品内部一定的深度，随散射次数的增多，散射角增大才达到漫散射的程度，此时电子束散射区域的外形被叫作"梨形作用体积"。如果是重元素样品，入射电子在样品表面不是很深的地方就达到漫散射的程度，电子束散射区域呈现半球形，被称为"半球形作用体积"。可见电子在样品内散射区域的形状主要取决于原子序数，改变电子能量只会引起作用体积大小的变化，而不会显著地改变形状。电子束与固体物质的作用体积可用图 11-2 说明。

除了在作用区的边界附近，入射电子的动能很小，无法产生各种信号，在作用区内的大部分区域，均可以产生各种信号，可以产生信号的区域称为有效作用区，有效作用区的最深处为电子有效作用深度。但在有效作用区内的信号并不一定都能逸出材料表面，成为有效的可供采集的信号。这是因为各种信号的能量不同，样品对不同信号的吸收和散射也不同。只有在距离表层 0.4～2nm 深度范围内的俄歇电子才能逸出材料表面，所以，俄歇电子信号是一种表面信号。与背散射电子相比，二次电子的能量相对较小，因此只有在距离表面 5～10nm 深度范围内的二次电子才能逸出材料表面，而背散射电子却能够从更深的作用区（100nm～1μm）逸出来。与电子相比，X 射线光子不带电荷，受样品材料的原子核及核外电子的作用较小，因此穿透深度更大，可以从较深的作用区（500nm～5μm）逸出材料表面。

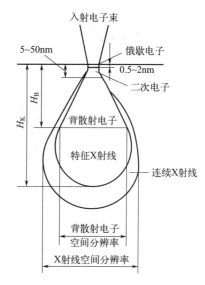

图 11-2　电子束与固体物质的作用体积

从图 11-2 可以看出，随着信号的有效作用深度增加，作用区的范围增大，产生信号的空间范围也增大，这对于信号的空间分辨率是不利的。因此在各种信号中，俄歇电子和二次电子的空间分辨率最高，背散射电子的分辨率次之，X 射线的空间分辨率最低。

11.3　扫描电子显微分析

扫描电子显微镜利用电子束激发样品中的原子，收集各种信号，并加以分析处理，得到样品的形貌和成分信息。

11.3.1　扫描电镜衬度像

扫描电镜图像衬度的形成主要是利用样品表面微区特征（如形貌、原子序数或化学成分、晶体结构或位向等）的差异，在电子束作用下产生不同强度的物理信号，使阴极射线管荧光屏上不同的区域呈现出不同的亮度，从而获得具有一定衬度的图像。在扫描电镜的各种图像中，二次电子像分辨率高、立体感强，所以在扫描电镜中主要靠二次电子成像。背散射电子受元素的原子序数影响大，背散射电子像能够粗略地反映轻重不同的元素的分布信息，所以常被用来定性地探测不同成分的元素的分布。X 射线光子可以较为准确地进行化学成分的定性与定量分析，所以可以用 X 射线信号作元素分布图。

利用二次电子所成的像称为二次电子像。如前所述，二次电子信号的空间分辨率最高，二次电子像的分辨率一般为3~6nm，它代表着扫描电子显微镜的分辨率。

表面形貌衬度是由样品表面的不平整性所引起的。因为二次电子的信息主要来自样品表面层5~10nm的深度范围，所以表面形貌特征对二次电子的发射系数（也称发射率）有很大影响。实验证明，二次电子的发射系数δ（计算值）与入射电子束和样品表面法线n之间的夹角α有如下关系：

$$\delta = \delta_0 / \cos\alpha \tag{11-1}$$

式中，δ_0为物质的二次电子发射系数（理论值），是一个与具体物质有关的常数（见图11-3）。

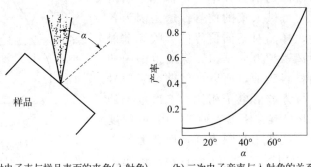

(a) 入射电子束与样品表面的夹角(入射角)　　(b) 二次电子产率与入射角的关系

图11-3　二次电子发射系数和入射角的关系

可见二次电子的发射系数随α的增大而增大。这是由于随着α的增大，入射电子束的作用体积较靠近样品的表面，作用体积内产生的大量自由电子离开表面的机会增多；其次随α的增大，总轨迹增长，价电子电离的机会增多。正因为如此，在样品表面凹凸不平的部位，由于入射电子束的作用所产生的二次电子信号的强度要比在样品表面其他平坦的部分产生的信号强度大，因而形成了表面形貌衬度（图11-4）。

在收集器上加250~500V的正偏压，可以使低能二次电子走弯曲轨迹到达收集器。这样既可以提高有效的收集立体角，增大二次电子信号的强度，又可以将样品那些背向收集器的部位产生的二次电子吸收到收集器中，显示出样品背向收集器部位的细节，不至于形成阴影。

由于二次电子大部分是由价电子激发出来的，所以原子序数对其的影响不明显。当原子序数$Z<20$时，δ随着Z的增加而增大；当$Z>20$时，δ与Z几乎无关。

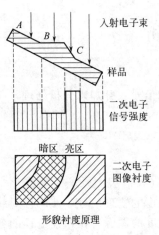

图11-4　二次电子形貌衬度

11.3.2　背散射电子像

背散射电子是被固体样品原子反射回来的一部分入射电子，因而也称为反射电子或初级背散射电子，其能量在50eV到接近于入射电子的能量之间。利用背散射电子成的像称为背散射电子像。背散射电子像既可以用来显示形貌衬度，也可以用来显示成分衬度。

(1) 形貌衬度

同二次电子一样，样品表面的形貌也影响着背散射电子的产率，在 α 较大（尖角）处，背散射电子的产率高；在 α 较小（平面）处，背散射电子的产率低。因为背散射电子来自一个较大的作用体积，用背散射信号进行形貌分析时，分辨率远比二次电子低。此外，背散射电子能量较高，以直线轨迹逸出样品表面，对于背向检测器的样品表面，因检测器无法收集到背散射电子，掩盖了许多有用的细节。

(2) 成分衬度

成分衬度是由样品微区的原子序数或化学成分的差异所造成的。背散射电子大部分是被原子反射回来的入射电子，因此受核效应的影响比较大。根据经验公式，对于原子序数大于 10 的元素，背散射电子发射系数可表示为：

$$\eta = \frac{\ln Z}{6} - \frac{1}{4} \qquad (11-2)$$

背散射电子发射系数 η 是随原子序数 Z 的增大而增加的，如碳原子序数 $Z=6$，背散射电子发射系数 $\eta<10\%$；铀原子序数 $Z=92$，背散射电子发射系数 $\eta>50\%$。对于 $Z<40$ 元素，背散射电子发射系数随原子序数的变化较为明显。如果在样品表面存在不均匀的元素分布，则平均原子序数较大的区域将产生较强的背散射电子信号，在背散射电子像上显示出较亮的衬度；反之，平均原子序数较小的区域在背散射电子像上是暗区。因此，根据背散射电子像的明暗程度，可判别出相应区域的原子序数的相对大小，由此可对金属及其合金的显微组织进行成分分析。

11.3.3 扫描电镜的主要优势

在形貌分析的各种手段中，扫描电镜的主要优势表现为分辨率高、放大倍数高、景深大。

(1) 分辨率

分辨率是扫描电子显微镜最重要的指标。同光学显微镜一样，分辨率是指扫描电镜图像上可以分开的两点之间的最小距离。扫描电镜的分辨率主要与下面几个因素有关：

① 入射电子束束斑直径。入射电子束束斑直径是扫描电镜分辨率的极限。如束斑为 10nm，那么分辨率最高也是 10nm。一般配备热阴极电子枪的扫描电镜的最小束斑直径可缩小到 6nm，相应的仪器最高分辨率也就在 6nm 左右；利用场发射电子枪可使束斑直径小于 3nm，相应的仪器最高分辨率也就小至 3nm。

② 入射电子束在样品中的扩展效应。如前所述，电子束打到样品上会发生散射，从而发生电子束的扩散。扩散程度取决于入射电子束能量和样品原子序数的大小，入射电子束能量越大，样品原子序数越小，电子束作用体积越大，产生信号的区域随电子束的扩散而增大，从而降低了分辨率。

③ 成像方式及所用的调制信号。成像操作方式不同，所得图像的分辨率也不一样。当以二次电子为调制信号时，由于二次电子能量比较低（小于 50eV），在固体样品中平均自由程只有 1~10nm，只有在表层 5~10nm 的深度范围内的二次电子才能逸出样品表面，在这样浅的表层里，入射电子与样品原子只发生次数很有限的散射，基本上未向侧向扩展。因此，在理想情况下，二次电子像的分辨率约等于束斑直径。正是这个缘故，总是以二次电子像的分辨率作为衡量扫描电子显微镜性能的主要指标。

当以背散射电子为调制信号时，由于背散射电子能量比较高，穿透能力比二次电子强得多，可以从样品中较深的区域逸出（约为有效作用深度的 30%），在这样的深度范围，入射电子已经有了相当宽的侧向扩展，在样品上方检测到的背散射电子来自比二次电子大得多的区域，所以背散射电子像的分辨率要比二次电子像低，一般在 50～200nm。至于以吸收电子、X 射线、阴极荧光、电子束感生电导或电位等作为调制信号的其他操作方式，由于信号均来自整个电子束散射区域，所得扫描像的分辨率都比较低，一般在 100nm 或 1000nm 以上。

影响分辨率的因素还有信噪比、杂散电磁场和机械振动等。

（2）放大倍数

扫描电镜的放大倍数的表达式为：

$$M = A_c / A_s \tag{11-3}$$

式中，A_c 为荧光屏上图像的边长；A_s 为电子束在样品上的扫描振幅。一般 A_c 是固定的（通常为 100mm），这样就可简单地通过改变 A_s 来改变放大倍数。目前大多数商品扫描电镜的放大倍数为 20～20000 倍，介于光学显微镜和透射电镜之间，这就使扫描电镜在某种程度上弥补了光学显微镜和透射电镜的不足。

（3）景深

景深是指在保持图像清晰度的前提下，试样在物平面上下沿镜轴可移动的距离，也可以认为是试样超越物平面所允许的厚度。景深大小直接关系到能否对试样进行立体观察。扫描电镜的景深可表达为：

$$F_f = \frac{d_w}{\tan\beta} \approx \frac{d_0}{\beta} \tag{11-4}$$

式中，d_0 为扫描电镜分辨率；F_f 为景深；d_w 为扫描电镜理论分辨率；β 为孔径角。扫描电镜的末级透镜采用小孔径、长焦距，所以扫描电镜的景深比较大（在扫描电子显微分析中不用考虑这个参数的影响），成像富有立体感，所以它特别适用于粗糙样品表面的观察。

11.3.4 扫描电镜的制样方法

扫描电镜的优点是能直接观察块状样品，但为了保证图像质量，对样品表面的性质有如下要求：

① 导电性好，以防止表面积累电荷而影响成像；
② 具有抗热辐照损伤的能力，在高能电子轰击下不分解、变形；
③ 具有高的二次电子发射系数和背散射电子发射系数，以保证图像良好的信噪比。

对于不能满足上述要求的样品，如陶瓷、玻璃和塑料等绝缘材料，导电性差的半导体材料，热稳定性不好的有机材料，二次电子发射系数、背散射电子发射系数较低的材料，都需要进行表面镀膜处理。某些材料虽然有良好的导电性，但为了提高图像的质量，仍需进行镀膜处理。比如在高倍（例如大于 2000 倍）下观察金属断口时，由于存在电子辐照所造成的表面污染或氧化，影响二次电子逸出，喷镀一层导电薄膜能使分辨率大幅度提高。

在扫描电镜制样技术中用得最多的是真空蒸发和离子溅射镀膜法。最常用的镀膜材料是金，金的熔点较低，易蒸发；与通常使用的加热器不发生反应；二次电子和背散射电子的发射效率高；化学稳定性好。对于 X 射线显微分析、阴极荧光研究和背散射电子像观察等，碳、铝或其他原子序数较小的材料作为镀膜材料更为合适。

膜厚的控制应根据观察的目的和样品的性质来决定。一般来说，从图像的真实性出发，膜应尽量薄一些。对于金膜，通常控制在 20～80nm。如果进行 X 射线成分分析，为减小吸收效应，膜应尽可能薄一些。

11.3.5 扫描电镜应用实例

(1) 原位生长甲胺铅碘晶体

将不同浓度甲胺铅碘的丁内酯溶液涂覆到 Al_2O_3 陶瓷管上，在 50℃ 的电热恒温干燥箱中原位生长 $CH_3NH_3PbI_3$ 薄膜，其 SEM 图像见图 11-5。

溶液的浓度为 1.2mol/L 时，样品的表面形貌如图 11-5（a）所示。在 Al_2O_3 陶瓷管生长的 $CH_3NH_3PbI_3$ 晶体薄膜形成直径约 20μm 的圆盘，圆盘内 $CH_3NH_3PbI_3$ 晶体尺寸大小为 1~4μm，然后圆盘互相连接形成 $CH_3NH_3PbI_3$ 涂层。丁内酯为有机溶剂，在 Al_2O_3 陶瓷管表面的涂覆层升温时蒸发，涂覆层变薄收缩，在表面张力的作用下形成液滴，溶解的 CH_3NH_3I 与 PbI_2 在液滴中析出生成 $CH_3NH_3PbI_3$ 晶体。这种晶体的生长方式是以丁内酯乳液液体为反应容器，类似于乳液聚合反应，所以在 Al_2O_3 陶瓷管表面生成的 $CH_3NH_3PbI_3$ 晶体呈现出图 11-5（a）的形貌。当溶液的浓度为 1.5mol/L 时，样品的表面形貌如图 11-5（b）所示。溶液中溶解的 CH_3NH_3I 与 PbI_2 浓度高，丁内酯蒸发的同时，CH_3NH_3I 与 PbI_2 迅速生成 $CH_3NH_3PbI_3$，$CH_3NH_3PbI_3$ 在连续的丁内酯乳液膜中析晶并长大，连接在一起，而丁内酯蒸发，留下了大量的不规则的空洞，生成的 $CH_3NH_3PbI_3$ 晶体尺寸大小为 1~4μm。

(a) 1.2mol/L　　　　　　　　(b) 1.5mol/L

图 11-5　原位生长的 $CH_3NH_3PbI_3$ 的 SEM 图像

(2) 三维形貌的观察和分析

扫描电子显微镜景深大，样品也不受限制，因此它除能清晰地显示出组织的二维显微形态，还能显示出显微组织的三维立体形态，同时利用自带的测量软件可以较精确地测量颗粒大小。图 11-6 为以不同晶型 Al_2O_3 为原料的试样在 1600℃ 保温 3h 烧结后的显微形貌。从图 11-6 可以看出，在相同的烧结温度下，不同的试样具有不同的晶粒尺寸。以 γ-Al_2O_3 为原料的试样晶粒尺寸在 3~5μm 之间；以 β-Al_2O_3 为原料的试样晶粒尺寸在以 γ-Al_2O_3 和 α-Al_2O_3 为原料的试样之间；以 α-Al_2O_3 为原料的试样晶粒尺寸最小，大约为 2μm。从图 11-6 还可以发现，以不同的 Al_2O_3 为原料合成的尖晶石具有不同的晶形。以 γ-Al_2O_3 为原料时，尖晶石的晶形为柱状，与勃姆石的晶形相似，且晶界比较清晰，有许多晶体显示了（111）特征晶面 [图 11-6（a）中箭头所示]；而以 α-Al_2O_3 为原料时，尖晶石的晶形为片状，与 Al(OH)$_3$ 的晶体形状相似。尖晶石晶体形状的差别是由生产各自氧化铝的氢氧化物晶形的不同造成，即 Al(OH)$_3$ 的晶形为片状，而勃姆石的晶形为柱状。这可能是由于煅烧氢氧化物形成 Al_2O_3 后，直至尖晶石的形成，其微晶集合体仍会残留原母体氢氧化物的晶形，通常称这种现象为"母盐假象"。

图 11-6　试样在 1600℃ 保温 3h 烧后的 SEM 照片

(3) 原子序数衬度及其应用

原子序数衬度是利用对样品微区原子序数或化学成分变化敏感的物理信号作为调制信号得到的一种显示微区化学成分差异的像衬度。

背散射电子与二次电子不一样，它对原子序数的变化是很敏感的。背散射电子发射系数随元素原子序数 Z 的增大而增大。对 $Z<40$ 的元素，背散射电子发射系数随原子序数的变化化较为明显。例如在 $Z=20$ 附近，原子序数每变化 1，引起背散射电子发射系数变化约为 5%。如果样品中两相的原子序数相差 3，那么这两相足以在背散射电子像中区别出来。由于背散射电子信号强度与原子序数成正比，样品表面平均原子序数较高的区域，产生较强的信号，在背散射电子像上显示较亮的衬度。因此，根据背散射电子像亮暗衬度可以判别对应区域平均原子序数的相对高低，有助于对材料进行显微组织的分析。对有些既要进行显微组织的观察又要进行成分分析的样品，可以采用一对检测器收集样品同一部位的背散射电子，然后把两个检测器收集到的信号输入计算机处理，通过处理可以分别得到放大的形貌信号和成分信号（如图 11-7 所示）。

当然背散射电子与二次电子一样，其发射量与样品形貌有关。因此，利用背散射电子也能进行形貌分析，但是它的分析效果远不及二次电子。所以，在作无特殊要求的形貌分析时，都不用背散射电子信号成像。

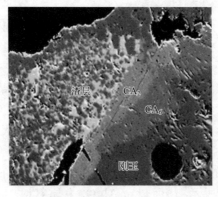

图 11-7　试样侵蚀层和渗透层界面处的 $CaO-Al_2O_3$ 系致密层 SEM 照片

第 12 章 透射电子显微镜

透射电子显微镜的工作原理是阿贝成像原理，也就是平行光照射到一个光栅或周期物样上时将产生各级衍射，在透镜的后焦面上产生各级衍射分布，得到与光栅或周期物样结构密切相关的衍射谱，这些衍射又作为次级波源，产生的次级波在高斯像面上发生干涉叠加，得到光栅或周期物样倒立的实像。图 12-1 画出了平行光照射到光栅后，在衍射角为 θ 的方向发生的衍射以及透射光线的光路图。如果没有透镜，则这些平行的衍射光和透射光将在无穷远处出现夫琅禾费衍射花样，形成衍射斑 D 和透射斑 T。插入透镜的作用就是把无穷远处的夫琅禾费衍射花样前移到透镜的后焦面上。后焦面上的衍射斑（透射斑视为零级衍射斑）作为光源产生次波干涉，在透镜的像平面上出现一个倒立的实像。如果在像平面放置一个屏幕，则可在屏幕上看到这个倒立的实像。

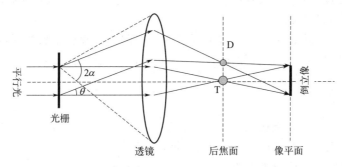

图 12-1　透射电子显微镜工作原理

如果对物镜像平面上的图像进行放大，就可得到电子显微图像，电子显微图像携带材料的组织结构信息。电子束受物质原子的散射，在离开下表面时，除了沿入射方向的透射束以外，还有受晶体结构调制的衍射束，它们的振幅和相位都发生了变化。选取不同的成像信息，可以形成不同类型的电子衬度图像。例如选择单束（透射束或一个衍射束）可以成衍射衬度相，选择多束（透射束和若干衍射束）可以成相位衬度像，选择高角衍射束可以成原子序数衬度像等。

从 1965 年开始，Hirsh 等将 TEM 用于直接观察薄晶体试样，并利用电子衍射效应来成像。不仅显示了材料内部的组织形貌衬度，而且获得许多与材料晶体结构有关的信息（包括点阵类型、位相关系、缺陷组态等），如果配备加热、冷却、拉伸等装置，还能在高分辨率条件下进行金属薄膜的原位动态分析，直接研究材料的相变和形变机理，以及材料内部缺陷的发生、发展、消失的全过程，能更深刻地揭示其微观组织和性能之间的内在联系。

12.1 衬度定义

透射电镜中，所有的显微像都是衬度像。所谓衬度是指两个相邻部分的电子束强度差，衬度 C 大小用式（12-1）表示，即：

$$C = \frac{I_1 - I_2}{I_2} = \frac{\Delta I}{I_2} \tag{12-1}$$

对于光学显微镜，衬度来源是材料各部分反射光的能力不同。在透射电镜中，当电子逸出试样下表面时，由于试样对电子束的作用，透射到荧光屏上的强度是不均匀的，这种强度不均匀的电子像称为衬度像。

透射电镜中按照成像机制不同，可以将衬度像分为四种。

① 质厚衬度（mass-thickness contrast）：由材料的质量厚度差异造成的透射束强度的差异而产生的衬度；

② 衍射衬度（diffraction contrast）：由于试样各部分满足布拉格反射条件的程度不同以及结构振幅不同而产生的衬度；

③ 相位衬度（phase contrast）：试样内部各点对入射电子作用不同，导致它们在试样出口表面上相位不一，经放大让它们重新组合，使相位差转换成强度差而形成的衬度；

④ 原子序数衬度（Z contrast）：衬度正比于原子序数 Z。在原子序数衬度中同时包含相位衬度和振幅衬度的贡献。

质厚衬度和衍射衬度都是由入射波的振幅改变引起的，都属于振幅衬度。试样厚度大于 10nm 时，以振幅衬度为主；试样厚度小于 10nm 时，以相位衬度为主。

12.1.1 质厚衬度

质厚衬度是由试样各处组成物质的原子种类不同和厚度不同造成的衬度。在元素周期表上处于不同位置（原子序数不同）的元素，对电子的散射能力不同。重元素比轻元素散射能力强，成像时被散射出光阑以外的电子也越多；试样越厚，对电子的吸收越多，被散射到物镜光阑外的电子就越多，而通过物镜光阑参与成像的电子强度就越低，即衬度与质量、厚度有关，故叫质厚衬度。质厚衬度的原理如图 12-2（a）所示。衬度 C 与原子序数 Z、密度 ρ 及厚度 t 有关：

$$C = \frac{\pi N_0 e^2}{V^2 \theta^2} \left(\frac{Z_2^2 \rho_2 t_2}{A_2} - \frac{Z_1^2 \rho_1 t_1}{A_1} \right) \tag{12-2}$$

式中，N_0 为阿伏伽德罗常数；V 为透射电镜的加速电压；θ 为散射角。

用小的光阑（θ 小）衬度大；降低电压 V，能提供高质厚衬度。

图 12-2（b）给出了在 FePt 薄膜表面上物理气相沉积 Ag 的质厚衬度图像。Ag 在 FePt 薄膜上团聚成颗粒，因此厚度较大，所以在图中为黑色斑点区域。

12.1.2 衍射衬度

衍射衬度是由晶体满足布拉格反射条件程度不同而形成的衍射强度差异。如图 12-3 所示，晶体薄膜里有两个晶粒 A 和 B，它们之间唯一的差别在于晶体学位向不同。其中 A 晶

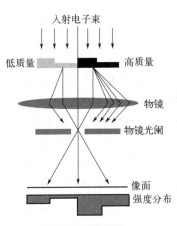
(a) 质厚衬度的原理

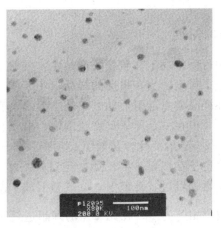
(b) FePt薄膜表面上的Ag颗粒质厚衬度图像

图 12-2　质厚衬度的原理和实例

粒内的所有晶面组与入射束不成布拉格角，强度为 I_0 的入射束穿过试样时，A 晶粒不产生衍射，透射束强度等于入射束强度，即 $I_A=I_0$。而 B 晶粒的某 (hkl) 晶面组恰好与入射方向成精确的布拉格角，而其余的晶面均与衍射条件存在较大的偏差，即 B 晶粒的位向满足"双光束条件"。此时，(hkl) 晶面产生衍射，衍射束强度为 I_{hkl}，如果假定对于足够薄的样品，入射电子受到的吸收效应可不予考虑，且在所谓"双光束条件"下忽略所有其他较弱的衍射束，则强度为 I_0 的入射电子束在 B 晶粒区域内经过散射之后，将成为强度为 I_{hkl} 的衍射束和强度为 I_0-I_{hkl} 的透射束两个部分。如果让透射束进入物镜光阑，而将衍射束挡掉，在荧光屏上，A 晶粒比 B 晶粒亮，就得到明场像；如果把物镜光阑孔套住 (hkl) 衍射斑，而把透射束挡掉，则 B 晶粒比 A 晶粒亮，就得到暗场像。

图 12-4 的 FePt 合金组织明场像形貌中，较暗的晶粒都含有符合布拉格方程较好的晶面，经过这些晶粒的大部分入射束都被衍射开来，并被光阑挡掉，无法参与成像，因此图像较暗；而越明亮的晶粒，透过的电子越多，说明衍射束较弱，偏离布拉格条件较远。

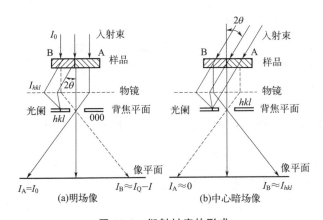

图 12-3　衍射衬度的形成

图 12-4　FePt 合金的衍射衬度明场像

衍衬成像中，某一最符合布拉格条件的 (hkl) 晶面组起十分关键的作用，它直接决定了图像衬度，特别是在暗场像条件下，像点的亮度直接等于样品上相应物点在光阑孔所选定的那个方向上的衍射强度，而明场像的衬度特征是跟暗场像互补的。

12.1.3 相位衬度

以上两种衬度像发生在较厚的样品中,透射束的振幅发生变化,因而透射波的强度发生了变化,产生了衬度。当在极薄的样品(小于10nm)条件下,不同样品部位的散射差别很小,或者说在样品各点散射后的电子基本上不改变方向和振幅,因此无论衍射衬度或质厚衬度都无法显示,但在一个原子尺度范围内,电子在距原子核不同地方经过时,散射后的电子能量会有10~20eV的变化,从而引起频率和波长的变化,并引起相位差别。

例如一个电子在离原子核较远处经过,基本上不受散射,用波 T 表示;另一个电子在距离原子核很近处经过,被散射,变成透射波 I 和散射波 S,T 波和 I 波相差一个散射波 S,而 S 波和 I 波位相差 $\frac{\pi}{2}$。在无像差的理想透镜条件下,S 波和 I 波在像平面上可以无像差地再叠加成像,所得结果振幅和波 T 一样(如图12-5所示),仍然不会有振幅的差别;但如果使 S 波改变相位 $\frac{\pi}{2}$,波 I+S 与波 T 的振幅就会产生差异,造成相位衬度,如图12-5(c)所示。由于这种衬度变化是在一个原子的空间范围内,所以可以用来辨别原子,形成原子分辨率的图像。

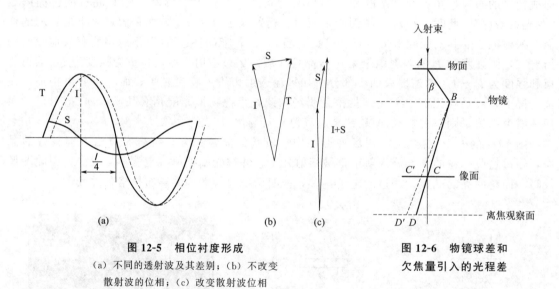

图 12-5 相位衬度形成
(a) 不同的透射波及其差别;(b) 不改变散射波的位相;(c) 改变散射波位相

图 12-6 物镜球差和欠焦量引入的光程差

在透射电镜中,有两种方法可以引入附加相位:物镜球差(C_s)和欠焦量,如图12-6所示。由物镜球差引入的光程差:

$$ABC - ABC' = C_s\beta^4 \tag{12-3}$$

如果观察面位于像面之下(物镜欠焦 Δf),引进的光程差则是:

$$DC - D'C' \approx -0.5\Delta f\beta^2 \tag{12-4}$$

虽然物镜球差是无法改变的,但通过适当选择欠焦量,使两种效应引起的附加相位变化是 $\frac{\pi}{2}$,就可使相位差转换成强度差,使相位衬度得以显现。

图12-7展示了在 Al-Cu-Li 合金中的一片 T_1 析出物的高分辨相位衬度像,该析出物只有一层原子厚,在析出物附近的基体相原子发生了弛豫,偏离了正常晶格节点位置。对于这种

单原子层析出物的直接观察，透射电镜的相位衬度像显示了强大的优势。

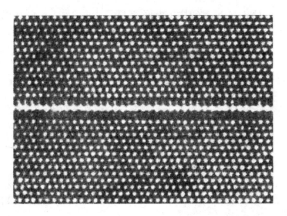

图 12-7 Al-Cu-Li 合金中的 T_1 析出物的高分辨图像

12.1.4 原子序数衬度

原子序数衬度的产生基于扫描透射电子显微术（STEM）。STEM 是将扫描附件加于 TEM 上，STEM 的像来源于当精细聚焦电子束（<0.2nm）扫描样品时，逐一照射每个原子柱，在环形探测器上产生强度的变化图，从而提供原子分辨水平的图像（如图 12-8 所示）。因为电子束是精确聚焦和高度汇聚的，所以每个衍射点实际上是个盘。环形暗场探测器收集很高角度的衍射盘，角度大于 35~100mrad［由 200kV 电子引起 Au 的（200）面的衍射角约为 6mrad］。

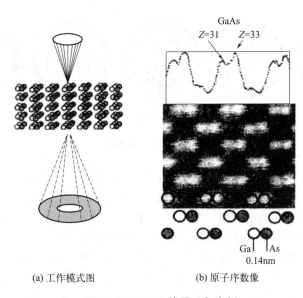

(a) 工作模式图　　(b) 原子序数像

图 12-8 STEM 的原理和实例

当探测高角度散射信号时，探测器上的强度主要来自声子散射项，即热漫反射（TDS）。每一个被照明的原子柱的强度与热漫反射散射截面（σ_{TDS}）直接相关，σ_{TDS} 的值等于在探测器的环形范围内对原子类型因子进行积分，即

$$\sigma_{TDS} \propto \int_{探测器} f^2(s)[1-\exp(-2Ms^2)]d^2s \tag{12-5}$$

式中，$f(s)$ 为原子对于弹性散射的波形系数；$s=\theta/2\lambda$，θ 为散射角，λ 为电子波长；M 为 Debye-Waller 因子，定义为原子的均方热振动振幅。

由于 σ_{TDS} 正比于 $f(s)$ 的平方，而 $f(s)$ 是同原子序数成正比的，因此 STEM 提供了原子序数衬度，衬度正比于原子序数的平方。

12.2 透射电镜的样品制备

常见透射电镜样品包括复型样品、粉末样品、切片样品以及薄膜样品。各种样品有相对独立的制备方法和程序。

12.2.1 粉末样品的制备

(1) 载网简介及选择

透射电镜样品台要求试样的直径为 3mm，粉末样品是不能直接用于透射电镜分析的，必须先放在带有支持膜的载网上。常见载网是具有不同孔径的圆形网状物，载网类型不同，其孔径的大小和形状也不同。目前网孔目数大概有如下几个规格：50 目、75 目、100 目、150 目、200 目、300 目、400 目、1000 目和 2000 目；孔的形状有方形孔、圆形孔、椭圆形孔和平行格网等，如图 12-9 所示；材质有铜、镍、铝、金、钼、铍、尼龙等，可根据需要具体选择。

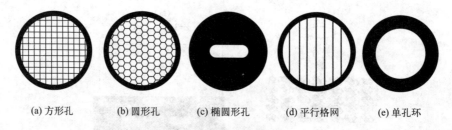

(a) 方形孔　　(b) 圆形孔　　(c) 椭圆形孔　　(d) 平行格网　　(e) 单孔环

图 12-9　常见载网形状

对于纳米材料或粉末样品而言，载网的孔径过大，不能支撑样品，还需要在载网上覆上一层透明的薄膜来对样品进行"支持"。这种既能够维持样品在载网上又能被电子束穿过的透明非晶有机薄膜，即为载网支持膜，简称支持膜，其厚度为 30～60nm，常见支持膜有火棉胶膜和方华膜。支持膜的导电性能都比较差，在电子束照射下，会产生电荷积累，引起样品放电，使样品漂移和跳动、支持膜破裂等，影响观察效果。为了改善支持膜的导电性能，通常需要在支持膜上镀一层很薄的、导电性能好的碳膜，如图 12-10 所示。这种经过喷碳的载网支持膜即常见的"碳支持膜"，碳膜厚度为 7～10nm。如果在支持膜上特意制作孔径为 0.3～2μm 的微孔，且喷碳后微孔上不含残留碳膜层，保持通透状态，这种支持膜就是常说的微栅，特别适合于观察纳米材料的高分辨图像。

将碳支持膜中的有机支持膜用特殊方法去除后即得到纯碳膜。当然，这种碳膜要比碳支持膜上的碳膜厚，其厚度为 15～20nm，碳颗粒较粗，在高倍下观察样品时，可能会观察到纯碳膜背底的颗粒。超薄碳膜是在微栅的微孔或多孔碳支持膜上再镀上一层厚度为 3～5nm 的超薄碳层，适合于那些分散性很好的纳米材料。

生物材料的透射电镜试样，可用 200 目或 150 目铜网碳支持膜以获得较大的视野。但分析纳米材料往往需要在高放大倍数下进行，为了确保支持膜的牢固性和稳定性，选用 300 目或 400 目铜网碳支持膜较适宜；如果做粉末纳米材料（100nm 以下）、纳米管，而且要观察高分辨图像，最好选择微栅膜，特别是观察纳米管时，微栅是最佳选择。如果纳米材料（10nm 以下）分散性很好，宜选用超薄碳支持膜。

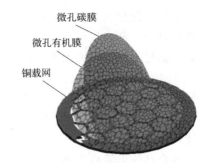

图 12-10　碳支持膜结构

(2) 粉末透射电镜样品制备方法

① 取少量粉末置于易挥发的惰性分散剂中。常见分散剂有水、甘油、酒精、丙酮等，以不与样品发生任何反应作为分散剂的选择原则。

② 在超声波作用下制备粉末悬浮液。一般来说超声波分散 10～20min 即可，然后静置 1～3min 让粗大的颗粒沉淀下来。

③ 选择合适的支撑膜，把载网放在干净的滤纸上。注意要将膜面朝上。

④ 用滴管吸取悬浮液表面液体，在载膜上滴 1～3 滴液体即可。这里要注意的是一定要吸取表面液体，不要吸取底部的液体，因为底部悬浮液中颗粒直径大，不利于电镜分析。同时，滴的液体量要适度。过多，颗粒聚集，分散效果不好；过少，则样品太少，找到理想的观察视野比较困难。

⑤ 采用自然风干或适度烘烤的方法充分干燥试样。

⑥ 把试样装入试样盒中备用。

12.2.2　薄膜样品的制备

材料科学工作者大量接触的是块体材料，其厚度远远大于透射电镜电子束的穿透深度，因此在利用透射电镜对块体材料进行组织结构和形貌分析时，必须采用各种机械、物理或化学方法把试样减薄到电子束能穿透的厚度。无论是金属材料还是陶瓷材料，其制备过程可以分为两个阶段，即初始制样阶段和最终减薄阶段。初始制样阶段包括三个过程：①把拟研究的块体材料切割成片状或圆盘状薄片；②把切割下来的薄片试样预减薄至一定厚度并两面抛光；③在预减薄后的薄片试样上进行定位挖坑。最终减薄阶段是指把初始减薄后的样品最终减薄至样品对电子束透明的厚度的过程。可采用离子减薄、化学减薄、电解减薄、解理或超薄切片等手段来完成对试样的最终减薄。

由于金属材料和陶瓷材料性能上的差异，制备透射电镜样品的具体过程也略有不同。下面介绍这两种样品的制备过程，并重点介绍最常见的双喷电解减薄和离子减薄两种最终减薄技术的原理和注意事项。

(1) 金属薄膜样品的制备

① 切片。采用线切割或低速金刚石圆锯把块体材料切割成厚度为 0.3mm 左右的薄片，切割过程中要对样品进行充分的冷却，以免切割过程中产生的热量破坏原材料的组织形态。

② 机械磨薄。把薄片粘在表面平滑的样品托上，利用水砂纸进行磨薄，其要求和过程与金相试样制备过程相同。要求把薄片磨到厚度约为 100μm，试样两面都要抛光，磨薄过

程中，试样不能扭折变形。具体的方法是：在保证试样一面的粗糙度达到要求的前提下，磨削厚度尽量小一些，以免薄片太薄而在翻转时弯曲变形；然后再把试样翻转过来磨削另外一面，直到满足试样厚度要求为止。

③ 冲片。利用透射电镜专用冲片器把 50～100μm 厚的金属片冲成直径 3mm 的圆片。

④ 双喷电解减薄。这是金属试样常见的最终减薄工艺，也是最为关键的环节。把直径为 3mm 的薄片装在设备的样品夹中，电解液通过耐酸泵进行循环，并通过喷嘴喷射到样品中心使试样减薄。

选择合适的电解减薄液和制定合适的工艺规范是成功制备电镜样品的关键，这需要大量的实验摸索和参考相关资料。在最佳的电压和电流条件下制备的试样应该是光亮且均匀减薄的，在试样的中间位置穿孔。电路密度过大，试样局部早期穿孔；电流密度过低，表面腐蚀发乌。

试样穿孔后，立即打开试样夹取出试样进行清洗。清洗时应使试样在清洗液中上下穿插，利用清洗液的表面张力去除试样表面腐蚀产物，最后脱水干燥。

双喷电解减薄的主要影响因素包括：a. 电解液。不合适的电解液造成样品表面氧化、浸蚀，样品表面发乌不光亮，出现凹坑或单面抛光。b. 电解液流速。流速过快会破坏样品表面黏滞膜，使样品表面不抛光，同时强烈喷射会破坏薄区，使样品穿孔大而无薄区。c. 温度。温度高样品表面易浸蚀、氧化，温度越低越好。抛光速度虽降低，但表面无污染，黏滞膜稳定，抛光效果好。d. 电解条件。电压太低样品表面浸蚀不抛光，电压太高样品表面出现麻点或样品边缘快速减薄。一般选择曲线拐点处的电压进行实验。

为保证在试样中间位置穿孔，可在电解减薄之前对试样进行凹坑处理；电解减薄后，如果试样薄区不理想，或试样表面有腐蚀产物，也可选择另外的离子减薄方法进一步扩大试样的薄区或进行表面清洁处理。

(2) 陶瓷薄膜样品的制备

① 试样切取。利用超声波钻从块体陶瓷中钻取直径约为 2mm 的小圆柱体。

② 包埋和切片。利用导电胶把陶瓷小圆柱体镶嵌在外径为 3mm 的金属管里，待导电胶充分固化后，利用金刚石线锯把镶有陶瓷的金属管切割成 100～200μm 的薄片。

③ 机械磨薄。把薄片粘在表面平滑的样品托或磨片器上，用氧化铝、碳化硅或金刚石磨料在旋转的铸铁磨盘上进行磨削，试样两面都要进行抛光，直到厚度小于 50μm 为止。

如果没有超声波钻和镶嵌用的金属管，也可以采用线锯或低速金刚石圆锯从块体陶瓷材料上切取薄片，直接进行机械磨薄，直到厚度小于 50μm。之后根据磨薄后薄片的尺寸大小，选择适当内径的单孔钼环，用导电胶把薄片粘在钼环上，再采用后续的制样过程制备透射电镜样品。

④ 凹坑。用凹坑仪在圆片中央部位磨成一个凹坑，一般保持凹坑后剩下的厚度在 10μm 左右，其目的是减少后序离子减薄过程的时间，提高减薄效率。

⑤ 离子减薄。离子减薄技术可用于陶瓷、半导体以及多层膜截面试样的制备。将洁净的、已凹坑的直径为 3mm 的圆片小心放入离子减薄仪的样品夹中，根据试样材料的特性，选择合适的离子减薄参数进行减薄，两个重要的参数是离子入射角以及加速电压。

一定能量的粒子与样品表面碰撞时，将其能量传递给样品原子，并发生碰撞。样品中那些能够到达表面、能量大于表面束缚能的原子会脱离样品，从而对溅射率作出贡献。一般地，当离子束的加速电压在 10kV 以下时，溅射率随着加速电压升高而增加；但当加速电压超过 10kV 后，高能粒子会进入样品深处，其大部分能量传递给样品深处的原子，不能使样品表面原子脱离基体，因此对溅射率没有贡献，溅射率随着加速电压升高反而下降。通常采用的电压为3～6kV。一般地，离子入射倾角越小，发生碰撞的样品层越浅，表面层附近的原子获得的能量越多，可以脱离样品表面的原子增多，溅射率上升；但是倾角小，离子传递给样品原子的动量也小，有能力跑出样品表面的原子减少。综合两种效应，离子束倾角在某一范围内溅射率达最大。一般倾角在15°～25°范围内溅射率最佳，具体角度的选择与样品材料有关。开始减薄时，可用较大的离子束倾角，一般为15°～20°；当样品即将穿孔或已经出现微孔时，应立即降低角度，一般以10°～15°范围为宜；如果是用离子束对样品表面进行抛光清洁处理，其倾角选用5°～10°比较合适。

离子减薄技术减薄速率较低、耗时较长。制备一个陶瓷透射电镜样品，往往需要2～3天时间，效率很低。另外，离子束还可能对样品表面造成损伤而在试样中引入假象，因此不宜使用太大的加速电压和太大的离子束倾角。

12.3 透射电镜高分辨显微图像

高分辨成像是多束干涉成像，根据不同的成像条件可以获得不同特征的图像。只要试样合适，成像条件合理，电镜状态良好，在现代电子显微镜上可以很容易得到材料的高分辨图像。但对于图像的解释却没有那么简单，多数情况下必须结合计算机模拟才能对图像进行准确的解析，特别是需要从高分辨图像中获得结构信息时，计算模拟更显得重要。

从图像是否显现物相单胞内的结构来看，高分辨图像一般可分为晶格像和结构像。所谓晶格像是指图像中反映了晶体周期性排列的特征，而结构像则在原子尺度上反映了晶胞内原子的排布特点，可以与理论计算和模拟结果吻合。一般来说，高分辨图像可分为：

(1) 一维晶格像

用物镜光阑选择后焦面上的两束波成像，由于两束波的干涉，得到一维方向上强度呈周期变化的条纹花样，这就是所谓的晶格条纹像。对于多晶试样，得到环状或排列混乱的电子衍射花样。只要有一束衍射波与透射波干涉，就能形成一维晶格像。图12-11是FePt薄膜经过350℃/1h热处理后由立方相转变为四方相的微晶的晶格条纹像。

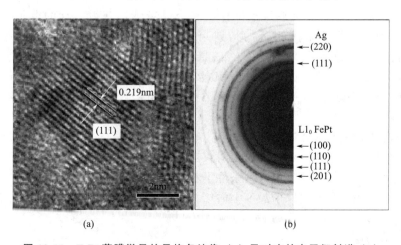

图12-11 FePt薄膜微晶的晶格条纹像 (a) 及对应的电子衍射谱 (b)

(2) 一维结构像

倾斜试样，使入射电子束严格平行于试样的某一晶面簇入射，获得如图 12-12（b）所示的电子衍射花样，使用这种衍射花样，在最佳聚焦条件下成的像就是一维结构像[见图 12-12（a）]，这种像含有晶体单胞内的一维结构信息。经过计算模拟对照，可知像的衬度与原子面排列的对应关系。这种技术可用于研究复杂多层结构的不同层之间的原子堆积状况。从倒易空间与正空间具有互易关系的性质出发，可知晶面簇应与衍射斑点垂直。

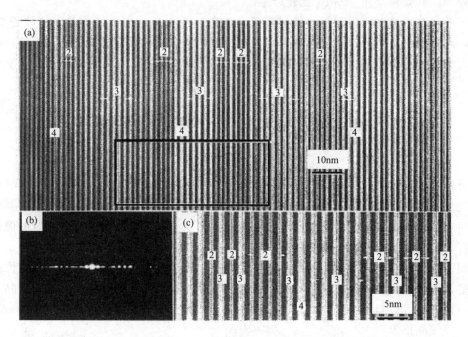

图 12-12　Bi 系超导氧化物一维结构像（明亮的细线对应于 Cu-O 层，从它的数目可以知道 Cu-O 层堆积层数）(a) 和电子衍射花样 (b) 及图 (a) 方框部分放大像 (c)

(3) 二维晶格像

转动样品，使入射电子束平行于试样中某个晶带轴，获得对称的电子衍射花样，如果利用物镜光阑，选择透射束附近的衍射束参与成像，这种像能给出单胞尺度的周期性信息，但它不含有单胞内原子排列的信息，所以称为二维晶格像。晶格像是利用透射束附近的衍射束来成像，在比较厚（几十纳米）的区域也能得到晶格像，因此，这种像常用于研究晶格缺陷。图 12-13 显示了一维 ZnO 纳米晶体的二维晶格像及螺型位错生长机理。

由于二维晶格像只利用了有限的衍射波，所以，即使偏离 Scherzer 欠焦条件也能获得二维晶格像。同时，由于透射束周围的衍射束对应的倒易矢量较短，相应的正空间周期结构单元的周期较大，因此，一般来说这种条件下获得的高分辨图像只能反映晶体周期性的结构特征，而不能反映晶体晶胞内原子尺度上的结构信息。这也是把这种高分辨显微图像称为晶格像的原因。

(4) 二维结构像

如果使入射电子束严格平行于试样中某个晶带轴入射，在仪器分辨率允许的范围内

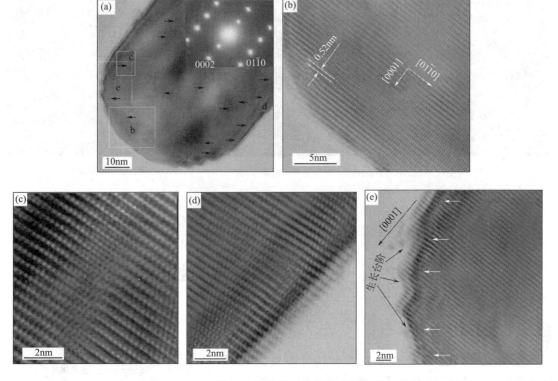

图 12-13 一维 ZnO 晶体的二维晶格像及螺型位错

让尽可能多的衍射束参与成像，在 Scherzer 欠焦条件下就有可能得到含有单胞内原子排列信息的像，参与成像的衍射波越多，像中包含的信息越多。但如果衍射波波数高于仪器分辨极限时，则这些衍射波就不能参与正确结构的成像，而只能成为结构像的背底。

要直接得到二维结构像取决于很多实验条件，其中样品厚度、选择的晶带轴以及与晶带轴垂直晶面上的原子排布、电镜的点分辨率等是非常重要的影响因素。严格地讲，二维结构像应能正确反映晶体中各组成原子的排布情况，而不是阵点的周期分布。对于由单个原子组成阵点的简单晶体，在 Scherzer 欠焦情况下，可以认为图像中的一个黑点就是一个原子，但某一个原子究竟是排布在上一层晶面还是下一层晶面，需要通过模拟计算加以验证。而对于复杂点阵，每个阵点可以代表若干个原子的集合，图像上的点究竟是代表周期性的阵点位置还是原子位置，也必须通过计算机模拟进行验证。当两个原子之间的投影距离小于电镜的点分辨极限时，获得的图像只可能是晶格像。

图 12-14 显示的是 ZnO 纳米盘。从图 12-14（b）衍射斑中可以看出只有一套衍射斑点，所以 ZnO 纳米盘是单晶结构，晶带轴是 [0001] 方向；从图 12-14（c）中可以看出 [1̄21̄0] 方向晶面间距为 0.28nm，符合纤锌矿结构的 ZnO 单晶（100）面的晶面间距；六边形纳米盘的生长方向是 ⟨101̄0⟩ 六个二次对称方向，[0001] 方向的生长被抑制。

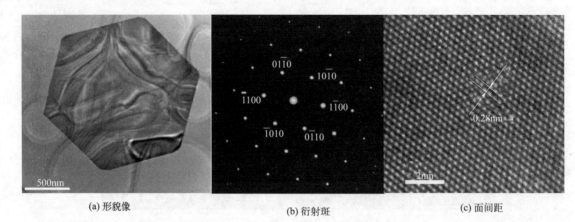

(a) 形貌像　　　　　　　　　(b) 衍射斑　　　　　　　　　(c) 面间距

图 12-14　ZnO 单晶纳米盘

12.4　透射电镜其他应用技术

12.4.1　扫描透射技术

如图 12-15 所示，利用束斑尺寸达几个埃的电子束逐点扫描试样，电子束被试样散射后，在透射束附近形成以弹性散射电子为主的锥体，而在高角度范围内，则以非弹性散射为主。高角度散射波的强度与原子序数 Z 的平方成正比。如果利用一个环形探测器探测这种高角度的散射电子，就可以获得与电子探针扫描点处试样平均原子序数密切相关的电子波强度分布，利用这种高角度散射电子波所成的像含有试样中元素（Z）分布的信息，因此被称为 Z 衬度像，也称为 HAADF（high angle annular dark field）图像或扫描透射暗场像（STEM-DFI）。相应地，利用探头检测透射束以及周围的电子信号，即可获得扫描透射明场像（STEM-BFI）。

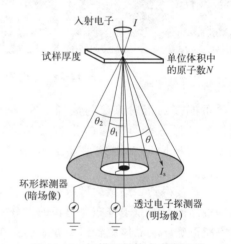

图 12-15　扫描透射技术成像原理

12.4.2　球差校正技术

球差校正是近几年发展起来的新技术，其基本原理如图 12-16 所示。物平面的一个点 O 经过物镜在其像平面上成像，对于理想的物镜系统，应该在像平面上形成一个清晰的像点，但是，真实物镜或多或少存在球差，使得物平面上的像点具有一定的发散度，因而变得模糊起来。球差校正就是利用一些组合的透镜（球差校正器）使从像点 O 发射出来的光线重新汇聚成一点，形成一个清晰像点的技术。

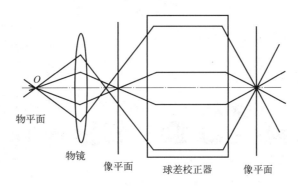

图 12-16 球差校正原理

图 12-17 比较了球差校正前后透镜相位传递函数曲线的变化,其中 a、b 分别为校正前后的曲线,曲线 c 为校正后相位传递函数的衰减包络曲线,其与横轴的交点对应于透镜的信息分辨率。从图中可以看出经过球差校正后,透镜的信息分辨率提高,且点分辨率 B 远高于未校正时的点分辨率 A,趋近于信息分辨率。但要注意的是经过校正后,展宽的平台较窄,这就意味着系统对于低频信息的损害较大。

图 12-18 是 $\beta\text{-Si}_3\text{N}_{12}$ 的高分辨图像,其中(a)是利用未经过球差校正的电镜拍摄的,而(b)是利用经过球差校正后的拍摄。在图(a)中看不到 Si-N 哑铃结构,而在图(b)中则清晰可见。

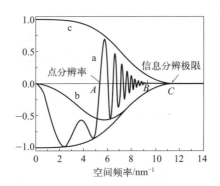

图 12-17 球差校正前后透镜相位传递函数的比较

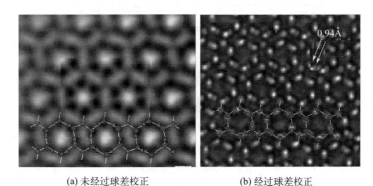

(a) 未经过球差校正　　(b) 经过球差校正

图 12-18 $\beta\text{-Si}_3\text{N}_{12}$ 的高分辨图像

第 13 章　扫描探针

19 世纪 80 年代初期，扫描探针显微镜（SPM）因首次在实空间展现了硅表面的原子图像而震动了世界。从此，SPM 在基础表面科学、表面结构分析和生物科学三维成像等学科中发挥着重要的作用。

扫描探针显微镜是一种具有宽广观察范围的成像工具，它延伸至光学和电子显微镜的领域，也是一种具有空前高的 3D 分辨率的轮廓仪。在某些情况下，扫描探针显微镜可以测量诸如表面电导率、静电电荷分布、区域摩擦力、磁场和弹性模量等物理特性。

扫描探针显微镜是一类仪器的总称，它们以从原子到微米级别的分辨率研究材料的表面特性。所有的 SPM 都包含图 13-1 所示的基本部件。

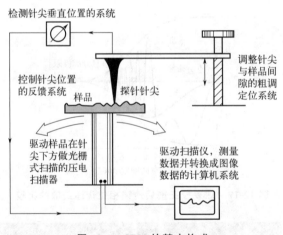

图 13-1　SPM 的基本构成

13.1　扫描隧道显微镜

扫描隧道显微镜（STM）是所有扫描探针显微镜的祖先，它是在 1981 年由 Gerd Binnig 和 Heinrich Rohrer 在苏伊士 IBM 实验室发明的。5 年后，他们因此项发明被授予诺贝尔物理学奖。STM 是第一种能够在实空间获得表面原子结构图像的仪器，这种新型显微仪器使人类能够实时地观测到导电物质表面的原子排列状态，研究与表面电子行为有关的物理化学性质。

13.1.1 扫描隧道显微镜的工作原理

(1) 隧道效应

扫描隧道显微镜是根据量子力学中的隧道效应原理，通过探测固体表面原子中电子的隧道电流来分辨固体表面形貌的新型显微装置。将原子线度的极细探针和被研究物质的表面作为两个电极，当样品与针尖的距离非常接近时（通常小于1nm），在外加电场的作用下，电子会穿过两个电极之间的势垒流向另一电极。根据量子力学原理，由于粒子存在波动性，当一个粒子处在一个势垒之中时，粒子越过势垒出现在另一边的几率不为零，这种现象称为隧道效应。

根据量子理论，电子具有波动性，其位置是弥散，其状态可由波动函数 $\Psi(Z)$ 描述，它满足 Schrödinger 方程：

$$-\frac{\eta}{2m} \times \frac{\mathrm{d}^2}{\mathrm{d}Z^2}\Psi(Z) + U(Z)\Psi(Z) = E\Psi(Z) \tag{13-1}$$

如果 $U(Z)$ 一定，电子的总能量 $E > U(Z)$，式(13-1)的解如下：

$$\Psi(Z) = \Psi(0)\mathrm{e}^{\pm ikZ} \tag{13-2}$$

其中：

$$k = \frac{\sqrt{2m(E-U)}}{\eta} \tag{13-3}$$

该解为一波矢。

如果电子的总能量 $E < U(Z)$，式(13-1)的解为：

$$\Psi(Z) = \Psi(0)\mathrm{e}^{-kZ} \tag{13-4}$$

其中，$k = \frac{\sqrt{2m(E-U)}}{\eta}$，该解为衰减常数，物理意义是描述电子在 $+Z$ 方向上的衰减常数。因而在 Z 点附近观察到一个电子的概率密度正比于 $|\Psi_n(0)|^2 \mathrm{e}^{-2kS}$，这说明金属中的电子并不完全局限于金属表面之内，电子云密度并不在表面边界处突变为零，即电子以一定的概率穿透势垒，表面上一些电子会散逸出来，在样品周围形成电子云。在金属表面以外，电子云密度呈指数衰减，衰减长度约为1nm。

用一个极细的、只有原子线度的金属针尖作为探针，将它与被研究物质（称为样品）的表面作为两个电极，当样品表面与针尖非常靠近（距离<1nm）时，两者的电子云略有重叠，如图13-2所示。若在两极间加上电压 U，在电场作用下，电子就会穿过两个电极之间的势垒，通过电子云的狭窄通道流动，从一极流向另一极，形成隧道电流 I。隧道电流 I 的大小与针尖和样品间的距离 S 以及样品表面平均势垒的高度 φ 有关。

(2) 隧道电流的产生

样品和针尖加上偏压 U，对于电子而言，样品和针尖之间的能量差为 eU，出现从样品流向针尖的隧道电流。即处于 $E_F - eU$ 与 E_F 之间能量为 E_n 的样品态 Ψ_n 有机会隧穿进入针尖。假定偏压远小于功函数的值，即 $eU \ll \Phi$，则所有有意义的样品态能级十分接近费米能级，即 $E_n \approx -\phi$。这样第 n 个样品态中的电子出现在针尖表面 $Z=S$ 处的概率 ω 为：

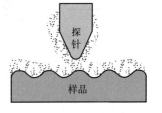

图13-2 金属表面与针尖的电子云图

$$\omega \propto |\Psi_n(0)|^2 e^{-2kS} \tag{13-5}$$

式中，$\Psi_n(0)$ 是样品表面处第 n 个样品态的数值；k 是势垒中接近费米能级的样品态衰减常数，$k = \dfrac{\sqrt{2m\Phi}}{\eta}$。如果功函数以 eU 为单位，衰减常数以 nm^{-1} 为单位，则 $k = 0.51\sqrt{\Phi(eU)}\ nm^{-1}$。

在 STM 分析时，针尖扫描遍及样品表面，针尖的状态通常无变化。隧穿的电子到达 $Z=S$ 的针尖表面时，以恒定速度流入针尖，隧道电流直接正比于能量间隔为 eU 内样品表面电子态的数目。把能量区间 eU 内的所有样品态都包括在内，隧道电流可表示为：

$$I \propto \sum_{E_n=E_F-eU}^{E_F} |\Psi_n(0)|^2 e^{-2kS} \tag{13-6}$$

即隧道电流 I 为：

$$I \propto U_b \exp(-A\Phi^{\frac{1}{2}}S) \tag{13-7}$$

式中，隧道电流 I 是电子波函数重叠的量度，与针尖和样品之间距离 S 和平均功函数 Φ 有关；U_b 是加在针尖和样品之间的偏置电压。平均功函数 $\Phi \approx \dfrac{1}{2}(\Phi_1 + \Phi_2)$，$\Phi_1$ 和 Φ_2 分别为针尖和样品的功函数；A 为常数；在真空条件下约等于 1。

扫描探针一般采用直径小于 1mm 的细金属丝，如钨丝、铂-铱丝等；被观测样品应具有一定导电性才可以产生隧道电流。

(3) 扫描模式

隧道电流强度对针尖与样品表面之间距离非常敏感，如果距离 S 减小 0.1nm，隧道电流 I 将增加一个数量级。因此，利用电子反馈线路控制隧道电流的恒定，并用压电陶瓷材料控制针尖在样品表面的扫描，则探针在垂直于样品方向上高低的变化就反映出了样品表面的起伏，见图 13-3（a）。将针尖在样品表面扫描时运动的轨迹直接在荧光屏或记录纸上显示出来，就得到了样品表面态密度的分布或原子排列的图像。这种扫描方式可用于观察表面形貌起伏较大的样品，且可通过加在 z 向驱动器上的电压值推算表面起伏高度的数值，这是一种常用的扫描模式。对于起伏不大的样品表面，可以控制针尖高度守恒扫描，见图 13-3（b），通过记录隧道电流的变化亦可得到表面态密度的分布。这种扫描方式的特点是扫描速度快，能够减少噪声和热漂移对信号的影响，但一般不能用于观察表面起伏大于 1nm 的样品。

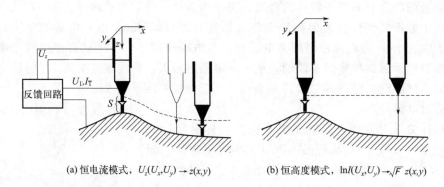

(a) 恒电流模式，$U_z(U_x,U_y) \to z(x,y)$　　(b) 恒高度模式，$\ln I(U_x,U_y) \to \sqrt{F}\,z(x,y)$

图 13-3　扫描模式

在 U_b 和 I 保持不变的扫描过程中，如果功函数随样品表面的位置而变化，也同样会引起探针与样品表面间距 S 的变化，因而也引起控制针尖高度的电压 U_z 的变化。如样品表面原子种类不同，或样品表面吸附有原子、分子时，由于不同种类的原子或分子团等具有不同的电子态密度和功函数，此时扫描隧道显微镜（STM）给出的等电子态密度轮廓不再对应于样品表面原子的起伏，而是表面原子起伏与不同原子和各自态密度组合后的综合效果。扫描隧道显微镜不能区分这两个因素，但用扫描隧道谱（STS）方法却能区分。利用表面功函数、偏置电压与隧道电流之间的关系，可以得到表面电子态和化学特性的有关信息。图 13-3 中，S 为针尖与样品间距，I_T、U_T 为隧道电流和偏置电压，U_z 为控制针尖在 z 方向高度的反馈电压。

13.1.2　扫描隧道显微镜分析的特点及应用

STM 作为新型的显微工具与以往的各种显微镜和分析仪器相比有明显的优势：

① STM 具有极高的分辨率。它可以轻易地"看到"原子，这是一般显微镜甚至电子显微镜所难以达到的。可以用一个比喻来描述 STM 的分辨本领：用 STM 可以把一个原子放大到一个网球大小的尺寸，这相当于把一个网球放大到我们生活的地球那么大。

② STM 得到的是实时的、真实的样品表面的高分辨率图像。不同于某些分析仪器是通过间接的或计算的方法来推算样品的表面结构。

③ STM 的使用环境宽松。电子显微镜等仪器对工作环境要求比较苛刻，样品必须安放在高真空条件下才能进行测试。而 STM 既可以在真空中工作，又可以在大气中、低温、常温、高温，甚至在溶液中使用。因此 STM 适用于各种工作环境下的科学实验。

④ STM 的应用领域是宽广的。无论是物理、化学、生物、医学等基础学科，还是材料、微电子等应用学科都有它的用武之地。

表 13-1 列出了扫描隧道显微镜（STM）与 TEM、SEM 的几项综合性能指标，从这些性能指标对比中可体会到扫描隧道显微镜仪器的优点和特点。

表 13-1　STM 与 TEM、SEM 的各项性能指标比较

检测方式	分辨率	工作环境	样品环境温度	对样品破坏程度
STM	原子级（垂直 0.01nm）（横向 0.1nm）	大气、溶液、真空	室温或低温	无
TEM	点分辨（0.3～0.5nm）晶格分辨（0.1～0.2nm）	高真空	室温	小
SEM	1～6nm	高真空	室温	小

扫描隧道显微镜仪器本身具有的诸多优点，使它在研究物质表面结构、生物样品及微电子技术等领域中成为很有效的实验工具。例如生物学家们研究单个的蛋白质分子或 DNA 分子；材料学家们考察晶体中原子尺度上的缺陷；微电子器件工程师们设计厚度仅为几十个原子的电路图等，都可利用扫描隧道显微镜仪器。扫描隧道显微镜可对样品表面进行无损探测，避免了使样品发生变化，也无需使样品受破坏性的高能辐射作用，即可获得原子级的高分辨率。在化学各学科的研究方向中，电化学是比较活跃的领域，专用于电化学研究的扫描隧道显微镜装置已研制成功。在有机分子结构的研究中，高分辨率的扫描隧道显微镜三维直观图像是一种极为有用的工具。此法已成功地观察到苯在 Rh（111）表面的单层吸附，并显示清晰的克库勒环状结构。在生物学领域，扫描隧道显微镜已用来直接观察 DNA、重组 DNA 及 HPI-蛋白质等在载体表面吸附后的外形结构。

（1）表面电荷状态的研究

二维过渡金属硫族化合物与石墨烯相比，具有较强的自旋轨道耦合，近年来因其丰富的电子性质被广泛研究。二维过渡金属硫族化合物可以统一表示为 MX_2，这里 M 代表过渡金

属 Mo 和 W 等，X 代表硫族元素 S、Se 和 Te。理论预言单层 1T′-MX$_2$ 可能是一类新的大能隙二维拓扑绝缘体，该预言在 1T′-WTe$_2$ 被实验证实；2H-MX$_2$ 由于具有较大的带隙以及较高的载流子迁移率，在光电器件上有广泛的应用前景，也备受关注。最近 2H-MoTe$_2$ 已经成功在实验上获得，对其表面结构和电子态研究很有意义。

图 13-4 (a) 为在 2.0V 偏压下获得的 2H-MoTe$_2$ 的形貌图，有三角形的网状畴结构，但是该处畴有大有小；而在低偏压下，如图 13-4 (b) 所示，有些畴内部开始出现 2×2 的周期结构；在负偏压下的另一个区域则表现出更复杂的结构 [如图 13-4 (c)]。上述态密度的变化强烈依赖于偏压，表明 STM 图的对比度变化是来自于电子态变化而不是形貌的特征。

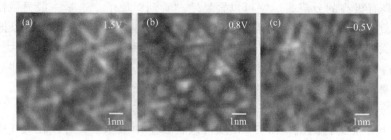

图 13-4　2H-MoTe$_2$ 薄膜在畴界和畴内部的电子态

(2) 表面化学反应

许多化学反应是在电极表面进行的，了解这些反应过程，研究反应的动力学问题是化学家们长期研究的题目。吸附物质将于表面形成吸附层，吸附层的原子分子结构、分子间相互作用是研究表面化学反应的前提与基础。在超高真空环境下，科学家们使用蒸发或升华的方法将气态分子或原子吸附在基底（一般为金属或半导体）上，再研究其结构。在溶液中，原子分子将自动吸附于电极表面。在电位的控制下，吸附层的结构将有不同的变化。此种变化本身与反应的热力学与动力学过程有关，由此可以研究不同种类物质的相互作用及反应，电化学 STM 在这一领域的研究中已有很好的成果。

原位 STM 研究咪唑基离子液体对 Au 表面的电化学腐蚀表明，1-乙基-2，3-二甲基咪唑双（三氟甲基磺酰基）亚胺（EMMITFSI）中所研究的电位区域中没有蚀刻 Au (111) 表面，但在 1-乙基-3-甲基咪唑双（三氟甲基磺酰基）亚胺（EMITFSI）中的相同电位区域中观察到蚀刻的 Au (111) 表面，表明 EMITFSI 和 Au 之间的相互作用 (111) 表面比 EMMITFSI 和 Au (111) 表面之间的强度要强得多。

EMMITFSI 中 Au (111) 电极在 −0.1V 下观察到一个干净的 Au (111) 表面，具有三个单原子台阶 [图 13-5 (a)]，直到电势阳极增加到 1.3V，EMMITFSI 覆盖了 Au 电极的整个表面 [图 13-5 (b)]，在此过程中没有发生对 Au (111) 表面的蚀刻。然而在 EMITFSI 存在的情况下，如图 13-5 (c) 所示，在所研究的电位区域中始终观察到蚀刻的 Au (111) 表面，蚀刻导致整个 Au (111) 表面上存在蠕虫状网络结构。

(3) 在纳米技术上的应用

① "看见"了以前所看不到的东西。自从 1983 年 IBM 的科学家第一次利用 STM 在硅单晶表面观察到原子阵列以后，大量的具有原子分辨率的各种金属和半导体表面的原子图像被相继发表。图 13-6 为 Si (111) 的表面原子排列图像。

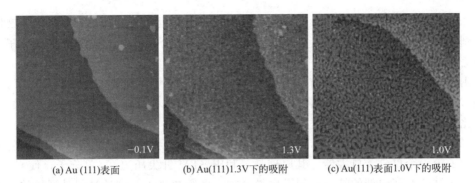

(a) Au(111)表面　　　　(b) Au(111)1.3V下的吸附　　　　(c) Au(111)表面1.0V下的吸附

图 13-5　原位 STM 研究咪唑基离子液体对 Au 表面的电化学腐蚀

(a) Si(111)表面原子的排列　　　　　　　　(b) Si(111)表面7×7重构图

图 13-6　Si（111）表面排列图

② 实现了单原子和单分子操纵。用 STM 的针尖去操纵并控制原子及分子，将原子分子按研究的意图进行排列组合。如前所述，STM 既能观察原子分子的结构，又可作为一种工具对原子分子进行加工。例如用电化学 STM，科学家们将铜原子首先吸附于 STM 针尖上，再利用控制电位的方法，将针尖上吸附的铜原子放在金基底上，形成一个个纳米尺度的铜原子颗粒。反复这种操纵，用铜颗粒可以排成预先设计的任意纳米结构。科学家在 Ni 表面用 Xe 原子写出"IBM"三个字母（见图 13-7）。

图 13-7　科学家在 Ni 表面用 Xe 原子写出"IBM"

③ 单分子化学反应已经成为现实。在康奈尔大学 Lee 和 Ho 的实验中，STM 被用来控制单个的 CO 分子与 Ag（110）表面的单个 Fe 原子在 13K 的温度下成键，形成 FeCO 和 Fe(CO)$_2$ 分子。同时，他们还通过利用 STM 研究 C—O 键的伸缩振动特性等方法来确认和研究产物分子。他们发现 CO 以一定的倾角与 Fe-Ag（110）系统成键（即 CO 分子倾斜地立在 Fe 原子上），这被看成是 Fe 原子局域电子性质的体现。

Park 等将碘代苯分子吸附在 Cu 单晶表面的原子台阶处,再利用 STM 针尖将碘原子从分子中剥离出来,然后用 STM 针尖将两个苯活性基团结合到一起形成一个联苯分子,完成了一个完整的化学反应过程。

利用这样的方法,科学家就有可能设计和制造具有各种全新结构的新物质。可以想象,如果能够随心所欲地对单个的原子和分子进行操纵和控制,就有可能制造出更多的新型药品、催化剂、材料和更多的暂时还无法想象的新产品。

④ 在分子水平上构造电子学器件。利用单分子独特的量子电子学特性,IBM 公司的科学家构造了第一个单分子放大器。其原理是,利用 STM 针尖压迫 C_{60} 单分子,使 C_{60} 分子变形,从而通过改变其内部的结构而使其电导增加了两个数量级。这种过程是可逆的,当压力除去后,电导又恢复到原来的水平,因此可以把这个体系看成是一种"电力"开关。其开关能耗仅为 10^{-18}J,比现有固体开关电路要小一万倍,而它的开关频率则要高得多。尽管这类单分子放大器还仅仅处于实验室演示阶段,但不管怎样,它作为第一个单分子放大器的模型,其卓越的低能耗和高速度特性向人们展示了单分子器件的前景和魅力。

一般情况下,金属和半导体材料具有正的电导,即流过材料的电流随着所施加的电压的增大而增加。但在单分子尺度下,由于量子能级与量子隧穿的作用会出现新的物理现象——负微分电导。基于 C_{60} 分子的负微分电导现象,利用 STM 针尖将吸附在有机分子层表面的 C_{60} 分子"捡起",然后再把粘有 C_{60} 分子的针尖移到另一个 C_{60} 分子上方,这时,在针尖与衬底上的 C_{60} 分子之间加上电压并检测电流,获得了稳定的具有负微分电导效应的量子隧穿结构。这项工作通过对单分子操纵构筑了一种人工分子器件结构,这类分子器件一旦转化为产品,将可广泛地用于快速开关、振荡器和锁频电路等方面,这可以极大地提高电子元件的集成度和速度。

13.2 原子力显微镜

原子力显微镜(atomic force microscope,AFM)是由 IBM 公司的 Binnig 与斯坦福大学的 Quate 于 1985 年所发明的,其目的是使非导体也可以采用扫描探针显微镜(SPM)进行观测,利用原子力显微镜可观察绝缘物质表面原子结构和图像。原子力显微镜(AFM)与扫描隧道显微镜(STM)最大的差别在于并非利用电子隧道效应,而是利用原子之间的范德华力作用来呈现样品的表面特性。原子力显微镜是扫描探针显微镜的一种,是扫描隧道显微镜的一种拓展。

13.2.1 原子力显微镜的工作原理

原子力显微镜的研究对象除导体和半导体之外,还扩展至绝缘体。原子力显微镜的工作原理如图 13-8 所示。原子力显微镜的针尖长若干微米,直径通常小于 100nm,被置于 100~200μm 长的悬臂的自由端,针尖和样品表面间的力导致悬臂弯曲或偏转。当针尖在样品上方扫描或样品在针尖下做光栅式运动时,探测器可实时地检测悬臂的状态,并将其对应的表面形貌像显示记录下来。大多数商品化的 AFM 利用光学技术检测悬臂的位置。一束激光被悬臂折射到位敏光探测器(PSPD),当悬臂弯曲时投射在传感器上的激光光斑的位置发生偏移,PSPD 可以 1nm 的精度测量出这种偏移。激光从悬臂到测量器的折射光程与悬臂臂长的比值是此种微位移测量方法的机械放大率，所以此系统可检测悬臂针尖小于 0.1nm 的垂直运动。

检测悬臂偏转还有干涉法和隧道电流法。采用压电材料来制作悬臂是一种特别巧妙的技术，这样可直接用电学法测量到悬臂偏转，故不必使用激光束和 PSPD。

13.2.2 原子力显微镜的工作模式

AFM 有多种操作模式，常用的有以下几种：接触模式、相移模式、轻敲模式、横向力模式。根据样品表面不同的结构特征和材料的特性以及不同的研究需要，选择合适的操作模式。

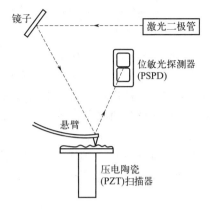

图 13-8　原子力显微镜的工作原理

(1) 接触模式

将一个对微弱力极敏感的微悬臂的一端固定，另一端有一微小的针尖，针尖与样品表面轻轻接触。由于针尖尖端原子与样品表面原子间存在极微弱的排斥力（$10^{-8} \sim 10^{-6}$N），样品表面起伏不平而使探针带动微悬臂弯曲变化，而微悬臂的弯曲又使得光路发生变化，反射到激光位置检测器上的激光光点上下移动，检测器将光点位移信号转换成电信号并经过放大处理，由表面形貌引起的微悬臂形变量大小是通过计算激光束在检测器四个象限中的强度差值得到的。将这个代表微悬臂弯曲的形变信号反馈至电子控制器驱动的压电扫描器，调节垂直方向的电压，使扫描器在垂直方向上伸长或缩短，从而调整针尖与样品之间的距离，使微悬臂弯曲的形变量在水平方向扫描过程中维持一定，也就是使探针-样品间的作用力保持一定。在此反馈机制下，记录在垂直方向上扫描器的位移，探针在样品的表面扫描得到完整图像之形貌变化，这就是接触模式。

(2) 横向力模式

当微悬臂在样品上方扫描时，针尖与样品表面的相互作用导致悬臂摆动，其摆动的方向大致有两个：垂直与水平方向。一般来说，激光位置探测器所探测到的垂直方向的变化，反映的是样品表面的形态；而在水平方向上所探测到的信号变化，由于物质表面材料特性的不同，其摩擦系数也不同，所以在扫描的过程中，微悬臂左右扭曲的程度也不同，检测器根据激光束在四个象限中的强度差值来检测微悬臂的扭转弯曲程度，而微悬臂的扭转弯曲程度随表面摩擦特性变化而增减（增加摩擦力导致更大的扭转）。激光检测器的四个象限可以实时分别测量并记录形貌和横向力数据。

(3) 轻敲模式

用一个小压电陶瓷元件驱动微悬臂振动，其振动频率恰好高于探针的最低机械共振频率（-50kHz）。由于探针的振动频率接近其共振频率，因此它能对驱动信号起放大作用。当把这种受迫振动的探针调节到样品表面时（通常 2~20nm），探针与样品表面之间会产生微弱的吸引力。在半导体和绝缘体材料上的这一吸引力，主要是凝聚在探针尖端与样品间的水表面张力产生的，但范德华作用也促进这一吸引力的生成。虽然这种吸引力比在接触模式下记录到的原子之间的斥力要小一千倍，但是这种吸引力也会使探针的共振频率降低，驱动频率和共振频率的差距增大，探针尖端的振幅减小。这种振幅的变化可以用激光检测法探测出来，据此可推出样品表面的起伏变化。

当探针经过表面隆起的部位时，这些地方吸引力最强，其振幅便变小；而经过表面凹陷处时，其振幅便增大，反馈装置根据探针尖端振动情况的变化而改变加在 Z 轴压电扫描器上的电压，从而使振幅（也就是使探针与样品表面的间距）保持恒定。同 STM 和接触模式 AFM 一样，用 Z 驱动电压的变化来表征样品表面的起伏图像。

在该模式下，扫描成像时针尖对样品进行"敲击"，两者间只有瞬间接触，克服了传统接触模式下因针尖被拖过样品而受到摩擦力、黏附力、静电力等的影响，并有效地克服了扫描过程中针尖划伤样品的缺点，适合于柔软或吸附样品的检测，特别适合检测有生命的生物样品。

（4）相移模式（相位移模式）

作为轻敲模式的一项重要的扩展技术，相移模式（相位移模式）是通过检测驱动微悬臂探针振动的信号源的相位角与微悬臂探针实际振动的相位角之差（即两者的相移）的变化来成像。

引起该相移的因素很多，如样品的组分、硬度、黏弹性质等。因此利用相移模式（相位移模式），可以在纳米尺度上获得样品表面局域性质的丰富信息。迄今相移模式（相位移模式）已成为原子力显微镜的一种重要检测技术。

13.2.3　原子力显微镜的应用

（1）曲线测量

AFM 除了形貌测量之外，还能测量力对探针-样品间距离的关系曲线，它几乎包含了所有关于样品和针尖间相互作用的必要信息。当微悬臂固定端被垂直接近，然后离开样品表面时，微悬臂和样品间产生了相对移动。而在这个过程中微悬臂自由端的探针也在接近，甚至压入样品表面，然后脱离，此时原子力显微镜（AFM）测量并记录了探针所感受的力，从而得到力曲线。样品的移动和微悬臂的移动都近似垂直于样品表面。这个技术可以用来测量探针尖和样品表面间的排斥力或长程吸引力，揭示定域的化学和机械性质，像黏附力和黏弹力，甚至吸附分子层的厚度。如果将探针用特定分子或基团修饰，利用力曲线分析技术就能够给出特异结合分子间的力或键的强度，其中也包括特定分子间的胶体力以及疏水力、长程吸引力等。

使用轻敲模式观察到 $(BA)_2(MA)_{n-1}Pb_nI_{3n+1}$ $(n=2\sim 4)$（BMPI）单晶（020）面上的 2D AFM 表面结构（图 13-9）。对于 $(BA)_2(MA)Pb_2I_7$、$(BA)_2(MA)_2Pb_3I_{10}$ 和 $(BA)_2(MA)_3Pb_4I_{13}$ 三种典型的单晶，基本生长台阶高度分别为 (1.90 ± 0.05) nm、(2.60 ± 0.40) nm 和 (3.34 ± 0.30) nm，生长步骤的轨迹源自螺位错，证实了 BMPI（$n=2\sim 4$）单晶的生长是由螺位错决定的生长机制。

（2）纳米加工

AFM 不仅可用来显微成像，而且可以用作在原子、分子尺度进行加工和操作的工具。AFM 的针尖曲率半径小，且与样品之间的距离很近，所以在针尖与样品之间可以产生一个高度局域化的力、电、磁、光等的场。该场使针尖所对应的样品表面微小区域产生结构性缺陷、相变、化学反应、吸附质移位等干扰，并诱导化学沉积和腐蚀，这正是利用 AFM 进行纳米加工的客观依据。常用的纳米加工技术包括机械刻蚀、电致/场致刻蚀、浸润笔等。

图形化纳米加工系统采用的是纳米加工中的电致刻蚀方法，电致刻蚀主要由施加在探针与样品表面间的一个短的偏压脉冲引起，当所加电压超过临界值时，暴露在电场下的样品表面会发生化学或物理变化。这些变化或者可逆或者不可逆，其机理可以直接归因于电场效应，高度局域化的强电场可以诱导原子的场蒸发，也可以由电流焦耳热或原子电迁移引起样品表面的变化。通过控制脉冲宽度和脉幅可以限制刻蚀表面的横向分辨率，这些变化通常并不引起很明显的表面形貌变化，然而检测其导电性、dI/dS、dI/dU、摩擦力可以清晰地分

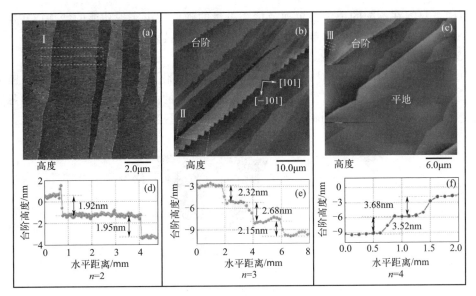

图 13-9　BMPI 单晶（020）面的表面结构和台阶高度

辨出衬底的修饰情况。

（3）高分辨成像

AFM 可在空气中或液体环境中成高分辨图像，可以在分子水平上实时动态地研究结构和功能的关系。图 13-10 为表面活性剂混合物在固/液界面的形态，使用高速原子力显微镜（HS-AFM）表征了吸附在二氧化硅上的阳离子单体/双子表面活性剂混合物的时间依赖性形态变化，将双子表面活性剂 1,2-双（十二烷基二甲基铵）乙烷二溴化物（12-2-12）与单体表面活性剂十六烷基三甲基溴化铵（HTAB）混合，在 HTAB 溶液被 HTAB+12-2-12 混合溶液取代后，在 HTAB 溶液中形成的蠕虫状表面聚集体在几百秒内转变为双层，在该溶液被初始 HTAB 溶液取代后的几百秒内，这种形态变化被逆转。

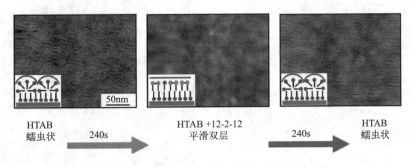

图 13-10　表面活性剂混合物在固/液界面的形态

13.3　其他扫描探针显微技术

事实上，STM、AFM 是众多扫描探针显微技术中的一部分。大多数商品化的仪器均为模块化结构，只需在标配的镜体上更换或增添少量的硬件就可实现功能的增加或转换，有时也利用软件来改变工作模式。本节讨论一些其他的 SPM 技术。

(1) 磁力显微技术（MFM）

磁力显微技术（MFM）可对样品表面磁力的空间变化成像。MFM 的针尖上镀有铁磁性薄膜，系统在非接触模式下工作，检测由随针尖-样品的间隙变化的磁场引起的悬臂共振频率的变化（见图 13-11），得到磁性材料中自发产生和受控写入的磁畴结构。

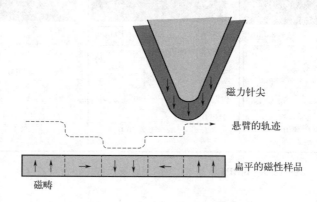

图 13-11　MFM 探测样品表面的磁畴

用磁力针尖获得的图像都包含着样品表面形貌和磁特性信息，哪一种效应起主要作用由针尖-样品的间隙决定，与范德华力相比，原子间磁力在间隙较大时仍保留一定的量值。如果针尖靠近样品表面，即处在标准的非接触模式工作区间，则图像主要含形貌信息。随着间隙增大，磁力效应变得显著。在不同的针尖高度下采集系列图像是剥离两种效应的一种途径。由 MFM 模式取得的硬盘磁记录单元结构像如图 13-12 所示，视场尺度是 15μm。

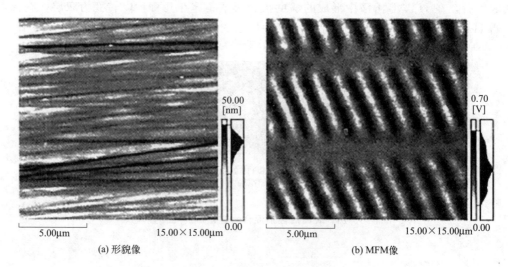

图 13-12　硬盘磁记录单元的图像

(2) 力调制显微技术（FMM）

力调制显微技术是 AFM 成像技术的扩展，它可以确定样品的力学性能，也可以同时采集形貌和材料性质的数据。

在 FMM 模式下，AFM 的针尖以接触方式扫描样品，正向反馈控制回路保持悬臂的偏转处于恒定（如同恒定模式的 AFM）。此外，将一周期信号加在针尖或样品上，由此信号驱动产生的悬臂调制振幅随样品弹性而变。系统通过检测悬臂调制振幅的变化来形成力调制像，反映出样品弹性的分布。调制信号的频率设为数百赫兹，远高于正向反馈控制器设定的响应频率。所以可以区分开形貌和弹性信息，也可以同时采集到两种类型的图像。

（3）相位检测显微技术（PDM）

相位检测显微技术也称为相位成像，这种技术通过测量悬臂振动驱动和振动输出信号之间的相位延迟，研究弹性、黏度和摩擦等表面力学性能的变化。当仪器在振动悬臂模式下工作时，如非接触 AFM、间歇接触 AFM（IC-AFM）或 MFM 模式，通过检测悬臂偏转或振幅的变化测量样品形貌。采集形貌像时，相位延迟也被检测到，所以同时得到形貌像与材料特性。

（4）静电力显微技术（EFM）

静电力显微技术（EFM）的原理是在针尖与样品之间施加电压，悬臂和针尖不与样品相接触，当悬臂扫描至与针尖所带电荷相同或者相反时，在静电力作用下悬臂偏转。

EFM 可以显示出样品表面的局部电荷畴结构，例如电子器件中电路静电场的分布。正比于电荷密度的悬臂偏转幅度可以用标准的光束折射系统测量。

（5）扫描电容显微技术（SCM）

扫描电容显微技术可对空间电容分布成像。像 EFM 那样，SCM 在针尖与样品之间施加电压，悬臂在非接触、恒定高度模式下工作，用一种特殊的电路来监测针尖与样品间的电容。由于电容取决于针尖和样品间介质的介电常数，所以 SCM 可以研究半导体基片上介电材料厚度的变化，也可以观察亚表面电荷载流子的分布，例如，得到离子注入半导体中掺杂物的分布情况。

（6）热扫描显微技术（TSM）

热扫描显微技术是在针尖和样品不接触的条件下，测量材料表面的热导率。TSM 也可以同时采集形貌和热导率数据。TSM 的悬臂由两种金属材料组成，悬臂的材料对热导率的不同变化作出响应，导致悬臂偏转，系统通过悬臂偏转的变化来获得反映热导率分布的TSM 图像，同时悬臂振幅的变化构成非接触模式下的像。这样，形貌和局域热性质的变化信息被区分开，故可同时采集到两种类型的像。

（7）近场扫描光学显微技术（NSOM）

一般认为，光学显微镜的分辨率受到光波长的限制，只能达到 0.2μm。近场扫描光学显微技术使用一种特殊的可见光扫描探针，将光学显微镜的分辨率提高了一个数量级。

NSOM 探针是一种光的通道，光源和样品的间隙非常小，约为 5nm。直径约几十纳米的可见光从探针狭窄的端部发散出来，从样品表面折回或穿过样品到达探测器；探测器在各测量点探测到光信号强度，构成 NSOM 图像。

（8）纳米光刻蚀术

一般情况下，SPM 在得到表面图像时并不损伤表面，然而，用 AFM 施加过度的力或用 STM 施加高电场，可对表面进行修饰，现在已经有许多移动原子修饰表面的例子，此技术被称为纳米光刻蚀术。

参考文献

[1] 陈新坤. 原子发射光谱分析原理[M]. 天津：天津科学技术出版社，1991.
[2] 谷亦杰，宫声凯. 材料分析检测技术[M]. 长沙：中南大学出版社，2011.
[3] 朱淮武. 有机分子结构分析[M]. 北京：化学工业出版社，2005.
[4] 邹红海，伊冬梅. 仪器分析[M]. 银川：宁夏人民出版社，2007.
[5] 张锐. 现代材料分析方法[M]. 北京：化学工业出版社，2007.
[6] 马毅龙. 材料分析测试技术与应用[M]. 北京：化学工业出版社，2017.
[7] 刘洪权. 材料分析测试技术[M]. 北京：化学工业出版社，2022.
[8] 黄胜涛. 固体X射线学（一）[M]. 北京：高等教育出版社，1985.
[9] 周玉. 材料分析方法[M]. 4版. 北京：机械工业出版社，2020.
[10] 郭立伟，朱艳，戴鸿滨. 现代材料分析测试方法[M]. 北京：北京大学出版社，2014.
[11] 张季爽，申成. 基础结构化学[M]. 北京：科学出版社，2005.
[12] 吴刚. 材料结构表征及应用[M]. 北京：化学工业出版社，2002.
[13] 展晓元，张如良. 计算机在材料科学中的应用[M]. 2版. 徐州：中国矿业大学出版社，2018.
[14] 常建华，董绮功. 波谱原理及解析[M]. 北京：科学出版社，2005.
[15] 张华，彭勤纪，李亚明. 现代有机波谱分析[M]. 北京：化学工业出版社，2005.
[16] 张俐娜. 高分子物理近代研究方法[M]. 武汉：武汉大学出版社，2006.
[17] 余焜. 材料结构分析基础[M]. 2版. 北京：科学出版社，2010.
[18] 常铁军，刘喜军. 材料近代分析测试方法[M]. 哈尔滨：哈尔滨工业大学出版社，2018.
[19] 中本一雄. 无机和配位化合物的红外和拉曼光谱[M]. 黄德如，汪仁庆，译. 4版. 北京：化学工业出版社，1991.
[20] 杜希文，原续波. 材料分析方法[M]. 2版. 天津：天津大学出版社，2014.
[21] 李克安. 分析化学教程[M]. 北京：北京大学出版社，2005.
[22] 王杰，展晓元，丁建旭，等. 有机无机杂化钙钛矿$CH_3NH_3PbI_3$晶体的合成及气敏性测试[J]. 山东科技大学学报：自然科学版，2018，37（2）：88-92.
[23] Ryota Saino, Masaaki Akamatsu, Kenichi Sakai, Hideki Sakai. Morphology of surfactant mixtures at solid/liquid interfaces: High-speed AFM observation[J]. Colloids and Surfaces A: Physicochemical and Engineering Aspects, 2021, 616: 126297-126305.
[24] 常铁军，高灵清，张海峰. 材料现代研究方法[M]. 哈尔滨：哈尔滨工业大学出版社，2005.
[25] 黄惠忠. 表面化学分析[M] 上海：华东理工大学出版社，2007.
[26] 左演声，陈文哲，梁伟. 材料现代分析方法[M]. 北京：北京工业大学出版社，2000.
[27] 张宝贵，郭爱红，周遗品. 环境化学[M]. 2版. 武汉：华中科技大学出版社，2022.
[28] Yao Qing, Zhang Jie, Wang Kaiyu, et al. Controlling screw dislocation evolution towards highly homogeneous quasi-two-dimensional $(BA)_2(MA)_{n-1}Pb_nI_{3n+1}$ single crystals for high-response photodetectors[J]. Journal of Materials Chemistry C, 2022, 10(10): 3826-3837.
[29] 朱和国，尤泽升，刘吉梓，等. 材料科学研究与测试方法[M]. 4版. 南京：东南大学出版社，2019.
[30] 李发美. 分析化学[M]. 6版. 北京：人民卫生出版社，2007.
[31] 王林珠，李翔，刘录凯，等. 镍基高温合金中非金属夹杂物成分和特征控制[J]. 中国冶金，2021，31（5）：32-38.
[32] 朱静，叶恒强，王仁卉，等. 高空间分辨分析电子显微学[M]. 北京：科学出版社，1987.
[33] 罗清威，唐玲，艾桃桃，等. 现代材料分析方法[M]. 重庆：重庆大学出版社，2020.